高等职业院校信息技术应用"十三五"规划教材

计算机基础
案例教程

（Windows 7+Office 2010）

张先成 张俊谋 ■ 主编

曲昊 主福洋 马葑 胡卉颖 胡惠娟 ■ 副主编

人民邮电出版社

北 京

图书在版编目（ＣＩＰ）数据

计算机基础案例教程：Windows 7+Office 2010 / 张先成，张俊谋主编. -- 北京：人民邮电出版社，2017.8（2024.7重印）
高等职业院校信息技术应用"十三五"规划教材
ISBN 978-7-115-46328-9

Ⅰ. ①计… Ⅱ. ①张… ②张… Ⅲ. ①Windows操作系统－高等职业教育－教材②办公自动化－应用软件－高等职业教育－教材 Ⅳ. ①TP316.7②TP317.1

中国版本图书馆CIP数据核字(2017)第181994号

内 容 提 要

本书是高职高专院校计算机应用基础课教材，主要介绍 Windows 7 操作系统和办公软件 Office 2010 的主要功能。全书包括计算机基础知识、Windows 7 操作系统、Word 2010 文字处理、Excel 2010 电子表格制作、PowerPoint 2010 演示文稿制作等内容，同时附有配套案例素材。

"任务驱动，案例教学"是编写本书的出发点。本书采用"学习目标→案例分析→操作步骤→相关知识→知识扩展（巩固练习）"的案例教学模式，精心设计每一个案例，由浅入深、由简及繁。在每一个操作实例之后，还专门介绍相关知识和巩固练习，帮助读者更为深入、全面地了解软件的功能，同时注重和全国计算机等级考试一级 MS Office 考试大纲相结合。

本书可以作为高职高专院校计算机应用基础课程的教材，也可作为成人继续教育、等级考试培训的教材。

◆ 主　　编　张先成 张俊谋
　　副 主 编　曲　昊 主福洋 马　莴 胡卉颖 胡惠娟
　　责任编辑　左仲海
　　责任印制　焦志炜

◆ 人民邮电出版社出版发行　　北京市丰台区成寿寺路 11 号
　　邮编　100164　电子邮件　315@ptpress.com.cn
　　网址　http://www.ptpress.com.cn
　　三河市君旺印务有限公司印刷

◆ 开本：787×1092　1/16
　　印张：15.25　　　　　2017 年 8 月第 1 版
　　字数：392 千字　　　2024 年 7 月河北第13次印刷

定价：39.80 元

读者服务热线：(010)81055256　印装质量热线：(010)81055316
反盗版热线：(010)81055315
广告经营许可证：京东市监广登字 20170147 号

前　言　PREFACE

随着科学技术和网络的飞速发展，计算机日益影响着人们的学习、工作及生活方式，计算机知识已经成为人们不可或缺的基本知识，操作和使用计算机已经成为社会劳动者必备的工作技能。

计算机基础课程是各类高职高专院校的必修公共课，但相应的教材大多数都是从计算机知识及软件功能介绍入手，对初学者来说未免有些枯燥乏味。针对这一现象，结合高职高专学生生源情况及技能型人才培养的特点，本书采用"任务驱动，案例教学"的形式编写。

本书按节细化知识点，并结合知识点精心设计案例，采用案例驱动知识点的方法进行讲解，帮助学生通过实例掌握计算机基本操作方法和软件操作技巧，更好地理解相关知识。除第一章没有"案例分析"及"操作步骤"外，其余章节均设计了"学习目标""案例分析""操作步骤""相关知识""知识扩展（巩固练习）"等环节。"学习目标"和"案例分析"简要介绍了案例的学习目标和该案例所用相关知识及技术；"操作步骤"详细介绍了案例的制作方法和技巧；"相关知识"讲解了与该案例有关的知识；"巩固练习"主要提供课堂实训及技能拓展案例。案例讲解详细，通俗易懂，便于教学，学生可以边进行案例制作，边学习相关知识和技巧。

本书由张先成、张俊谋主编，负责全书的统稿、审定工作。曲昊、主福洋、马莳、胡卉颖、胡惠娟任副主编。其中第一章由曲昊、张先成编写，第二章由主福洋编写，第三章由马莳、陈健编写，第四章由胡卉颖编写，第五章由胡惠娟编写。全书电子教案制作工作由陈健、聂犇、汪琴完成。

由于编者水平所限，加之时间仓促，书中难免有不足之处，敬请广大读者批评指正。

编者
2017 年 5 月

目 录 CONTENTS

第五章 PowerPoint 2010 演示文稿制作　189

附录　全国计算机等级考试一级 MS Office　232

计算机一级模拟题　235

参考文献　238

CHAPTER 1 第一章
计算机基础知识

本章要点

　　计算机是 20 世纪人类最伟大的科学技术发明之一，对人类的生产活动和社会活动产生了极其重要的影响，并以强大的生命力飞速发展。它的应用领域从最初的军事科研应用扩展到目前社会的各个领域，已形成规模巨大的计算机产业，带动了全球范围的技术进步，由此引发了深刻的社会变革。计算机已成为信息社会中必不可少的工具，它是人类进入信息时代的重要标志之一。在现代社会，掌握计算机的使用，是有效学习和成功工作的基本技能。本章主要介绍以下内容：

- 计算机的发展简史、特点、分类及其应用领域
- 计算机的数制和编码
- 计算机硬件系统的组成和作用、各组成部分的功能和简单工作原理
- 计算机软件系统的组成和功能、系统软件和应用软件的概念和作用
- 计算机的性能和技术指标
- 计算机病毒的概念及其防治

【案例 1.1】 计算机的发展概述

◇学习目标

　　从 1946 年第一台电子计算机问世到微型计算机的出现，从台式计算机到笔记本再到平板电脑乃至智能手机，电子计算机技术的每个小进步，都伴随着人们生活、工作方式的巨大变化，计算机的发展已和整个人类社会科技、文明的发展紧紧地捆绑在了一起。通过本节内容学习，让读者了解计算机的特点、分类，在不同应用领域下的计算机的发展及其未来趋势，认识计算机的发展简史。

1.1.1　相关知识

1.计算机的发展史

　　世界上第一台电脑 ENIAC 在美国宾夕法尼亚大学诞生。由于第二次世界大战的爆发带来了强大的计算需求，宾夕法尼亚大学电子工程系的教授约翰·莫克利（John Mauchly）和他的研究生埃克特（Eckert, John Presper, Jr.）计划采用真空管建造一台通用的电子计算机帮助军方计算弹道轨迹。在 1943 年这个计划被军方采纳，莫克利和埃克特开始研制 ENIAC（Electronic Numerical Integrator And Computer, 电子数字积分计算机），终于在 1946 年研制成功。

　　ENIAC 的主要元件是电子管，每秒钟能完成 5000 次加法，300 多次乘法运算，比当时最快的计算

工具快 300 倍。该机器使用了 1500 个继电器，18800 个电子管，占地 170 平方米，重达 30 多吨，耗电 150 千瓦，耗资 40 万美元，如图 1-1-1 所示，真可谓"庞然大物"。 用 ENIAC 计算题目时，首先人要根据题目的计算步骤预先编好一条条指令，再按指令连接好外部线路，然后启动它自动运行并输出结果。当要计算另一个题目时，必须重复进行上述工作，所以只有少数专家才能使用。它使过去借助机械的分析机需 7 到 20 小时才能计算一条弹道的工作时间缩短到 30 秒，使科学家们从奴隶般的计算中解放出来。

ENIAC 机的问世标志着电子计算机时代的到来，它的出现具有划时代的伟大意义。

针对 ENIAC 在存储程序方面存在的致命弱点，美籍匈牙利科学家冯·诺依曼于 1946 年 6 月提出了一个"存储程序"的计算机方案。

这个方案包含三个要点：

- 采用二进制数的形式表示数据和指令。
- 将指令和数据按执行顺序都存放在存储器中。
- 由控制器、运算器、存储器、输入设备和输出设备五大部分组成计算机。

图 1-1-1　ENIAC

其工作原理的核心是"存储程序"和"程序控制"，就是通常所说的"顺序存储程序"的概念。人们把按照这一原理设计的计算机称为"冯·诺依曼型计算机"。

冯·诺依曼提出的体系结构奠定了现代计算机结构理论，被誉为计算机发展史上的里程碑，直到现在，各类计算机仍没有完全突破冯·诺依曼结构的框架。

ENIAC 诞生后短短的几十年间，计算机的发展突飞猛进。主要电子器件相继使用了真空电子管，晶体管，中、小规模集成电路和大规模、超大规模集成电路，引起计算机的几次更新换代。每一次更新换代都使计算机的体积和耗电量大大减小，功能大大增强，应用领域进一步拓宽。特别是体积小、价格低、功能强的微型计算机的出现，使得计算机迅速普及，进入了办公室和家庭，在办公室自动化和多媒体应用方面发挥了很大的作用。目前，计算机的应用已扩展到社会的各个领域。可将计算机的发展过程分成以下几个阶段，如表 1-1-1 所示。

表 1-1-1　计算机发展时代划分

时代	第一阶段 （1946—1958 年）	第二阶段 〔1958—1964 年〕	第三阶段 （1964—1971 年）	第四阶段 （1971 年至今）
主机电子器件	电子管	晶体管	中小规模集成电路	大规模、超大规模集成电路
内存	汞延迟线	磁芯存储器	半导体存储器	半导体存储器
外存储器	穿孔卡片、纸带	磁带	磁带、磁盘	磁盘、磁带、光盘、U盘等大容量存储器
处理速度（每秒指令数）	仅几千次	达几万至几十万次	达几十万至几百万次	达几千万至万亿次
应用	军事、科研中的科学计算	由科学计算扩展到数据处理和自动控制	广泛应用于各个领域	应用范围渗透到各行各业，进入了以网络为特征的时代

第一代（1946～1958 年）是电子计算机，它的基本电子元件是电子管，内存储器采用汞延迟线，外存储器主要采用磁鼓、纸带、卡片、磁带等。由于当时电子技术的限制，运算速度只是每秒几千次基本运算，内存容量仅几千个字。因此，第一代计算机体积大，耗电多，速度低，造价高，使用不便，主要局限于一些军事和科研部门进行科学计算。软件上采用机器语言，后期采用汇编语言。

第二代（1958～1964 年）是晶体管计算机。1948 年，美国贝尔实验室发明了晶体管，10 年后晶体管取代了计算机中的电子管，诞生了晶体管计算机。晶体管计算机的基本电子元件是晶体管，内存储器大量使用磁性材料制成的磁芯存储器。与第一代电子管计算机相比，晶体管计算机体积小，耗电少，成本低，逻辑功能强，使用方便，可靠性高。软件上广泛采用高级语言，并出现了早期的操作系统。

第三代（1964～1971 年）是集成电路计算机。随着半导体技术的发展，1958 年夏，美国德克萨斯公司制成了第一个半导体集成电路。集成电路是在几平方毫米的基片，集中了几十个或上百个电子元件组成的逻辑电路。第三代集成电路计算机的基本电子元件是小规模集成电路和中规模集成电路，磁芯存储器进一步发展，并开始采用性能更好的半导体存储器，运算速度提高到每秒几十万至几百万次基本运算。由于采用了集成电路，第三代计算机各方面性能都有了极大提高：体积缩小，价格降低，功能增强，可靠性大大提高。软件上广泛使用操作系统，产生了分时、实时等操作系统和计算机网络。

第四代（1971 年至今）是大规模集成电路计算机。随着集成了上千甚至上万个电子元件的大规模集成电路和超大规模集成电路的出现，电子计算机发展进入了第四代。第四代计算机的基本元件是大规模集成电路，甚至超大规模集成电路，集成度很高的半导体存储器替代了磁芯存储器，运算速度可达每秒几百万至上万亿次基本运算。在软件方法上产生了结构化程序设计和面向对象程序设计的思想。另外，网络操作系统、数据库管理系统得到广泛应用。微处理器和微型计算机也在这一阶段诞生并获得飞速发展。

我国自 1956 年开始研制计算机，1958 年研制成功第一台电子管计算机 103 机，1959 年夏研制成功运行速度为每秒 1 万次的 104 机，这是我国研制的第一台大型通用电子数字计算机，2005 年联想完成并购 IBM PC，一跃成为全球第三大 PC 制造商。在我国计算机专家的不懈努力下，取得了丰硕成果，中国的超级计算机已走在世界前列，在 2016 年 6 月 20 日的世界超级计算机大会上，国际 TOP500 组织发布的榜单显示，中国研制的"神威·太湖之光"超级计算机系统登顶榜单之首。

2.计算机的特点、用途和分类

（1）计算机的特点

曾有人说，机械可使人类的体力得以放大，计算机则可使人类的智慧得以放大。作为人类智力劳动的工具，计算机具有以下主要特性：

- 高速、精确的运算能力。
- 准确的逻辑判断能力。
- 强大的存储能力。
- 自动功能。
- 网络与通信功能。

计算机之所以具有强大的功能，能够应用于各个领域，就是因为它能够按照程序确定的步骤，对输入的数据进行加工处理、存储或传送，以获得期望的输出信息，从而利用这些信息来提高工作效率和社会生产率以及改善人们的生活质量。计算机网络功能的重要意义是，改变了人类交流的方式和信息获取的途径。

（2）计算机的用途

计算机问世之初，主要用于数值计算，"计算机"也因此得名。而今的计算机几乎和所有学科相结合，在经济社会各方面起着越来越重要的作用。我国虽然起步较晚，但在改革开放后取得了很大的进步，缩小了与世界的差距。现在，计算机网络在交通、金融、企业管理、教育、邮电、商业等各行各业中得到了广泛的应用。

① 科学计算

科学计算主要是使用计算机进行数学方法的实现和应用。今天计算机"计算"能力的增加，推进了许多科学研究的进展，如著名的人类基因序列分析计划、人造卫星的轨道测算等。国家气象中心使用计算机，不但能够快速、及时地对气象卫星云图数据进行处理，而且可以根据对大量历史气象数据的计算进行天气预测报告。所有这些在没有使用计算机之前，是根本不可能实现的。

② 数据处理

数据处理的另一个说法叫"信息处理"。随着计算机科学技术的发展，计算机的"数据"不仅包括

"数"，而且包括更多的其他数据形式，如文字、图像、声音等。数据处理就是对这些数据进行输入、分类、存储、合并、整理，以及统计、报表、检索查询等。

数据处理是目前计算机应用最多的一个领域。例如，计算机在文字处理方面已经改变了纸和笔的传统应用，它所产生的数据不但可以被存储、打印，还可以进行编辑、复制等。在信息处理方面一个最重要的技术就是计算机数据库技术，它在信息管理、决策支持等方面提高了管理和决策的科学性。

③ 实时控制

实时控制系统是指能够及时收集、检测数据，进行快速处理并自动控制被处理的对象操作的计算机系统。这个系统的核心是计算机控制整个处理过程，包括从数据输入到输出控制的整个过程。现代工业生产的过程控制基本上都以计算机控制为主，传统的过程控制的一些方法，如比例控制、微分控制、积分控制等，都可以通过计算机的运算来实现。计算机实时控制不但是一个控制手段的改变，更重要的是它的适应性大大提高，它可以通过参数设定、改变处理流程实现不同过程的控制，有助于提高生产质量和生产效率。

④ 计算机辅助

计算机辅助是计算机应用的一个非常广泛的领域。几乎所有过去由人进行的具有设计性质的过程都可以让计算机帮助实现部分或全部工作。计算机辅助或叫做计算机辅助工程，主要有：计算机辅助设计（Computer Aided Design，CAD），计算机辅助制造（Computer Aided Manufacturing，CAM），计算机辅助教学（Computer Aided Instruction，CAI），计算机辅助技术（Computer Aided Technologies/Test，Translation，Typesetting，CAT），计算机仿真模拟（Simulation）等。

计算机模拟和仿真是计算机辅助的重要方面。在计算机中起重要作用的集成电路，如今它的设计、测试之复杂是人工难以完成的，只有计算机才能够做到。再如，核爆炸和地震灾害的模拟，都可以通过计算机实现，它能够帮助科学家进一步认识被模拟对象的特性。对一般应用，如设计一个电路，使用计算机模拟就不需要使用电源、示波器、万用表等工具进行传统的预实验，只需要把电路图和使用的元器件输入到计算机软件，就可以得到需要的结果，并可以根据这个结果修改设计。

⑤ 网络与通信

将一个建筑物内的计算机和世界各地的计算机通过电话交换网等方式连接起来，就可以构成一个巨大的计算机网络系统，做到资源共享，促进相互交流。计算机网络的应用所涉及的主要技术是网络互联技术、路由技术、数据通信技术，以及信息浏览技术和网络安全等。

计算机通信几乎就是现代通信的代名词，如目前发展势头已经超过传统固定电话的移动通信就是基于计算机技术的通信方式。

⑥ 人工智能

计算机可以模拟人类的某些智力活动。利用计算机可以进行图像和物体的识别，模拟人类的学习过程和探索过程，如机器翻译、智能机器人等，都是利用计算机模拟人类的智力活动。人工智能是计算机科学发展以来一直处于前沿的研究领域，其主要研究内容包括自然语言理解、专家系统、机器人以及定理自动证明等。

2016 年 3 月由英国伦敦的谷歌（Google）旗下 DeepMind 公司的戴维·西尔弗、艾佳·黄和戴密斯·哈萨比斯与他们的团队开发的人工智能程序（AlphaGo）对战世界围棋冠军、职业九段选手李世石，并以 4:1 的总比分获胜。虽然有专家表示人机大战对于人工智能的发展意义很有限，解决了围棋问题并不代表类似技术可以解决其他问题，自然语言理解、图像理解、推理、决策等问题依然存在。

⑦ 数字娱乐

运用计算机网络进行娱乐活动，对许多计算机用户是习以为常的事情。网络上有各种丰富的电影、电视资源，有通过网络和计算机进行的游戏，甚至还有国际性的网络游戏组织和赛事。数字娱乐的另一个重要发展方向是计算机和电视的组合"数字电视"走入家庭，使传统电视的单向播放进入交互模式。

⑧ 嵌入式系统

并不是所有的计算机都是通用的，有许多特殊的计算机用于不同的设备中，包括大量的消费电子产品和工业制造系统，都是把处理器芯片嵌入其中，完成特定的处理任务，如数码相机、数码摄像机以及高档电动玩具等都使用了不同功能的处理器，这些系统称为嵌入式系统。

（3）计算机的类型

计算机发展到今天，已是琳琅满目，种类繁多，分类方法也各不相同，分类标准也不是固定不变的。

① 按处理数据的形态分类

可分为数字计算机、模拟计算机和混合计算机。

② 按使用范围分类

可分为通用计算机和专用计算机。

③ 按其性能分类

可分为超级计算机、大型计算机、小型计算机、微型计算机、工作站和服务器。

3. 计算机的新技术

计算机技术在日新月异的发展，从现在的技术角度来说，在 21 世纪初将得到快速发展并具有重要影响的新技术有：嵌入式技术、网格计算技术和中间件技术等。

（1）嵌入式技术

嵌入式技术是将计算机作为一个信息处理部件，嵌入到应用系统中的一种技术，也就是说，它将软件固化集成到硬件系统中，将硬件系统与软件系统一体化。嵌入式技术具有软件代码小、高度自动化和响应速度快等特点，因而进入 21 世纪后，其应用越来越广泛。例如，电冰箱、自动洗衣机、数字电视机、数码相机等各种家用电器广泛应用这种技术。

嵌入式系统主要由嵌入式处理器、外围硬件设备、嵌入式操作系统以及特定的应用程序四部分组成，是集软件、硬件于一体的可独立工作的"器件"，用于实现对其他设备的控制、监视或管理等功能。嵌入式系统对功能、可靠性、成本、体积、功耗等有严格要求，以提高执行速度；同时，嵌入式系统要求具有实时性。

（2）网格计算技术

随着科学的进步，世界上每时每刻都在产生着海量的信息。例如，一台高能粒子对撞机每年所获取的数据，用 100 万台 PC 的硬盘都装不下，而分析这些数据，则需要更大的计算能力。面对这样海量的计算量，高性能计算机也是束手无策的。于是，人们把目光投向了当今世界大约数亿台在大部分时间里处于闲置状态的 PC。假如发明一种技术，自动搜索到这些 PC，并将它们并联起来，它所形成的计算能力，肯定会超过许许多多高性能计算机。网络计算的出现，就诞生于这种朴素的思想。而它所带来的革命，将改变整个计算机世界的格局。

网格计算是专门针对复杂科学计算的新型计算模式。这种计算模式是利用互联网把分散在不同地理位置的电脑组织成一个"虚拟的超级计算机"，其中每一台参与计算的计算机就是一个"结点"，而整个计算机是由成千上万个"结点"组成的一张"网格"，所以这种计算方式称为网格计算。这种组织起来的"虚拟的超级计算机"有两个优势：一是数据处理能力超强；二是充分利用网络上的闲置处理能力。

网格计算技术的特点是：

● 能够提供资源共享，实现应用程序的互连互通。网格与计算机网络不同，计算机网络实现的是一种硬件的连通，而网格能实现应用层面的连通。

● 协同工作。很多网格结点可以共同处理一个项目。

● 基于国际的开放技术标准。

● 网格可以提供动态的服务，能够适应变化。

曾有人预测，网格计算将成为今后网络市场发展的热点，并带来 Internet 的新生。不过，要使网格计算完全应用到企业或家庭中仍存在着许多挑战，它包含了许多新的概念。当前妨碍网格计算技术发展和普及的一个因素是连接费用较高，而随着廉价的宽带网络业务的普及，这种情况将会改变。

网格计算技术是一场计算革命，它将全世界的计算机联合起来协同工作。它被人们视为 21 世纪的新型网络基础架构。

（3）中间件技术

顾名思义，中间件是介于应用软件和操作系统之间的系统软件。在中间件诞生之前，企业多采用传统的客户机/服务器的模式。通常是一台电脑作为客户机，运行应用程序，另外一台作为服务器。这种模式的缺点是系统拓展性差。到了 20 世纪 90 年代初，出现了一种新的思想：在客户端和服务器之间增加一组服务，这种服务（应用服务器）就是中间件。这些组件都是通用的，基于某一标准，所以它们可以被重用，其他应用程序可以使用它们提供的应用程序接口调用组件，完成所需的操作。例如，连接数据库所使用的 ODBC 就是一种标准的数据库中间件，它是 Windows 操作系统自带的服务。可以通过 ODBC 连接各种类型的数据库。

随着 Internet 的发展，一种基于 Web 数据库的中间件技术开始得到广泛应用，在这种模式中，Internet Explorer 若要访问数据库，则请求将被发送给 Web 服务器，再被转给中间件，最后送到数据库系统，得到结果后通过中间件、Web 服务器返回给浏览器。在这里，中间件是 CGI、ASP、JSP 等。

目前，中间件技术已经发展成为企业应用的主流技术，并形成各种不同类别，如交易中间件、消息中间件、专有系统中间件、面向对象中间件、数据存取中间件、远程调用中间件等。

4. 计算机的发展趋势

当前计算机正朝着巨型化、微型化、网络化和智能化的方向发展。

（1）巨型化

巨型化是指研制速度更快的、存储量更大的和功能强大的巨型计算机。其运算能力一般在每秒一百亿次以上、内容容量在几百兆字节以上，主要应用于天文、气象、地质、核技术、航天飞机和卫星轨道计算等尖端科学技术领域。巨型计算机的技术水平是衡量一个国家技术和工业发展水平的重要标志。

（2）微型化

微型化是指利用微电子技术和超大规模集成电路技术，把计算机的体积进一步缩小，价格进一步降低。计算机的微型化已成为计算机发展的重要方向，各种笔记本电脑、平板电脑及 PDA 的大量面世，即是计算机微型化的一个标志。

（3）网络化

网络化是指利用通信技术和计算机技术，把分布在不同地点的计算机及各类电子终端设备互连起来，按照一定的网络协议相互通信，以达到所有用户都可以共享软件、硬件和数据资源的目的。现在，计算机网络在交通、金融、企业管理、教育、邮电、商业等各行各业中，甚至是我们的家庭生活中都得到广泛的应用。

目前各国都在致力于三网合一的开发与建设，即将计算机网、通信网、有线电视网合为一体。将来通过网络能更好地传送数据、文本资料、声音、图形和图像，用户可随时随地在全世界范围拨打可视电话或收看任意国家的电视和电影。近几年计算机联网形成了巨大的浪潮，它使计算机的实际效用得到大大提高。

（4）智能化

计算机智能化是指计算机具有模拟人的感觉和思维过程的能力。智能化的研究包括模拟识别、物形分析、自然语言的生成和理解、博弈、定理自动证明、自动程序设计、专家系统、学习系统和智能机器人等。目前已研制出多种具有人的部分智能的机器人，可以代替一些危险的工作岗位上工作。

展望未来，计算机的发展必然要经历很多新的突破。从目前的发展趋势来看，未来的计算机将是微电子技术、光学技术、超导技术和电子仿生技术相互结合的产物。第一台超高速全光数字计算机，由英国、法国、德国、意大利和比利时等国的 70 多名科学家和工程师合作研制成功，光子运算机的速度比电子计算机的速度快 1000 倍。在不久的将来，超导计算机、神经网络计算机等全新的计算机也会诞生。届时计算机将发展到一个更高、更先进的水平。

5. 信息技术的发展

半个多世纪以来，人类社会正由工业社会全面进入信息社会，其主要动力就是以计算机技术、通信技术和控制技术为核心的现代信息技术的飞速发展和广泛应用。纵观人类社会发展史和科学技术史，信息技术在众多的科学技术群体中越来越显示出强大的生命力。随着科学技术的飞速发展，各种高新技术层出不穷，日新月异，但是最主要的、发展最快的仍然是信息技术。

（1）数据与信息

数值、文字、语言、图形和图像等都是不同形式的数据。数据是信息的载体。

一般来说，信息既是对各种事物的变化和特征的反映，又是事物之间相互作用和联系的表征。人通过接收信息来认识事物，从这个意义上来说，信息是一种知识，是接收者原来不了解的知识。

信息同物质、能源一样重要，是人类生存和社会发展的三大基本资源之一。可以说信息不仅维系着社会的生存和发展，而且在不断地推动着社会和经济的发展。

尽管人们在许多场合把"数据"与"信息"这两个词互换使用，但数据与信息是有区别的：数据处理之后产生的结果为信息，信息具有针对性、时效性；信息有意义，而数据没有。例如，当测量一个病人的体温时，假定病人的体温是 $39℃$，则写在病历上的 $39℃$ 实际上是数据。$39℃$ 这个数据本身是没有意义的，但是当数据以某种形式经过处理、描述或与其他数据比较时，便赋予了意义。

（2）信息技术

随着信息技术的发展，其内涵也在不断变化，因此至今仍没有统一的定义。一般来说，信息采集、加工、存储、传输和利用过程中的每一种技术都是信息技术，这是一种狭义的定义。在现代信息社会中，技术发展能够导致虚拟现实的产生，信息本质也被改写，一切可以用二进制进行编码的东西都被称为信息。因此，联合国教科文组织对信息技术的定义是："应用在信息加工和处理中的科学、技术与工程的训练方法和管理技巧；上述方法和技巧的应用；计算机及其与人、机的相互作用，与人相应的社会、经济和文化等诸种事物。"在这个目前世界范围内较为统一的定义中，信息技术一般是指一系列与计算机等相关的技术。该定义侧重于信息技术的应用，对信息技术可能对社会、科技、人们的日常生活产生的影响及其相互作用进行了广泛的研究。

信息技术不仅包括现代信息技术，还包括在现代文明之前的原始时期和古代社会中与那个时代相对应的信息技术。不能把信息技术等同于现代信息技术。

（3）现代信息技术的内容

一般来说，信息技术（Information Technology）包含三个层次的内容：信息基础技术、信息系统技术和信息应用技术。

① 信息基础技术

信息基础技术是信息技术的基础，包括新材料、新能源、新器件的开发和制造技术。近几十年来，发展最快、应用最广泛、对信息技术以及整个高科技领域的发展影响最大的是微电子技术和光电子技术。

② 信息系统技术

信息系统技术是指有关信息的获取、传输、处理、控制的设备和系统的技术。感测技术、通信技术、计算机与智能技术和控制技术是它的核心和支撑技术。

③ 信息应用技术

信息应用技术是针对种种实用目的，如信息管理、信息控制、信息决策而发展起来的具体的技术门类，如工厂的自动化、办公自动化、家庭自动化、人工智能和互联通信技术等，它们是信息技术开发的根本目的所在。

信息技术在社会各个领域得到广泛应用，显示出强大的生命力。纵观人类科技发展的历程，还没有一项技术像信息技术一样对人类社会产生如此巨大的影响。

（4）现代信息技术的特点

展望未来，在社会生产力发展、人类认识和实践活动的推动下，信息技术将得到更深、更广、更快的发展，其发展趋势可以概括为数字化、多媒体化、高速度、网络化、宽频带、智能化等。

① 数字化

当信息被数字化并经由数字网络流通时，一个拥有无数可能性的全新世界便由此揭开序幕。大量信息可以被压缩，并以光速进行传输，数字传输的品质又比模拟传输的品质要好得多。许多种信息形态能够被结合、被创造，例如多媒体文件。无论在世界哪个角落，都可以立即存储和取用信息，这是即时存取了大部分人类文明进化的记录。新的数字产品也将被制造出来，有些小巧的足以放进口袋里，有些则大的足以对商业和个人生活的各层面都造成重大影响。

② 多媒体化

随着未来信息技术的发展，多媒体技术将文字、声音、图形、图像、视频等信息媒体与计算机集成在一起，使计算机的应用由单纯的文字处理进入文、图、声、影集成处理。随着数字化技术的发展和成熟，以上每一种媒体都将被数字化并容纳进多媒体的集合里。系统将信息整合在人们的日常生活中，以接近人类的工作方式和思考方式来设计与操作。

③ 高速度、网络化、宽频带

目前，几乎所有的国家都在进行最新一代的信息基础建设，即建设宽频高速公路。尽管今日的Internet 已经能够传输多媒体信息，但仍然被认为是一条低容量频宽的网络路径，被形象地称为一条花园小径。下一代的 Internet 技术（Internet 2）的传输速率将可以达到 2.4 GB/s，实现宽频的多媒体网络是未来信息技术的发展趋势之一。

④ 智能化

直到今日，不仅是信息处理装置本身几乎没有智慧，作为传输信息的网络也几乎没有智能。对于大多数人而言，为了查找有限的信息，却要在网络上耗费许多时间。随着未来信息技术向着智能化的方向发展，在超媒体的世界里，"软件代理"可以替人们在网络上漫游。"软件代理"不再需要浏览器，它本身就是信息的寻找器，它能够收集任何想要在网络上获取的信息。

1.1.2　知识扩展

——中国计算机发展大事记

1. 中国计算机产业发展大事记

1956 年，夏培肃完成了第一台电子计算机运算器和控制器的设计工作，同时编写了中国第一本电子计算机原理讲义。

1957 年，哈尔滨工业大学研制成功中国第一台模拟式电子计算机。

1958 年，中国第一台计算机——103 型通用数字电子计算机研制成功，运行速度每秒 1500 次。

1959 年，中国研制成功 104 型电子计算机，运算速度每秒 1 万次。

1960 年，中国第一台大型通用电子计算机——107 型通用电子数字计算机研制成功。

1963 年，中国第一台大型晶体管电子计算机——109 机研制成功。

1964 年，441B 全晶体管计算机研制成功。

1965 年，中国第一台百万次集成电路计算机 DSJ-Ⅱ型操作系统编制完成。

1967 年，新型晶体管大型通用数字计算机诞生。

1969 年，北京大学承接研制百万次集成电路数字电子计算机——150 机。

1970 年，中国第一台具有多道程序分时操作系统和标准汇编语言的计算机——441B-Ⅲ型全晶体管计算机研制成功。

1972 年，每秒运算 11 万次的大型集成电路通用数字电子计算机研制成功。

1973 年，中国第一台百万次集成电路电子计算机研制成功。

1974 年，DJS-130、131、132、135、140、152、153 等 13 个机型先后研制成功。

1976 年，DJS-183、184、185、186、1804 机研制成功。

1977 年，中国第一台微型计算机 DJS-050 机研制成功。

1979 年，中国研制成功每秒运算 500 万次的集成电路计算机——HDS-9，王选用中国第一台激光照排机排出样书。

1981 年，中国研制成功的 260 机平均运算速度达到每秒 100 万次。

1983 年，银河 I 号巨型计算机研制成功，运算速度达每秒 1 亿次。

1984 年，联想集团的前身——新技术发展公司成立，中国出现第一次微机热。

1985 年，华光 II 型汉字激光照排系统投入生产使用。

1986 年，中华学习机投入生产。

1987 年，第一台国产 286 微机——长城 286 正式推出。

1988 年，第一台国产 386 微机——长城 386 推出，中国发现首例计算机病毒。

1990 年，中国首台高智能计算机——EST/IS4260 智能工作站诞生，长城 486 计算机问世。

1991 年，新华社、科技日报、经济日报正式启用汉字激光照排系统。

1992 年，中国最大的汉字字符集——6 万电脑汉字字库正式建立。

1992 年，中国第一台 10 亿次巨型银河 II 型计算机通过鉴定。

1993 年，银河 II 型计算机在国家气象局投入正式运行，用于天气中期预报。

1995 年，曙光 1000 大型机通过鉴定，其峰值运算可达每秒 25 亿次。

1996 年，国产联想电脑在国内微机市场销售量第一。

1997 年，银河 III 并行巨型计算机研制成功。

1998 年，中国微机销量达 408 万台，国产占有率高达 71.9%。

1999 年，银河 IV 代巨型机研制成功。

2000 年，我国自行研制成功高性能计算机神威 I，其主要技术指标和性能达到国际先进水平。我国成为继美国、日本之后，世界上第三个具备研制高性能计算机能力的国家。

2. 中国超级计算机发展大事记

1983 年，中国第一台被命名为"银河"的亿次巨型电子计算机在国防科技大学诞生。中国成了继美、日等国之后，能够独立设计和制造巨型机的国家。

1992 年，国防科技大学研制出银河 II 通用并行巨型机，峰值速度达每秒 10 亿次，随后主要用于中期天气预报。

1993 年，国家智能计算机研究开发中心（后成立北京市曙光计算机公司）研制成功曙光一号全对称共享存储多处理机，这是国内首次以基于超大规模集成电路的通用微处理器芯片和标准 UNIX 操作系统设计开发的并行计算机。

1995 年，曙光公司推出了曙光 1000，峰值速度每秒 25 亿次浮点运算，实际运算速度上了每秒 10 亿次浮点运算这一高性能台阶。曙光 1000 与美国 Intel 公司 1990 年推出的大规模并行机体系结构与实现技术相近，与国外的差距缩小到 5 年左右。

1997 年，国防科技大学研制成功银河 III 型百亿次并行巨型计算机系统，峰值性能为每秒 130 亿次浮点运算。

1997～1999 年，曙光公司先后在市场上推出曙光 1000A、曙光 2000-I、曙光 2000-II 超级服务器，峰值计算速度突破每秒 1000 亿次浮点运算。

2000 年，国家并行计算机工程技术研究中心研制的神威 I 计算机，峰值运算速度达每秒 3840 亿次，在国家气象中心投入使用。

2004 年，由中科院计算所、曙光公司、上海超级计算中心三方共同研发制造的曙光 4000A 实现了每秒 10 万亿次运算速度。

2008 年，深腾 7000 是国内第一个实际性能突破每秒百万亿次的异构机群系统，Linpack 性能突破每秒 106.5 万亿次。

2008 年，曙光 5000A 实现峰值速度 230 万亿次、Linpack 值 180 万亿次。作为面向国民经济建设和社会发展重大需求的网格超级服务器，曙光 5000A 可以完成各种大规模科学工程计算、商务计算。

2009 年 10 月 29 日，中国首台千万亿次超级计算机"天河一号"诞生。这台计算机每秒 1206 万亿次的峰值速度和每秒 563.1 万亿次的 Linpack 实测性能，使中国成为继美国之后世界上第二个能够研制千万亿次超级计算机的国家。

2010 年 11 月 16 日，国际 TOP500 组织发布了最新全球超级计算机前 500 强排行榜，中国的"天河一号"二期系统以每秒 4700 万亿次的峰值速度和每秒 2566 万亿次的 Linpack 实测性能，位居世界第一。

2016 年 6 月 20 日，在法兰克福世界超级计算机大会上，国际 TOP500 组织发布的榜单显示，我国的"神威·太湖之光"超级计算机系统（见图 1-1-2）登顶榜单之首，速度比"天河二号"快出近两倍，其效率也提高 3 倍。

图 1-1-2 "神威·太湖之光"超级计算机

【案例 1.2】计算机中的数据表示

◇学习目标

计算机所表示和使用的数据可分为两大类：数值数据和字符数据。数值数据用以表示量的大小、正负，如整数、小数等。字符数据也叫非数值数据，用以表示一些符号、标记，如英文字母 A~Z、a~z，数字 0~9，各种专用字符 +、−、*、/、[、]、(、) 及标点符号等。汉字、图形和声音数据也属非数值数据。

由于各种数据在计算机内都是用二进制编码形式表示的，所以本节先介绍数制基本概念，再介绍二进制、十六进制以及它们之间的转换等。

1.2.1 相关知识

1. 数制的基本概念

人们在生产实践和日常生活中，创造了多种表示数的方法，这些数的表示规则称为数制。例如：人们常用的十进制，因为人有十根手指"屈指可数"，数完手指就要考虑进位了；南美的印地安人，数完手指数脚趾，所以他们就使用 20 进位制；一小时等于 60 分钟，一分钟等于 60 秒，最早采用 60 进位制的是巴比伦人；中国古代的"半斤八两"，采用的是 16 进制等，而在计算机中使用的是二进制。

（1）十进制计数制

从最常用和最熟悉的十进制计数法可以看到，其加法规则是"逢十进一"，任意一个十进制数值可用 0、1、2、3、4、5、6、7、8、9 共 10 个数字符中的数字符串来表示，数字符又叫数码，数码处于不同的位置（数位）代表不同的数值。例如 123.45 这个数中，第一个 1 处于百位数，代表一百；第二个数 2 处于十位数，代表二十；第三个数 3 处于个位数，代表三；第四个数 4 处于十分位代表十分之四；而第五个数 5 处于百分位，代表百分之五。因此，十进制数 123.45 可以写成：

$$123.45 = 1 \times 10^2 + 2 \times 10^1 + 3 \times 10^0 + 4 \times 10^{-1} + 5 \times 10^{-2}$$

上式称为数值的按权展开式，其中 10^i 称为十进制数的权，10 称为基数。

（2）R 进制计数制

从对十进制计数制的分析可以得出，对于任意 R 进制计数制同样有基数 R，其加法规则是"逢 R 进一"，权 R^i 和按权展开表达式。其中 R 可以是任意正整数，例如二进制的 R 为 2，十六进制的 R 为 16 等。常用进制可分别叙述如下：

- 二进制（Binary）：任意一个二进制数可用 0、1 两个数字符表示，其基数 R=2，权为 2^i，加法运算规则为"逢二进一"。

- 八进制（Octal）：任意一个八进制数可用 0、1、2、3、4、5、6、7 八个数字符表示，它的基数 R=8，权为 8^i，加法运算规则为"逢八进一"。

● 十六进制（Hexadecimal）：任意一个十六进制数可用 0、1、2、3、4、5、6、7、8、9、A、B、C、D、E、F 十六个数字符表示，它的基数 R=16，权为 16^i，加法运算规则为"逢十六进一"。

为区分不同数制的数，对于任一 R 进制的数 N，可记作 $(N)_R$。如 $(1010)_2$、$(703)_8$、$(AE05)_{16}$，分别表示二进制数 1010、八进制数 703 和十六进制数 AE05。不用括号及下标的数，默认为十进制数，如 256。人们也习惯在一个数的后面加上字母 D（十进制）、B（二进制）、Q（八进制）、H（十六进制）来表示其前面的数用的是什么进位制。如 1010B 表示二进制数 1010，AE05H 表示十六进制数 AE05。常用进制如表 1-2-1 所示。

表 1-2-1 常用进制

R 进制	基数 R	基本符号	权	符号表示
二进制	2	0、1	2^i	B
八进制	8	0、1、2、3、4、5、6、7	8^i	O
十进制	10	0、1、2、3、4、5、6、7、8、9	10^i	D
十六进制	16	0、1、2、3、4、5、6、7、8、9、A、B、C、D、E、F	16^i	H

类似十进制数值的表示，任一 R 进制数的值都可表示为各位数码本身的值与其权的乘积之和。例如：

① 二进制数 101.01 的按权展开

$(101.01)_2 = 1 \times 2^2 + 0 \times 2^1 + 1 \times 2^0 + 0 \times 2^{-1} + 1 \times 2^{-2} = 4 + 1 + 0.25 = (5.25)_{10}$

② 八进制数 256.12 的按权展开

$(256.10)_8 = 2 \times 8^2 + 5 \times 8^1 + 6 \times 8^0 + 1 \times 8^{-1} = 128 + 40 + 6 + 0.125 = (174.125)_{10}$

③ 十六进制数 A2B 的按权展开

$(A2B)_{16} = 10 \times 16^2 + 2 \times 16^1 + 11 \times 16^0 = 2560 + 32 + 11 = (2603)_{10}$

应当指出，二、八和十六进制都是计算机领域中常用的数制，所以在一定数值范围内直接写出它们之间的对应表示，也是经常遇到的。表 1-2-2 列出了 0~15 这 16 个十进制数与其他两种数制的对应表示。

表 1-2-2 0~15 各进制对应值

十 进 制	二 进 制	八 进 制	十 六 进 制
0	0000	0	0
1	0001	1	1
2	0010	2	2
3	0011	3	3
4	0100	4	4
5	0101	5	5
6	0110	6	6
7	0111	7	7
8	1000	10	8
9	1001	11	9
10	1010	12	A
11	1011	13	B
12	1100	14	C
13	1101	15	D
14	1110	16	E
15	1111	17	F

2. 不同数制间的转换

用计算机处理十进制数，必须先把它转化成二进制数才能被计算机接受；同样，把计算结果显示给人们看，也应该将二进制数转换成人们习惯的十进制数。这就产生了不同进制数之间的转换问题。将数从一种计数制的形式，按数值不变的原则，计算成另一种计数制的形式，叫做不同计数制之间的转换，简称数制转换。

（1）十进制数与二进制数之间的转换

① 十进制整数转换为二进制整数

把一个十进制整数转换为二进制整数的方法如下：

把被转换的十进制整数反复地除以 2，直到商为 0，所得的余数（从末位读起）就是这个数的二进制表示。简单地说，就是"除 2 倒求余法"。

例如，将十进制整数（147）$_{10}$ 转换成二进制整数的方法如下：

余数

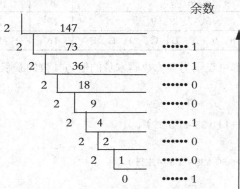

所以，（147）$_{10}$=（10010011）$_2$

掌握了十进制整数转换成二进制整数的方法以后，了解十进制整数转换成八进制或十六进制就很容易了。十进制整数转换成八进制整数的方法是"除 8 取余法"，十进制整数转换成十六进制整数的方法是"除 16 取余法"。

② 十进制小数转换成二进制小数

十进制小数转换成二进制小数是将十进制小数连续乘以 2，选取整数位，直到满足精度要求为止，简称"乘 2 取整法"。

例如，将十进制小数（0.6875）$_{10}$ 转换成二进制小数的方法如下：

将十进制小数 0.6875 连续乘以 2，把每次所进位的整数，按从上往下的顺序写出。

```
 0.6875
×）2
 1.3750 ······1
×）2
 0.7500 ······0
×）2
 1.5000 ······1
×）2
 1.0000 ······1
```

所以，（0.6875）$_{10}$=（0.1011）$_2$

十进制小数转换成二进制小数的方法清楚以后，那么了解十进制小数转换成八进制小数或十六进制小数就很容易了。十进制小数转换成八进制小数的方法是"乘 8 取整法"，十进制小数转换成十六进制小数的方法是"乘 16 取整法"。

③ 二进制数转换成十进制数

把二进制数转换为十进制数的方法是，将二进制数按位权展开求和即可得到相应的十进制数。

例如，将（10110011.101）$_2$转换成十进制数的方法如下：

$$（10110011.101）_2=1\times2^7+0\times2^6+1\times2^5+1\times2^4+0\times2^3+0\times2^2+1\times2^1+1\times2^0$$
$$+1\times2^{-1}+0\times2^{-2}+1\times2^{-3}$$
$$=128+32+16+2+1+0.5+0.125$$
$$=（179.625）_{10}$$

同理，非十进制数转换成十进制数的方法是，把各个非十进制数按位权展开求和即可。如把二进制数（或八进制数或十六进制数）写成 2（或 8 或 16）的各次幂之和的形式，然后再计算其结果。

（2）八进制数与二进制数之间的转换

二进制数与八进制数之间的转换十分简捷方便，不需要以十进制数作为中介，他们之间的对应关系是，八进制数的每一位对应二进制数的三位。

① 二进制数转换成八进制数

由于二进制数和八进制数之间存在特殊关系，即 $8^1=2^3$，因此转换方法比较容易，具体是：将二进制数从小数点开始，整数部分从右向左 3 位一组，小数部分从左向右 3 位一组，不足三位用 0 补足即可。

例如，将（1011.01）$_2$转换为八进制数的方法如下：

| 001 | 011 | . | 010 | •••••• 二进制 |
| 1 | 3 | . | 2 | •••••• 八进制 |

于是，（1011.01）$_2$=（13.2）$_8$

② 八进制数转换成二进制数

方法为：以小数点为界，向左或向右每一位八进制数用相应的三位二进制数取代，然后将其连在一起即可。

例如，将（6237.431）$_8$转换为二进制数的方法如下：

| 6 | 2 | 3 | 7 | . | 4 | 3 | 1 | •••••• 八进制 |
| 110 | 010 | 011 | 111 | . | 100 | 011 | 001 | •••••• 二进制 |

于是，（6237.431）$_8$=（110010011111.100011001）$_2$

（3）十六进制数与二进制数之间的转换

十六进制数与二进制数之间的转换也是十分简捷，同样不需要用十进制数作为中介。

① 二进制数转换成十六进制数

由于二进制数的每四位，刚好对应十六进制数的一位（$2^4=16^1$），所以二进制数转换成十六进制数的方法是：将二进制数从小数点开始，整数部分从右向左每 4 位分一组，小数部分从左向右每 4 位分一组，不足四位的用 0 补足，这样，每个分组对应一位十六进制数，把这些十六进制数连接起来，就得到了二进制数所对应的十六进制数。

例如，将二进制数（101001010111.110110101）$_2$转换成十六进制数的方法如下：

| 1010 | 0101 | 0111 | . | 1101 | 1010 | 1000 | •••••• 二进制 |
| A | 5 | 7 | | D | A | 8 | •••••• 十六进制 |

于是，（101001010111.110110101）$_2$=（A57.DA8）$_{16}$

例如，将二进制数（100101101011111）$_2$转换为十六进制数的方法如下：

| 0100 | 1011 | 0101 | 1111 | •••••• 二进制 |
| 4 | B | 5 | F | •••••• 十六进制 |

于是，（100101101011111）$_2$=（4B5F）$_{16}$

② 十六进制数转换成二进制数

方法为：以小数点为界，向左或向右每一位十六进制数用相应的四位二进制数取代，然后将其连接在一起即可。

例如，将（3AB.11）$_{16}$转换成二进制数的方法如下：

3	A	B	.	1	1	······ 十六进制
0011	1010	1011	.	0001	0001	······ 二进制

于是，（3AB.11）$_{16}$=（1110101011.00010001）$_2$

3. 计算机中的信息单位

（1）位（bit）

位是度量数据的最小单位，在数字电路和电脑技术中采用二进制，代码只有 0 和 1，其中无论 0 还是 1 在 CPU 中都是 1 位。

（2）字节（Byte）

一个字节由八位二进制数字组成（1 Byte=8 bit），字节是信息组织和存储的基本单位，也是计算机体系结构的基本单位。

早期的计算机并无字节的概念，20 世纪 50 年代中期，随着计算机逐渐从单纯用于科学计算扩展到数据处理领域，为了在体系结构上兼顾"数"和"字符"，就出现了"字节"。IBM 公司在设计其第一台超级计算机 STRETCH 时，根据数值运算的需要，定义机器字长为 64 bit。对于字符而言，STRETCH 的打印机只有 120 个字符，本来用 7bit 表示即可，但其设计人员考虑到以后字符集扩充的可能，决定用 8 bit 表示一个字符。这样 64 位字长可容纳 8 个字符，设计人员把它叫做 8 个"字节"，这就是字节的来历。

为了便于衡量存储器的大小，统一以字节（Byte，B）为单位。常用的是：

1K 字节	1KB=1024 B
1M 字节	1MB=1024 KB
1G 字节	1GB=1024 MB
1T 字节	1TB=1024 GB

4. 字符

字符包括西文字符（字母、数字和各种符号）和中文字符。由于计算机是以二进制的形式存储和处理的，因此字符也必须按特定的规则进行二进制编码才能进入计算机。字符编码的方法很简单，首先确定需要编码的字符总数，然后将每一个字符按顺序确定顺序编号，编号值的大小无意义，仅作为识别与使用这些字符的依据。字符形式的多少涉及编码的位数。对西文与中文字符，由于形式的不同，使用不同的编码。

（1）西文字符的编码

字符是计算机中最多的信息形式之一，是人与计算机进行通信、交互的重要媒介。在计算机中，要为每个字符指定一个确定的编码，作为识别与使用这些字符的依据。

字符信息包括字母和各种符号，它们必须按规定好的二进制码来表示，计算机才能处理。字母数字字符共 62 个，包括 26 个大写英文字母、26 个小写英文字母和 0～9 这 10 个数字，还有其他类型的符号（诸如%、#等），用 127 位符号足以表示字符符号的范围。

1 字节（Byte）为 8 位，最高位总是 0，用 7 位二进制即 2^7 可表示 000000～1111111 范围，可以表示 128 个字符。在西文领域的符号处理普遍采用的是 ASCII 码（American Standard Code for Information Interchange——美国标准信息交换码），虽然 ASCII 码是美国国家标准，但它已被国际标准化组织（ISO）认定为国际标准。ASCII 码已经被世界公认，并在世界范围内通用。

标准的 ASCII 码是 7 位，前 32 个码和最后一个码通常是计算机系统专用的，代表一个不可见的控制字符。数字字符 0～9 的 ASCII 码是连续的，从 30H～39H（H 表示是十六进制数）；大写字母 A～Z 和小写英文字母 a～z 的 ASCII 码也是连续的，分别从 41H 到 5AH 和从 61H 到 7AH。因此在知道一个字母或数字的 ASCII 码后，很容易推算出其他字母和数字的编码。

例如，大写字母 A，其 ASCII 码为 1000001，即 ASC（A）=65

小写字母 a，其 ASCII 码为 1100001，即 ASC（a）=97

可推得 ASC（D）=68，ASC（d）=100。

扩展的 ASCII 码是 8 位码，也用 1Byte 表示，其前 128 个码与标准的 ASCII 码是一样的，后 128 个码（最高位为 1）则有不同的标准，并且与汉字的编码有冲突。为了查阅方便，表 1-2-3 中列出了 ASCII 码字符编码。

表 1-2-3　7 位 ASCII 码表

$d_3d_2d_1d_0$ \ $d_6d_5d_4$	000	001	010	011	100	101	110	111
0000	NUL	DLE	SP	0	@	P	、	p
0001	SOH	DC1	!	1	A	Q	a	q
0010	STX	DC2	"	2	B	R	b	r
0011	EXT	DC3	#	3	C	S	c	s
0100	EOT	DC4	$	4	D	T	d	t
0101	ENQ	NAK	%	5	E	U	e	u
0110	ACK	SYN	&	6	F	V	f	v
0111	BEL	ETB	,	7	G	W	g	w
1000	BS	CAN	(	8	H	X	h	x
1001	HT	EM	)	9	I	Y	i	y
1010	LF	SUB	*	:	J	Z	j	z
1011	VT	ESC	+	;	K	[	k	{
1100	FF	FS	,	<	L	\	l	⊥
1101	CR	GS	-	=	M	]	m	}
1110	SD	RS	.	>	N	∧	n	~
1111	SI	US	/	?	O	_	o	DEL

例如，大写字母 A，查表得（b7b6b5b4b3b2b1）=1000001

当从键盘输入字符"A"，计算机首先在内存存入"A"的 ASCII 码（01000001），然后在 BIOS（只读存储器）中查找 01000001 对应的字形（英文字符的字形固化在 BIOS 中），最后在输出设备（如显示器）输出"A"的字形。

注意

1 个字符用 1 字节表示，其最高位总是 0。

（2）Unicode 编码

它最初是由 Apple 公司发起制定的通用多文字集，后来被 Unicode 协会开发为能表示几乎世界上所有书写语言的字符编码标准。Unicode 字符清单有多种表示形式，包括 UTF-8、UTF-16 和 UTF-32，分别用 8 位、16 位或 32 位表示字符。如英文版 Window 使用的是 8 位 ASCII 码或 Unicode-8，而中文版 Windows 使用的是支持汉字系统的 Unicode-16 等。

（3）中文字符

ASCII 码只对英文字母、数字和标点符号作了编码。为了使计算机能够处理、显示、打印、交换汉字字符，同样也需要对汉字进行编码。我国于 1980 年发布了国家汉字编码标准 GB 2312-80，全称是《信息交换用汉字编码字符集——基本集》（简称 GB 码），也称为国标码。了解国标码的下列一些概念，对使用和研究汉字信息处理系统是有益的。

- 常用汉字及其分级。国标码规定了进行一般汉字信息处理时所用的 7445 个字符编码。其中 682 个非汉字图形字符（如：序号、数字、罗马数字、英文字母、日文假名、俄文字母、汉语拼音等）和 6763 个汉字的代码。汉字代码中又有一级常用字 3755 个，二级次常用字 3008 个。一级常用汉字按汉语拼音字母顺序排列，二级次常用字按偏旁部首排列，部首顺序依笔画多少排序。

- 两个字节存储一个国标码。由于一个字节只能表示 256 种编码，显然一个字节不可能表示汉字的国标码，所以一个国标码必须用两个字节来表示。

- 国标码的编码范围。为了中英文兼容，国标 GB2312－80 中规定，国标码中的所有汉字和字符的每个字节的编码范围与 ASCII 码表中的 94 个字符编码相一致，所以，其编码范围是 2121H～7E7EH。

- 区位码。类似于 ASCII 码表，也有一张国标码表。简单说，把 7445 个国标码放置在一个 94 行×94 列的阵列中。阵列的每一行称为一个汉字的"区"，用区号表示；每一列称为一个汉字的"位"，用位号表示。显然，区号范围是 1～94，位号的范围也是 1～94。这样，一个汉字在表中的位置可用它所在的区号与位号来确定。一个汉字的区号与位号的组合就是该汉字的"区位码"。区位码的形式是：高两位为区号，低两位为位号。如"中"字的区位码是 5448，即 54 区 48 位。区位码与每个汉字之间具有一一对应的关系。国标码在区位码表中的安排是：1～15 区是非汉字图形符；16～55 区是一级常用汉字区；56～87 区是二级次常用汉字区；88～94 区是保留区，可用来存储自造字代码。实际上，区位码也是一种输入法，其最大优点是一字一码的无重码输入法，最大的缺点是难以记忆。

- 区位码和国标码之间的关系。汉字的输入区位码和其国标码之间的转换很简单。具体方法是：将一个汉字的十进制区号和十进制位号分别转换成十六进制数，然后再分别加上 20H，就成为此汉字的国标码。例如，"中"字的输入区位码是 5448，分别将其区号 54 转换为十六进制数 36H，位号 48 转换为十六进制数 30H，即 3630H，然后再分别加上 20H，得到"中"字的国标码 5650H。汉字的机内码=汉字的国标码+8080H。例如"中"字的机内码="中"字的国标码 5650H＋8080H=D6D0H。

（4）汉字的处理过程

从汉字编码的角度看，计算机对汉字信息的处理过程实际上是各种汉字编码间的转换过程。这些编码主要包括汉字输入码、汉字内码、汉字地址码、汉字字形码等。这一系列的汉字编码及转换、汉字信息处理中的各编码及流程，如图 1-2-1 所示。

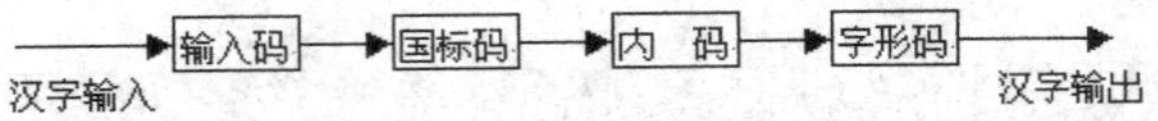

图 1-2-1　汉字信息处理系统的模型

① 汉字输入码

为将汉字输入计算机而编制的代码称为汉字输入码，也叫外码。目前汉字主要是经标准键盘输入计算机的，所以汉字输入码都由键盘上的字符或数字组合而成。如用全拼输入法输入"中"字，就要键入代码"zhong"（然后选字）。汉字输入码是根据汉字的发音或字形结构等多种属性和汉语有关规则编制的。目前流行的汉字输入码的编码方案已有许多，如全拼输入法、双拼输入法、自然码输入法、五笔型输入法等。全拼输入法和双拼输入法是根据汉字的发音进行编码的，称为音码；五笔型输入法是根据汉字的字形结构进行编码的，称为形码；自然码输入法是以拼音为主，辅以字形、字义进行编码的，称为音形码。

可以想象，对于同一个汉字，不同的输入法有不同的输入码。例如："中"字的全拼输入码是"zhong"，其双拼输入码是"vs"，而五笔型的输入码是"khk"，这种不同的输入码通过输入字典转换统一到标准的国标码之下。

② 汉字内码

汉字内码是在计算机内部对汉字进行存储、处理的汉字代码，它应能满足存储、处理和传输的要求。当一个汉字输入计算机后就转换为内码，然后才能在机器内流动、处理。汉字内码的形式也有多种多样。目前，对应于国标码一个汉字的内码常用 2 个字节存储，并把每个字节的最高位置"1"作为汉字内码的标识，以免与单字节的 ASCII 码产生歧义性。

③ 汉字字形码

目前汉字信息处理系统中产生汉字字形的方式，大多是数字式的，即以点阵的方式形成汉字，所以这里讨论的汉字字形码，也就是指确定一个汉字字形点阵的代码，也叫字模或汉字输出码。

汉字是方块字，将方块等分成有 n 行 n 列的格子，简称它为点阵。凡笔画所到的格子点为黑点，用二进制数"1"表示；否则为白点，用二进制数"0"表示。这样，一个汉字的字形就可用一串二进制数表示了。例如，16×16 汉字点阵有 256 个点，需要 256 位二进制位来表示一个汉字的字形码，这就是汉字点阵的二进制数字化。

计算机中，8 位二进制位组成一个字节，它是度量存储空间的基本单位。可见一个 16×16 点阵的字形码需要 16×16/8=32 字节存储空间；同理，24×24 点阵的字形码需要 24×24/8=72 字节存储空间；32×32 点阵的字形码需要 32×32/8=128 字节存储空间。

显然，点阵中行、列数划分越多，字形的质量越好，锯齿现象也就越不严重，但存储汉字字形码所占用的存储容量也越多。汉字字形通常分为通用型和精密型两类，通用型汉字字形点阵分成三种：

● 简易型 16×16 点阵。

● 普通型 24×24 点阵。

● 提高型 32×32 点阵。

精密型汉字字形用于常规的印刷排版。由于信息量较大（字形点阵一般在 96×96 点阵以上），通常都采用信息压缩存储技术。

汉字的点阵字形在汉字输出时要经常使用，所以要把各个汉字的字形码固定地存储起来。存放各个汉字字形码的实体称为汉字库。为满足不同需要，还出现了各种各样的字库，如宋体字库、仿宋体字库、楷体字库、简体字库和繁体字库等。

（5）汉字地址码

汉字地址码是指字库（这里主要指整字形的点阵式字模库）中存储汉字字形信息的逻辑地址码。汉字库中，字形信息都是按一定顺序（大多数按标准汉字交换码中汉字的排列顺序）连续存放在存储介质上，所以汉字地址码也大多是连续有序的，而且与汉字内码间有着简单的对应关系，以简化汉字内码到汉字地址码的转换。

（6）汉字字符集简介

目前，汉字字符集有以下几种。

① GB2312-80 汉字编码

GB 2312 码是中华人民共和国国家标准汉字信息交换用编码，全称《信息交换用汉字编码字符集——基本集》，标准号为 GB 2312-80，由中华人民共和国国家标准总局发布，1981 年 5 月 1 日实施，习惯上称之为国标码、GB 码，或区位码。它是一个简化字汉字的编码，通行于中国大陆地区，新加坡等地也使用这一编码。

② GBK 编码（Chinese Internal Code Specification）

GBK 是又一个汉字编码标准（GB 即"国标"，K 是"扩展"的汉语拼音第一个字母），全称《汉字内码扩展规范》，由中华人民共和国全国信息技术标准化技术委员会 1995 年 12 月 1 日制定。GBK 向下与 GB 2312-80 编码兼容，向上支持 ISO 10646.1 国际标准。它共收录汉字 21003 个、符号 883 个，并提供 1894 个造字码位，简、繁体字融于一库。微软公司自 Windows 95 简体中文版开始，系统采用 GBK 代码。

③ UCS 编码（Universal Multiple-Octet Coded Character Set）

ISO 10646 是国际标准化组织 ISO 公布的一个编码标准 Universal Multiple-Octet Coded Character Set （简称 UCS），译为《通用多八位编码字符集》。

在 UCS 中，每个字符用 4 个 8 位序列表示（即占 4 个字节），这样巨大的编码空间足以容纳世界上的各种文字。不过由于汉字数量众多，据统计包括各种古字和冷僻字在内，汉字总量达六万多个（有人认为是八万多个），再加上还有许多繁体字，所以并非这些汉字都进入了 UCS。考虑到实用性和一些限制性因素，经过各使用汉字国家和地区专家们的广泛合作与艰苦努力，整理和形成了 UCS 中统一的汉字字符集 CJK（C——China、J——Japan、K——Korea）。在 CJK 中，总共有汉字 20902 个，这个字符集于 1995 年 12 月 8 日由国家技术监督局标准化司和电子工业部科技质量司共同签发。

④ BIG-5 编码

BIG-5 编码是通行于我国台湾、香港地区的一个繁体字编码方案，俗称"大五码"。它广泛地被应用于电脑业和因特网（Internet）中。它是一个双字节编码方案，收录了 13461 个符号和汉字。其中包括符号 408 个和汉字 13053 个，汉字分常用字 5401 个和次常用字 7652 个两部分，各部分中的汉字按笔画/部首排列。

1.2.2 知识扩展

——多媒体信息的表示

1. 多媒体的有关概念

多媒体技术、多媒体计算机和多媒体软件这些名词经常会在网络、电视、报刊等传媒上出现。那么什么是多媒体？在弄清楚什么是多媒体之前我们先来了解媒体的概念。

媒体（Media）在计算机领域中有两种含义：一种是信息的物理载体，如磁带、硬盘、软盘、光盘等；另一种是指信息的表示形式，如文本、视频、音频、图形、图像、动画等。对于前者，称之为"媒介"可能更合适。

多媒体（Multimedia）技术指将文本（Text）、视频（Video）、音频（Audio）、图形（Graphic）、图像（Image）、动画（Animation）等媒体信息结合在一起，通过计算机进行综合处理和控制，完成一系列交互操作，从而表达特定主题要求的信息技术，把人类引入更加直观、更加自然、更加广阔的信息领域。

多媒体技术主要具有以下几种关键特性：

- 多样性。多媒体技术的多样性是指信息载体的多样性，计算机所能处理的信息从最初的数值、文字、图形已扩展到音频和视频信息等多种媒体。
- 集成性。多媒体技术的集成性是指以计算机为中心综合处理多种信息媒体，使其集文字、声音、图形、图像、音频和视频于一体。此外，多媒体处理工具和设备的集成能够为多媒体系统的开发与实现建立一个理想的集成环境。
- 交互性。多媒体技术的交互性是指用户可以与计算机进行交互操作，并提供多种交互控制功能，使人们获取信息和使用信息变被动为主动，并改善人机操作界面。
- 实时性。多媒体技术的实时性是指多媒体技术需要同时处理声音、文字和图像等多种信息，其中声音和视频还要求实时处理，从而应具有能够对多媒体信息进行实时处理的软硬件环境的支持。
- 协同性。多媒体技术的协同性是指多媒体中的每一种媒体都有其自身的特性，因此各媒体信息之间必须有机配合，并协调一致。

多媒体技术产生于 20 世纪 80 年代。进入 90 年代，个人计算机技术的迅猛发展使其编辑、处理多媒体信息成为可能。1990 年 Microsoft 等公司筹建了多媒体 PC 市场协会，并于 1991 年发表了第一代多媒体个人计算机（Multimedia Personal Computer，MPC）的技术标准。此后，MPC 的技术标准在不断提高。

2. 媒体的数字化

在计算机和通信领域，最基本的三种媒体是声音、图像和文本。传统的计算机只能处理单一的文本媒体，而多媒体计算机能够同时采集、处理、存储和展示多种媒体信息。

（1）声音

计算机系统通过输入设备（麦克风等）输入声音信号，并对其进行采样、量化而将其转换成数字信号，然后通过输出设备（音箱等）输出。

① 声音文件格式

存储声音信息的文件格式有很多种，常用的有 WAV、MIDI、VOC、AD 及 AIF 等。

WAV 格式：又称为波形文件，以 ".wav" 作为文件的扩展名。WAV 文件是 Windows 中采用的波形文件存储格式，它是对声音信号进行采样、量化后生成的声音文件。波形文件中除了采样频率、样本精度等内容外，主要是由大量的经采样、量化后得到的声音数据组成的。

MIDI 格式：是 Musical Instrument Digital Interface（电子乐器数字接口）的英文缩写。它规定了乐器、计算机、音乐合成器以及其他电子设备之间交换音乐信息的一组标准规定。MIDI 文件记录的是一些关于乐曲演奏的内容，而不是实际的声音，因此 MIDI 文件要比 WAV 文件小很多，而且易于编辑、处理。MIDI 文件的缺点是播放声音的效果依赖于播放 MIDI 的硬件质量。产生 MIDI 音乐的方法有很多种，常用的有 FM 合成法和波表合成法。MIDI 文件的扩展名有 ".mid"，".rmi" 等。

② 其他文件

VOC 格式是声霸卡使用的音频文件格式，以 ".voc" 作为文件的扩展名；AU 格式主要用在 UNIX 工作站上，以 ".au" 作为文件的扩展名；AIF 格式是苹果机的音频文件格式，以 ".aif" 作为文件的扩展名。

（2）图像

① 静态图像的数字化

一幅图像可以近似地看成是由许许多多的点组成的，因此它的数字化通过采样和量化就可以得到。图像的采样就是采集组成一幅图像的点，量化就是将采集到的信息转换成相应的数值。组成一幅图像的每个点被称为是一个像素，每个像素值记录其颜色、属性等信息。存储图像颜色的二进制数的位数，称为颜色深度。如 3 位二进制数可以表示 8 种不同的颜色，因此 8 色图的颜色深度是 8，真彩色图的颜色深度是 24，可以表现 16 777 216 种颜色。

② 动态图像的数字化

由于人眼看到的一幅图像消失后，还将在视网膜上滞留几毫秒，动态图像正是根据这样的原理而产生的。动态图像是将静态图像以每秒 n 幅的速度播放，当 n：25 时，显示在人眼中的就是连续的画面。

③ 点位图和矢量图

表达式生成图像通常有两种方法：点位图法和矢量图法。点位图法就是将一幅图像分成很多小像素，每个像素用若干二进制位表示像素的颜色、属性等信息。矢量图法就是用一些指令来表示一幅图，如画一条 100 像素长的红色直线、画一个半径为 50 个像素的圆等。

④ 图像文件格式

BMP 格式：是 Windows 采用的图像文件存储格式。

GIF 格式：供联机图形交换使用的一种图像文件格式，目前在网络通信中被广泛采用。

TIFF 格式：二进制文件格式，广泛用于桌面出版系统、图形系统和广告制作系统，也可以用于一种平台到另一种平台间图形的转换。

PNG 格式：其开发目的是替代 GIF 文件格式和 TIFF 文件格式。

WMF 格式：是绝大多数 Windows 应用程序都可以有效处理的格式，其应用很广泛，是桌面出版系统中常用的图形格式。

DXF 格式：一种矢量格式，绝大多数绘图软件都支持这种格式。

⑤ 视频文件格式

AVI 格式：AVI 是音频视频交错（Audio Video Interleaved）的英文缩写。AVI 格式允许视频和音频交错在一起同步播放，因此主要用于在多媒体光盘上存储电影或其他形式的影像信息。AVI 格式文件也有在 Internet 上出现，用于下载电影的格式。

MOV 格式：是 QuickTime 视频处理软件所采用的视频文件格式，其图像画面的质量比 AVI 文件要好。

3. 多媒体数据压缩

多媒体信息数字化后其数据量往往非常庞大，多媒体信息必须经过压缩才能满足实际的需要。

数据压缩可以分为两种类型：无损压缩和有损压缩。无损压缩是指压缩后的数据能够完全还原成压缩前的数据，常用的无损压缩编码技术包括霍夫曼编码和 LZW 编码等。有损压缩是指压缩后的数据不能够完全还原成压缩前的数据，其损失的信息多是对视觉和听觉感知不重要的信息。有损压缩的压缩比要高于无损压缩。

JPEG 标准：是第一个针对静止图像压缩的国际标准。JPEG 标准制定了两种基本的压缩编码方案：以离散余弦变换为基础的有损压缩编码方案和以预测技术为基础的无损压缩编码方案。

MPEG 标准：规定了声音数据和电视图像数据的编码和解码过程、声音和数据之间的同步等问题。MPEG-1 和 MPEG-2 是数字电视标准，其内容包括 MPEG 电视图像、MPEG 声音及 MPEG 系统等内容。MPEG-4 是 1999 年发布的多媒体应用标准，其目标是在异种结构网络中能够具有很强的交互功能并且能够高度可靠地工作。MPEG-7 是多媒体内容描述接口标准，其应用领域包括数字图书馆、多媒体创作等。

【案例 1.3 】计算机系统

✧学习目标

计算机系统的发展日新月异，Intel 公司的创始人之一乔顿摩尔（Gordon Moore）曾预言：计算机的 CPU 性能"每 18 个月，集成度将翻一番，速度将提高一倍，而其价格将降低一半"，这就是著名的摩尔定律。这一定律量化和揭示了微型计算机的独特发展速度，而如今这一翻番的周期在某些指标上已缩短为 12 个月甚至更短。通过本节内容学习，让读者了解计算机的硬件系统和软件系统的分类及目前主流的计算机硬件。

1.3.1　相关知识

1. 计算机硬件系统

（1）计算机的基本结构

尽管各种计算机在性能、用途和规模上有所不同，但其基本结构都遵循冯·诺依曼体系结构，人们称符合这种设计的计算机是冯·诺依曼机。冯·诺依曼模型决定了计算机硬件系统的基本结构由输入、存储、运算、控制和输出五个部分组成。

① 运算器

运算器（ALU）是计算机处理数据形成信息的加工厂，它的主要功能是对二进制数码进行算术运算或逻辑运算，所以也称它为算术逻辑部件（ALU）。参加运算的数（称为操作数）全部是在控制器的统一指挥下从内存储器中取到运算器里，绝大多数运算任务都由运算器完成。

由于在计算机内各种运算均可归结为相加和移位这两个基本操作，所以运算器的核心是加法器（Adder）。为了能将操作数暂时存放，能将每次运算的中间结果暂时保留，运算器还需要若干个寄存数据的寄存器（Register）。若一个寄存器既保存本次运算的结果而又参与下次的运算，它的内容就是多次累加的和，这样的寄存器又叫做累加器（AL）。

运算器主要由一个加法器、若干个寄存器和一些控制线路组成。

运算器的性能指标是衡量整个计算机性能的重要因素之一，与运算器相关的性能指标包括计算机的字长和速度。

② 控制器

控制器（CU）是计算机的神经中枢，由它指挥全机各个部件自动、协调地工作，就像人的大脑指挥躯体一样。控制器的主要部件有：指令寄存器、译码器、时序节拍发生器、操作控制部件和指令计数器（也叫程序计数器）。控制器的基本功能是根据指令计数器中指定的地址从内存取出一条指令，对其操作码进行译码，再由操作控制部件有序地控制各部件完成操作码规定的功能。控制器也记录操作中各部件的状态，使计算机能有条不紊地自动完成程序规定的任务。

从宏观上看，控制器的作用在于控制计算机各部件协调工作，并使整个处理过程有条不紊地进行；从微观上看，控制器的作用在于按一定顺序产生机器指令执行过程中所需要的全部控制信号，这些控制信号作用于计算机的各个部件以使其完成某种功能，从而达到执行指令的目的。所以，对控制器而言，真正的作用在于机器指令执行过程的控制。

控制器和运算器是计算机的核心部件，这两部分合称中央处理器，简称 CPU。

③ 主存储器

主存储器是计算机的记忆装置，用来存储当前需执行的程序、数据以及结果，所以存储器应该具备存数和取数功能。存数是指往存储器里"写入"数据；取数是从存储器里"读取"数据。读写操作统称对存储器的访问。存储器分为内存储器（简称内存）和外存储器（简称外存）两类。

中央处理器（CPU）只能直接访问存储在内存中的数据，外存中的数据只有先调入内存后，才能被中央处理器访问和处理。

④ 输入/输出设备

输入设备是用来向计算机输入命令、程序、数据、文本、图形、图像、音频和视频等信息的。其主要作用是把人们可读的信息转换为计算机能识别的二进制代码输入计算机，供计算机处理。例如，用键盘输入信息时，敲击它的每个键位都能产生相应的电信号，再由电路板转换成相应的二进制代码送入计算机。目前常用的输入设备有键盘、鼠标、扫描仪等。

计算机的输入/输出系统实际上包含输入/输出设备和输入/输出接口两部分。

输出设备的主要功能是将计算机处理后的各种内部格式的信息转换为人们能识别的形式（如文字、图形、图像和声音等）表达出来。例如，在纸上打印出印刷符号或在屏幕上显示字符、图形等。常见的输出设备有显示器、打印机、绘图仪和音箱等，它们分别能把消息直观地显示在屏幕上或打印、输出出来。

输入/输出设备简称 I/O 设备，有时也称为外部设备，是计算机系统不可缺少的组成部分，是计算机与外部世界进行信息交换的中介，是人与计算机联系的桥梁。

（2）微型计算机的硬件组成

① 微处理器

微型机的中央处理器又称为微处理器，它是整个微型机系统的核心，可以直接访问内存储器。它安装在主板的 CPU 插座中，是由制作在一块芯片上的运算器、控制器、若干寄存器以及内部数据通路构成的。

其中，运算器的主要功能是完成数据的算术和逻辑运算；控制器一般由指令寄存器、译码器、程序计数器和控制电路组成，它根据指令的要求，对微型计算机各部件发出相应的控制信息，使它们协调工作；寄存器用来暂存指令和经常使用的数据。目前，世界上生产微处理器芯片的公司主要有Intel 和 AMD 两家著名公司，如图 1-3-1 所示的是 Intel 公司的微处理器。

图 1-3-1　微处理器

由于微处理器的性能指标对整个微型机具有重大影响，因此，人们往往用 CPU 型号作为衡量微型机档次的标准。通常 Intel 系列 CPU 性能由低到高依次为：8086→80286→80386→80486→Pentium→Pentium Ⅱ→Pentium Ⅲ→Pentium Ⅳ→Core→Core 2。对于相同档次的 CPU，在比较性能时还需看其主频（时钟频率）高低。一般说来，主频越高，运算速度越快，性能也越好。

此外，微型机的字长也是影响性能和速度的一个重要因素。微型机的字长首先是指操作数寄存器的长度，然后还要考虑出入处理器的数据宽度。通常微型机的字长可分为 8 位、16 位、32 位、64 位等。字长越长，则表示数的有效位数越多，精度也越高。因此，决定微型机的性能指标主要是 CPU 的主频和字长。

② 主板

主板（MainBoard）也称为"母板（Mother Board）"或"系统板（System Board）"，它是机箱中最重要的电路板，如图 1-3-2 所示。主板上布满了各种电子元器件、插座、插槽和各种外部接口，它可以为计算机的所有部件提供插槽和接口，并通过其中的线路统一协调所有部件的工作。

主板上主要的芯片包括 BIOS 芯片和南北桥芯片，其中 BIOS 芯片是一块矩形的存储器，里面存有与该主板搭配的基本输入/输出系统程序，能够让主板识别各种硬件，还可以设置引导系统的设备和调整 CPU 外频等，如图 1-3-3 所示；南北桥芯片通常由南桥芯片和北桥芯片组成，南桥芯片主要负责硬盘等存储设备和 PCI 总线之间的数据流通，北桥芯片主要负责处理 CPU、内存和显卡三者间的数据交流。

图 1-3-2　主板

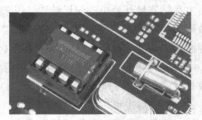

图 1-3-3　主板上的 BIOS 芯片

③ 总线

总线（Bus）是计算机各种功能部件之间传送信息的公共通信干线，主机的各个部件通过总线相连接，外部设备通过相应的接口电路与总线相连接，从而形成了计算机硬件系统，因此总线被形象地比喻为"高速公路"。按照计算机所传输的信息类型，总线可以划分为数据总线、地址总线和控制总线，分别用来传输数据、数据地址和控制信号。

数据总线：数据总线用于在 CPU 与 RAM（随机存取存储器）之间来回传送需处理、储存的数据。

地址总线：地址总线上传送的是 CPU 向存储器、I/O 接口设备发出的地址信息。

控制总线：控制总线用来传送控制信息，这些控制信息包括 CPU 对内存和输入/输出接口的读写信号，输入/输出接口对 CPU 提出的中断请求等信号，以及 CPU 对输入/输出接口的回答与响应信号，输入/输出接口的各种工作状态信号和其他各种功能控制信号。

目前，常见的总线标准有 ISA 总线、PCI 总线、AGP 总线和 EISA 总线。

④ 内存

微型机的存储器分为两大类，一类是内存储器（简称内存或主存），主要是临时存放当前运行的程序和所使用的数据。

绝大多数内存储器是由半导体材料构成的，如图 1-3-4 所示。按其功能可分为：随机访问存储器（Random Access Memory，简称 RAM）、只读存储器（Read Only Memory，简称 ROM）等。

a. 随机访问存储器（Random Access Memory）

RAM 主要是用来根据需要随时读写。它的特点是通电时存储的内容可以保持，断电后，存储的内容立即消失。RAM 可分为动态（Dynamic RAM）和静态（Static RAM）两大类：所谓动态随机存储器 DRAM 是用 MOS 电路和电容来作存储元件的，由于电容会放电，所以需要定时充电以维持存储内容的正确，例如每隔 2ms 刷新一次，因此称之为动态存储器；所谓静态随机存储器 SRAM 是用双极型电路或 MOS 电路的触发器来作存储元件的，它没有电容放电造成的刷新问题，只要有电源正常供电，触发器就能稳定地存储数据。DRAM 的特点是集成密度高，主要用于大容量存储器；SRAM 的特点是存取速度快，主要用于高速缓冲存储器。微型机中配置的内存就是指 RAM 内存。目前，一般内存选配的容量是 4G～16G。

b. 只读存储器（Read Only Memory）

ROM 主要是用来存放固定不变的程序和数据，例如 BIOS 程序。它的主要特点是只能读出原有的内容，不能由用户再写入新内容。原来存

储的内容是由厂家一次性写入的，因此断电后信息不会丢失，能永久保存下来。ROM 可分为可编程（Programmable）ROM、可擦除可编程（Erasable Programmable）ROM、电擦除可编程（Electrically Erasable Programmable）ROM。如 EPROM 存储的内容可以通过紫外光照射来擦除，这使它的内容可以反复更改。

c. 其他内存储器

（a）高速缓冲存储器 Cache

随着 CPU 工作频率的不断提高，CPU 对 RAM 的存取速度也提出了更高要求。因为如果 RAM 的存取速度太慢的话，那么 CPU 将不得不处于等待状态，这将极大地影响系统工作效率，这时就需要使用具有更高存取速度的存储芯片。

但是，由于在现有技术条件下高速存储芯片的价格太高，因此如果大量使用高速存储芯片，则可能带来系统成本过高的问题。为了解决这一问题，在现代计算机设计中采用了高速缓冲存储器技术。

所谓高速缓冲存储器 Cache，就是一种位于 CPU 与内存之间的存储器。它的存取速度比普通内存快得多，但容量有限。Cache 主要用于存放当前内存中使用最多的程序块和数据块，并以接近 CPU 工作速度的方式向 CPU 提供数据。由于在大多数情况下，一段时间内程序的执行总是集中于程序代码的某一较小范围，因此，如果将这段代码一次性装入高速缓存，则可以在一段时间内满足 CPU 的需要，从而使得 CPU 对内存的访问变为对高速缓存的访问，以提高 CPU 的访问速度和整个系统的性能。

（b）CMOS 存储器

CMOS 是一小块特殊的内存，它保存着计算机的当前配置信息，例如日期、时间、硬盘容量、内存容量等。这些信息大多是系统启动时所必需的或者是可能经常变化的。如果把这些信息存放在 RAM 中，则系统断电后数据无法保存；如果存放在 ROM 中，又无法修改（例如硬盘升级或修改时间）。而 CMOS 的存储方式则介于 RAM 和 ROM 之间，CMOS 靠电池供电，而且耗电量极低，因此在计算机关机后仍能长时间保存信息。

⑤ 外存

另一类是外存储器（简称外存或辅存），主要是用于永久存放暂时不使用的程序和数据。程序和数据在外存中以文件的形式存储，一个程序需要运行时，首先从外存调入内存，然后在内存中运行。

由于价格和技术方面的原因，内存的存储容量受到限制，为了满足存储大量的信息，就需要采用价格便宜的外存储器。目前，常用的外存储器有硬盘、光盘、U 盘和移动硬盘等。由于外存储器设置在计算机外部，所以也可归属为计算机外部设备。

a. 硬盘

硬盘主要有固态硬盘（SSD）、机械硬盘（HDD）两种，固态硬盘 SSD 采用闪存颗粒来存储，机械硬盘 HDD 采用磁性碟片来存储。

（a）机械硬盘 HDD

机械硬盘是最重要的外存储器，它由一组同样大小、涂有磁性材料的铝合金圆盘片环绕一个共同的轴心组成。硬盘一般都封装在一个由质地较硬的金属腔体里，然后将整个硬盘固定在主机箱内，因而它不能像软盘那样随时放入和拿出，不便于携带，如图 1-3-5 所示。同时硬盘内的洁净度要求非常高，采用密封型空气循环方式和空气过滤装置，不得任意拆卸。

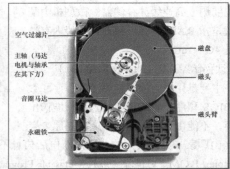

图 1-3-5　机械硬盘及内部结构

机械硬盘在出厂时必须经过以下三个步骤才能正常使用：对硬盘进行低级格式化；对硬盘进行分区；对硬盘进行高级格式化。通常这些工作都是由硬盘经销商完成，到达用户手中的硬盘可以直接使用。

机械硬盘具有存储容量大、存取速度快、可靠性高、每兆字节成本低等优点。目前，市面上流行的是容量为 250G、500G、1TB 等规格的硬盘。而且随着磁盘记录技术的迅速发展，硬盘存储容量得到了大幅度提高，已经出现了存储容量 4TB 以上的硬盘。

影响硬盘的首要性能指标是存储容量。一个硬盘一般由多个盘片组成，盘片的每一面都有一个读写磁头（Head）。硬盘使用时通过格式化将盘片划分成若干个同心圆，每个同心圆都称为磁道，磁道的编号从最外层以 0 开始（第 0 道），每个盘片上划分的磁道数是相同的。许多盘片组中相同磁道从上向下就形成了一个想象的圆柱，称为硬盘的柱面（Cylinder）。同时将每个磁道再划分为若干扇区，扇区容量仍为 512 字节。硬盘容量的计算公式为：

硬盘容量=512B/扇区×扇区数/磁道×磁道数（柱面数）/磁头×磁头数

影响硬盘的另一个重要性能指标是存取速度。影响存取速度的因素有：平均寻道时间、数据传输率、盘片旋转速度（转速）以及缓冲存储器（缓存）容量等。如普通硬盘转速一般有 5400rpm、7200rpm，笔记本硬盘转速一般是 4200rpm、5400rpm，服务器硬盘转速基本都采用 10000rpm，甚至还有 15000rpm。较高的转速可缩短硬盘的平均寻道时间和实际读写时间，但随着硬盘转速的不断提高也带来了温度升高、电机主轴磨损加大、工作噪音增大等负面影响。

（b）固态硬盘 SSD

固态硬盘（Solid State Drives），简称固盘，固态硬盘是用固态电子存储芯片阵列制成的硬盘，由控制单元和存储单元（FLASH 芯片、DRAM 芯片）组成。固态硬盘在接口的规范和定义、功能及使用方法上与普通硬盘完全相同，在产品外形和尺寸上也完全与普通硬盘一致。被广泛应用于军事、车载、工控、视频监控、网络监控、网络终端、电力、医疗、航空、导航设备等领域，如图 1-3-6 所示。

固态硬盘的存储介质分为两种，一种是采用闪存（FLASH 芯片）作为存储介质，另一种是采用 DRAM 作为存储介质。采用 FLASH 芯片作为存储介质，这也是通常所说的 SSD。采用 DRAM 作为存储介质，应用范围较窄。它仿效传统硬盘的设计，可被绝大部分操作系统的文件系统工具进行卷设置和管理，并提供工业标准的 PCI 和 FC 接口用于连接主机或者服务器，应用方式可分为 SSD 硬盘和 SSD 硬盘阵列两种。它是一种高性能的存储器，而且使用寿命很长，但需要独立电源来保护数据安全。

b．光盘

光盘是一种外存储介质。它主要利用激光技术读

图 1-3-6　固态硬盘及内部结构

写信息，可以存放各种文字、声音、图形、图像等信息，还具有价格低、容量大、易长期保存等优点。

目前常用于计算机系统的光盘可分为两大类：激光磁盘（Compact Disk，简称 CD）和数字视频光盘或数字多用途光盘（Digital Video Disk or Digital Versatile Disk，简称 DVD）。

不论哪种光盘在读写时都需将光盘放入相应的光盘驱动器（简称光驱）中，光驱有内置式和外置式两种，如图 1-3-7 所示。内置式光驱是固定安装在主机箱内，外置式光驱在使用时是通过数据线与计算机相连。光盘和光驱共同构成了光盘存储器。

图 1-3-7　内置式 DVD 驱动器（左）和外置式 DVD 驱动器（右）

CD 光盘可分为只读型光盘、一次性写入光盘、可擦除型光盘等。

只读型光盘（Compact Disk Read Only Memory，简称 CD-ROM）是由生产厂家预先写入数据或程序，出厂后用户只能读取，而不能写入、修改。信息是以一系列 0 和 1 存入 CD 盘的，在盘片上用平坦表面表示 0，而用凹坑端部（即凹坑的前沿和后沿）表示 1。光盘表面由一个保护涂层覆盖，让使用者无法触摸到数据的凹坑，这有助于盘片不被划伤、印上指纹和黏附其他杂物。

一次性写入光盘（Compact Disk Recordable，简称 CD-R），这种光盘可由用户一次写入，多次读出。通过在光盘上加一层可一次性记录的染色层，然后在专用的光盘刻录机（也是一种光驱，主要具有写入数据的功能，普通光驱不具有此功能）中进行写入。读盘的速度高于刻录的速度。

可擦除型光盘（Compact Disk ReWritable，简称 CD-RW），这种光盘可由用户反复多次写入，多次读出。通过在光盘上加一层可改写的染色层，然后在专用的光盘刻录机中进行写入。用 CD-R 或 CD-RW 光盘作计算机外存，因具有更换性而消除了联机存储容量的限制。

DVD 光盘也可分为只读型 DVD 光盘（Digital Video Disk Read Only Memory，简称 DVD-ROM）、一次性写入 DVD 光盘（Digital Video Disk Recordable，简称 DVD-R）、可擦除型 DVD 光盘（Digital Video Disk ReWritable，简称 DVD-RW）等。

CD 光盘有一个数据传输速率的指标，称为倍速。一倍速的数据传输速率是 150Kbps，记为"1X"，常见的光驱速度有"48X""52X"等。CD 光盘的存储容量比较大，一张 4.72 英寸（120mm）的 CD 光盘，其实际容量可达 700MB；而同样尺寸的 DVD 光盘则存储容量更大，可达 4.7GB～17.7GB。目前，DVD 驱动器已经成为微型机的标准配置。

c. U 盘和移动硬盘

U 盘，又称优盘，中文全称"USB 闪存盘"，英文名"USB Flash Disk"，是一种采用闪存（Flash Memory）存储技术的小型移动存储盘，如图 1-3-8 所示。其最大的特点就是小巧易于携带、存储容量大、可靠性高、可以热插拔，并且价格便宜。现在常用的 U 盘容量有 8G、16G、64G 等。正是由于它携带方便，是移动存储设备之一，所以当然不是长期插在机箱里，可以把它挂在胸前、吊在钥匙串上，甚至放进钱包里。U 盘内写入的数据可以长期保存，断电后不会丢失，因此可以当作外存来使用。

对于需要存储的数据量更大时，还可以使用其他容量更大的可移动存储设备，这就是移动硬盘，如图 1-3-9 所示。

移动硬盘（Mobile Hard Disk）顾名思义是以硬盘为存储介质，强调便携性的外存储产品。市场上绝大多数的移动硬盘都是以标准硬盘为存储介质，而只有很少部分是以微型硬盘（1.8 英寸硬盘等）为存储介质，但价格因素决定着主流移动硬盘还是以标准笔记本硬盘为存储介质。因为采用硬盘为存储介质，移动硬盘在数据的读写模式上与标准 IDE 硬盘是相同的。移动硬盘多采用 USB、IEEE1394 等传输速度较快的接口，可以较高的速度与系统进行数据传输。

图 1-3-8　U 盘

图 1-3-9　移动硬盘

⑥　输入设备

输入设备负责将数字、文字、符号、图形、图像、声音等形式的信息输入到计算机中。常用的输入设备有键盘、鼠标、扫描仪等。

a. 键盘

键盘是计算机中最基本的输入设备。用户可以通过键盘输入命令、数据、程序等信息，或通过一些操作键和组合键来控制信息的输入、编辑，或对系统的运行进行一定程度的干预和控制，它是人机交互的一个主要媒介。微型机工作时，一刻也离不开键盘，如果不安装键盘，连加电自检程序都无法通过。传统的有 101 键盘、104 键盘、108 键盘等，目前在微型机上常用的是 104 键盘。按照功能的不同，可以将键盘分为 4 个键区，分别是主键盘区、功能键区、编辑键区和数字键区，如图 1-3-10 所示。

b. 鼠标

鼠标因形似老鼠而得名，鼠标的标准称呼是鼠标器，英文名"Mouse"，是目前除键盘之外最常见的一种基本输入设备，如图 1-3-11 所示。鼠标的出现是为了使计算机的操作更加简便，用来代替键盘那繁琐的指令，其主要作用是通过移动鼠标可快速定位屏幕上的对象，如光标、图标等，从而实现执行命令、设置参数和选择菜单等输入操作。

图 1-3-10　104 键盘示意图　　　　　　　　　　图 1-3-11　鼠标

鼠标的分类可以依据外形分为两键鼠标、三键鼠标、滚轴鼠标和感应鼠标。两键鼠标和三键鼠标的左右按键功能完全一致，一般情况下，用不着三键鼠标的中间按键，但在使用某些特殊软件时（如 AutoCAD 等），这个键也会起一些作用；滚轴鼠标和感应鼠标在笔记本电脑上用得很普遍，往不同方向转动鼠标中间的小圆球，或在感应板上移动手指，光标就会向相应方向移动，当光标到达预定位置时，按一下鼠标或感应板，就可执行相应功能。

鼠标也可以根据其工作原理来分类：机械式鼠标、光电式鼠标、光机式鼠标、无线鼠标和 3D 鼠标。

机械式鼠标：底部有一个滚球，滚球的位置边缘有互成 90 度的两个滚轴，分别用来感受水平和垂直两个方向上的移动。滚球一动，带动两个转轴（分别为 X 转轴、Y 转轴），便能输入鼠标水平和垂直两个方向上移动的距离。机械式鼠标是早期最常用鼠标，原理简单、操作方便，只是准确度、灵敏度不是很高，适用于一般的软件操作。

光电式鼠标：又称为光学鼠标，在其底部没有滚轮，也不需要借助反射板来实现定位，其核心部件是发光二极管、微型摄像头、光学引擎和控制芯片。工作时发光二极管发射光线照亮鼠标底部的表面，同时微型摄像头以一定的时间间隔不断进行图像拍摄。鼠标在移动过程中产生的不同图像传送给光学引擎进行数字化处理，最后再由光学引擎中的定位 DSP 芯片对所产生的图像数字矩阵进行分析。由于相邻的两幅图像总会存在相同的特征，通过对比这些特征点的位置变化信息，便可以判断出鼠标的移动方向与距离，这个分析结果最终被转换为坐标偏移量实现光标的定位。目前微型机配置的鼠标均为光电式鼠标。

光机式鼠标：具有光学和机械的混合结构，是在机械鼠标基础上进行改良，通过引入光学技术来提高鼠标的定位精度。

无线鼠标：所谓"无线"，指采用无线技术与计算机通信，从而省却了电线的束缚。其通常采用的无线通信方式包括蓝牙、Wi-Fi（IEEE 802.11）、Infrared（IrDA）、ZigBee（IEEE 802.15.4）等多个无线技术标准。对于当前主流无线鼠标而言，有 27Mhz、2.4G 和蓝牙无线鼠标共三类。

鼠标一般可通过 RS232C 串行接口、PS/2 鼠标插口或 USB 接口与微型机相连。如果经常进行网上冲浪，或是进行电子书籍的阅读和写作，有滚轮功能的鼠标就会比较适合。

c. 扫描仪

扫描仪是一种光机电一体化的高科技产品，它是将各种形式的图像信息输入计算机的重要工具，是继键盘和鼠标之后的第三代计算机输入设备，也是功能极强的一种输入设备。人们通常将扫描仪用于计算机图像的输入，从最直接的图片、照片、胶片到各类图纸图形以及各类文稿资料都可以用扫描仪输入到计算机中，进而实现对这些图像形式的信息进行处理、管理、使用、存储、输出等。目前扫描仪已广泛应用于各类图形图像处理、出版、印刷、广告制作、办公自动化、多媒体、图文数据库、图文通讯、工程图纸输入等许多领域。

目前市场上扫描仪种类很多，按不同的标准可分成不同的类型。按扫描原理可将扫描仪分为以 CCD 为核心的平板式扫描仪、手持式扫描仪和以光电倍增管为核心的滚筒式扫描仪；按扫描图像幅面的大小可分为小幅面的手持式扫描仪、中等幅面的台式扫描仪和大幅面的工程图扫描仪；按扫描图稿的介质可分为反射式（纸材料）扫描仪和透射式（胶片）扫描仪，以及既可扫反射稿又可扫透射稿的多用途扫描仪；按用途可将扫描仪分为用于各种图稿输入的通用型扫描仪和专门用于特殊图像输入的专用型扫描仪，如条码读入器、卡片阅读机等，如图 1-3-12 是平板式扫描仪的一种。

⑦ 输出设备

输出设备负责将主机内的信息转换成数字、文字、符号、图形、图像、声音等形式进行输出。常用的输出设备有显示器、打印机等。

a. 显示器

显示器又称监视器，是微型机不可缺少的输出设

图 1-3-12　平板式扫描仪

备。其作用是将主机处理后的信息转换成光信号，最终将其以文字、数字、图形、图像形式显示出来，它是人机交互的另一个主要媒介。从早期的黑白世界到现在的色彩世界，显示器走过了漫长而艰辛的历程，随着显示器技术的不断发展，显示器的分类也越来越细。目前常用的显示器包括阴极射线显像管（Cathode Ray Tube，简称 CRT）显示器、液晶显示器（Liquid Crystal Display，简称 LCD）、发光二极管（Light Emitting Diode，简称 LED）显示器和等离子显示器（Plasma Display Panel，简称 PDP）等。

（a）CRT 显示器

CRT 显示器是早期应用最广泛的显示器，也是十几年来，形状与使用功能变化最小的电脑外设产品之一，如图 1-3-13 所示。其优点是显示分辨率高、价格便宜、使用寿命较长，缺点是电能消耗大、体积大等。

（b）LCD 显示器

LCD 显示器即液晶显示器，是一种采用液晶控制透光度技术来实现色彩的显示器，如

图 1-3-14 所示。LCD 显示器与 CRT 显示器相比，具有图像质量细腻稳定、低辐射、完全平面、对人体健康影响较小等优点，但一般价格较贵。

图 1-3-13　CRT 显示器

图 1-3-14　LCD 显示器

根据 LCD 所采用的材料构造，可分为 TN、STN、FSTN、DSTN、CSTN、TFT 等诸多类别。

TN 型 LCD：所谓 TN 是指 Twisted Nematic 扭曲向列型 LCD。

STN 型 LCD：所谓 STN 是指 Super Twisted Nematic 超扭曲向列型 LCD，即通常所说的单色 LCD。

DSTN 型 LCD：所谓 DSTN 是指 Dual Super Twisted Nematic 双超扭曲向列型 LCD（即通常所说的微彩 LCD），意即通过双扫描方式来扫描扭曲向列型液晶显示屏，达到完成显示的目的。

FSTN 型 LCD：所谓 FSTN 是指 Film Super Twisted Nematic 薄层超扭曲向列型 LCD。

CSTN 型 LCD：所谓 CSTN 是指 Colors Super Twisted Nematic 彩色超扭曲向列型 LCD。一般采用透射式（Transmissive）照明方式，透射式屏幕要使用外加光源照明，称为背光（Backlight），照明光源要安装在 LCD 的背后。透射式 LCD 在正常光线及暗光线下，显示效果都很好，但在户外，尤其在日光下，很难辨清显示内容，而背光需要电源产生照明光线，要消耗电功率。目前许多手机上的液晶屏即为 CSTN 型 LCD。

TFT 型 LCD：所谓 TFT 就是指 Thin Film Transistor 薄片式晶体管 LCD（即通常所说的真彩 LCD），意即每个液晶像素点都是由集成在像素点后面的薄膜晶体管来驱动，从而可以做到高速度、高亮度、高对比度显示屏幕信息。目前笔记本电脑和台式电脑配置的液晶显示屏即为 TFT 型 LCD。

（c）LED 显示器

LED 显示器是一种通过控制半导体发光二极管的显示方式，它集微电子技术、计算机技术、信息处理于一体，以其色彩鲜艳、动态范围广、亮度高、寿命长、工作稳定可靠等优点，成为最具优势的新一代显示媒体，如图 1-3-15 所示。与 LCD 显示器相比，LED 在亮度、功耗、可视角度和刷新速率等方面，都更具优势。LED 与 LCD 的功耗比大约为 1:10，而且更高的刷新速率使得 LED 在视频方面有更好的性能表现，能提供宽达 160° 的视角，可以显示各种文字、数字、彩色图像及动画信息，也可以播放电视、录像、VCD、DVD 等彩色视频信号，多幅显示屏还可以进行联网播出。有机 LED 显示屏的单个元素反应速度是 LCD 液晶屏的 1000 倍，在强光下也可以照看不误，并且适应零下 40 度的低温。利用 LED 技术，可以制造出比 LCD 更薄、更亮、更清晰的显示器，拥有广泛的应用前景。目前，LED 显示器已广泛应用于大型广场、商业广告、体育场馆、信息传播、新闻发布、证券交易等，可以满足不同环境的需要。

（d）等离子显示器

PDP（Plasma Display Panel，等离子显示器）是采用了近几年来高速发展的等离子平面屏幕技术的新一代显示设备。等离子显示器具有高亮度、高对比度、纯平面图像无扭曲、超薄设计、超宽视角，还具有齐全的输入接口。等离子显示器具备了 DVD 分量接口、标准 VGA/SVGA 接口、S 端子、HDTV 分量

图 1-3-15　LED 曲面显示器

接口（Y、Pr、Pb）等，可接收电源、VCD、DVD、HDTV 和电脑等各种信号的输出，环保无辐射、分

辨率高、占用空间少且可作为家中的壁挂电视使用，代表了未来微型机显示器的发展趋势。

b. 打印机

打印机作为计算机重要的输出设备已被广大用户所接受，也已成为办公自动化系统的一个重要设备。它的作用就是打印输出电脑里的文件，可以打印文字，也可以打印图片。打印机种类很多，按照打印工作原理，可以分为针式、喷墨和激光打印机三大类。

（a）针式打印机（Dot-Matrix Printer）：如图 1-3-16 所示。针式打印机中的打印头是由多支金属撞针组成，撞针排列成一直行，当指定的撞针到达某个位置时，便会弹射出来，在色带上打击一下，让色素印在纸上做成其中一个色点，配合多个撞针的排列样式，便能在纸上打印出文字或图形。针式打印机的优点是耗材便宜（包括打印色带和打印纸），缺点是打印速度慢、噪声大、打印分辨率低。此外，针式打印机可以打印多层纸，因此，在票据打印中经常选用它。

（b）喷墨打印机（InkJet Printer）：如图 1-3-17 所示。喷墨打印机使用大量的喷嘴，将墨点喷射到纸张上。由于喷嘴的数量较多，且墨点细小，能够做出比针式打印机更细致、混合更多种色彩的效果。喷墨打印机的优点是从低档到高档都有，其价格可以适合各种层次的需要，打印效果优于针式打印机，无噪声，并且能够打印彩色图像。缺点是打印速度慢，墨盒消耗快，并且耗材贵，特别是彩色墨盒。

（c）激光打印机（Laser Printer）：如图 1-3-18 所示。激光打印机是利用碳粉附着在纸上而成像的一种打印机。主要是利用激光打印机内的一个控制激光束的磁鼓，借着控制激光束的开启和关闭，当纸张在磁鼓间卷动时，上下起伏的激光束会在磁鼓产生带电核的图像区，此时打印机内部的碳粉会受到电荷的吸引而附着在纸上，形成文字或图形。由于碳粉属于固体，而激光束有不受环境影响的特性，所以激光打印机可以长年保持印刷效果清晰细致，打印在任何纸张上都可得到好的效果。激光打印机是各种打印机中打印效果最好的，其打印速度快、噪声低，缺点是耗材贵、价格高，而且一般黑白居多。

图 1-3-16　针式打印机

图 1-3-17　喷墨打印机

图 1-3-18　激光打印机

（3）微型计算机的主要技术指标

计算机的性能涉及体系结构、软硬件配置、指令系统等多种因素，一般说来主要有下列技术指标。

① 字长

字长是指计算机运算部件一次能同时处理的二进制数据的位数。字长越长，则计算机的运算精度就越高，处理能力就越强。通常，字长一般为字节的整倍数，如 8 位，16 位，32 位，64 位等。目前普遍使用 Intel 和 AMD 微处理器的微机大多支持 32 位和 64 位的字长，这意味着该类型的机器可以并行处理32 位或 64 位二进制数的算术运算和逻辑运算。

② 时钟主频

时钟主频是指 CPU 的时钟频率，它的高低一定程度上决定了计算机速度的高低。主频以吉赫兹（GHz）为单位。一般来说，主频越高，速度越快。由于微处理器发展迅速，微机的主频也在不断提高。目前处理器的主频已超过 3GHz。

③ 运算速度

计算机的运算速度通常是指每秒钟所能执行的加法指令数目，常用百万次/秒（Million Instruction Per Second，MIPS）来表示，这个指标更能直观地反映机器的速度。

④ 存储容量

存储容量分内存容量和外存容量，这里主要指内存储器的容量。显然，内存容量越大，机器所能运行的程序就越大，处理能力就越强。尤其是当前多媒体 PC 应用多涉及图像信息处理，要求的存储容量越来越大，甚至没有足够大的内存容量就无法运行某些软件。

⑤ 存取周期

内存储器的存取周期也是影响整个计算机系统性能的主要指标之一。简单地讲，存取周期就是 CPU 从内存储器中存取数据所需的时间。目前，内存的存取周期在 7～70ns 之间。

此外，可靠性、可维护性、平均无故障时间和性能价格比也是计算机的技术指标。

2. 计算机软件系统

软件系统是为运行、管理和维护计算机而编制的各种程序、数据和文档的总称。

计算机程序是一些让计算机按一定顺序执行的指令序列，它指引计算机如何去解决一个问题或者完成一项任务。

计算机系统由硬件（Hardware）系统和软件（Software）系统组成。硬件系统也称为裸机，裸机只能识别由 0 和 1 组成的机器代码。没有软件系统的计算机是无法工作的，它只是一台机器而已。实际上，用户所面对的是经过若干层软件"包装"的计算机，计算机的功能不仅仅取决于硬件系统，在更大程度上是由所安装的软件系统所决定的。硬件系统和软件系统互相依赖，不可分割。

计算机最初被运用时遇到过一个问题，就是程序员不得不进行大量的重复设计以便完成一个特定的任务。如任何一个程序都需要使用输入/输出设备，需要保存数据，所以早期的程序员必须负责编写与机器直接关联的各种操作代码。为此计算机设计者把这些公共的操作统一编制为一个可以被许多程序调用的程序，把对实际问题的处理和对机器的操作分开，以减少编程的复杂性和不必要的重复过程。随着这种设计过程的逐步完善，系统软件（System Software）和应用软件（Application Software）就组成了计算机软件系统的两个部分，如图 1-3-19 所示。

（1）系统软件

系统软件主要包括操作系统、语言处理系统、系统服务程序和数据库等。其中最主要的是操作系统（Operating System，OS），它提供了一个软件运行的环境，如在微机中使用最为广泛的微软公司的 Windows 系统。操作系统处在计算机系统中的核心位置，它可以直接支持用户使用计算机硬件，也支持用户通过应用软件使用计算机。如果用户需要使用系统软件，如语言软件和工具软件，也要通过操作系统提供交互。

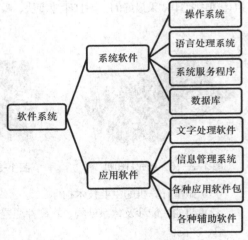

图 1-3-19　计算机软件系统的组成

语言处理系统是系统软件的另一大类型。早期的第一代和第二代计算机所使用的编程语言一般是由计算机硬件厂家随机器配置的。随着编程语言发展到高级语言，IBM 公司宣布不再捆绑语言软件，因此语言系统就开始成为用户可选择的一种产品化的软件，它也是最早开始商品化和系统化的软件。

系统服务程序主要是指一些为计算机系统提供服务的工具软件和支持软件，如编译程序、调试程序、系统诊断程序等。这些程序主要是为了维护计算机系统的正常运行，方便用户在软件开发和实施过程中的应用，如 Windows 中的磁盘整理工具程序等。实际上 Windows 和其他操作系统，都有附加的实用工具程序。因而随着操作系统功能的延伸，已很难严格划分系统软件和系统服务软件，这种对系统软件的分类方法也在变化之中。

数据库（Database）是应用最广泛的软件之一。它把各种不同性质的数据进行组织，以便能够有效地进行查询，检索并管理是运用数据库的主要目的。各种信息系统，包括从一个提供图书查询的书店销售软件，到银行、保险公司这样的大企业的信息系统，都需要使用数据库。需要说明的是，有观点认为数据库是属于系统软件，尤其是在数据库中起关键作用的数据库管理系统（DBMS）属于系统软件。也有观点认为，数据库是构成应用系统的基础，它应当被归类到应用软件中，其实这种分类并没有实际意义。

（2）应用软件

计算机软件中，应用软件使用得最多。它们包括从一般的文字处理软件到大型的科学计算软件和各种控制系统的实现软件，有成千上万种类型。把这类为解决特定问题而与计算机本身关联不多，或者说其使用与计算机硬件基本无关的软件通称为应用软件。

常用的应用软件有如下几类。

① 办公软件套件

办公软件是日常办公需要的一些软件，它一般包括文字处理软件、电子表格处理软件、演示文稿制作软件、个人数据库、个人信息管理软件等。常见的办公软件套件有 Microsoft Office 和金山公司的 WPS 等。

② 多媒体处理软件

多媒体技术已经成为计算机技术的一个重要方面，因此多媒体处理软件也是应用软件领域中一个重要的分支。多媒体处理软件主要包括图形处理软件、图像处理软件、动画制作软件、音频视频处理软件、桌面排版软件等，如 Adobe 公司的 Photoshop 等。

③ Internet 工具软件

随着计算机网络技术的发展和 Internet 的普及，涌现了许许多多基于 Internet 环境的应用软件，如 Web 服务软件、Web 浏览器、文件传送工具 FTP、远程访问工具 Telnet、下载工具 FlashGet 等。

1.3.2　知识扩展

——计算机病毒与防治

20 世纪 60 年代，被称为计算机之父的数学家冯·诺依曼在其遗著《计算机与人脑》中详细论述了程序能够在内存中进行繁殖活动的理论。计算机病毒的出现和发展是计算机软件技术发展的必然结果。

1. 计算机病毒与防治的实质和症状

（1）计算机病毒的定义

当前，计算机安全的最大威胁是计算机病毒（Computer Virus）。计算机病毒实质上是一种特殊的计算机程序，这种程序具有自我复制能力，可非法入侵并隐藏在存储媒体中的引导部分、可执行程序或数据文件中。当病毒被激活时，源病毒能把自身复制到其他程序体内，影响和破坏程序的正常执行和数据的正确性，有些恶性病毒对计算机系统具有极大的破坏性。计算机一旦感染病毒，病毒就可能迅速扩散，这种现象和生物病毒侵入生物体并在生物体内传染一样。

在《中华人民共和国计算机信息系统安全保护条例》中计算机病毒被明确定义为："编制或者在计算机程序中插入的破坏计算机功能或者破坏数据，影响计算机使用并且能够自我复制的一组计算机指令或者程序代码"。

计算机病毒一般具有如下主要特点：

① 寄生性

计算机病毒寄生在其他程序之中，当执行这个程序时，病毒就起破坏作用，而在未启动这个程序之前，它是不易被人发觉的。

② 传染性

计算机病毒具有强再生机制。病毒程序一加载到运行的程序体上，就开始搜索能进行感染的其他程序，从而使病毒很快扩散到磁盘存储器和整个计算机系统。

计算机病毒可通过各种可能的渠道，如 U 盘、计算机网络去传染其他的计算机。当您在一台机器上发现了病毒时，往往曾在这台计算机上用过的 U 盘已感染上了病毒，而与这台机器相联网的其他计算机也可能被该病毒感染上了。是否具有传染性是判别一个程序是否为计算机病毒的最重要条件。

③ 潜伏性

计算机病毒侵入系统后，一般不立即发作，而具有一定的潜伏期，发作的条件依病毒而异，有的在固定时间或日期发作；有的在遇到特定的用户标识符时发作；有的在使用特定文件时发作；或者某个文件使用若干次时发作。

触发条件一旦得到满足，有的在屏幕上显示信息、图形或特殊标识，有的则执行破坏系统的操作，如格式化磁盘、删除磁盘文件、对数据文件做加密、封锁键盘以及使系统锁死等。

④ 隐蔽性

计算机病毒具有很强的隐蔽性，有的可以通过病毒软件检查出来，有的根本就查不出来，有的时隐时现、变化无常，这类病毒处理起来通常很困难。

⑤ 破坏性

计算机病毒进入计算机系统后，一般都要对系统进行不同程度的干扰和破坏。有的占用系统资源；有的修改或删除文件及数据；严重的会摧毁整个计算机系统。

（2）计算机感染病毒后的常见症状

计算机病毒虽然很难检测，但是只要细心留意计算机的运行状况，还是可以发现计算机感染病毒的一些异常情况的。例如：

● 磁盘文件数目无故增多。

● 系统的内存空间明显变小。

● 文件的日期/时间值被修改成新近的日期或时间（用户自己并没有修改）。

● 感染病毒后的可执行文件的长度通常会明显增加。

● 正常情况下可以运行的程序却突然因内存不足而不能启动。

● 程序加载时间或程序执行时间比正常情况明显变长。

● 计算机经常出现死机现象或不能正常启动。

● 显示器上经常出现一些莫名其妙的信息或异常现象。

随着制造病毒和反病毒双方较量的不断深入，病毒制造者的技术越来越高，病毒的欺骗性、隐蔽性也越来越好。只有在实践中细心观察才能发现计算机的异常现象。

（3）计算机病毒的分类

目前，常见的计算机病毒按其感染的方式，可分为如下 5 类。

① 引导区型病毒

引导区型病毒感染硬盘的主引导记录（MBR），当硬盘主引导记录感染病毒后，病毒就企图感染每个插入计算机进行读写的移动盘引导区。这类病毒常常将其病毒程序替代主引导中的系统程序，引导区病毒总是先于系统文件装入内存储器，获取控制权并进行传染和破坏。

② 文件型病毒

文件型病毒主要感染扩展名为 COM、EXE、DRV、BIN、OVL、SYS 等可执行文件。通常寄生在文件的首部或尾部，并修改程序的第一条指令。当染毒程序执行时就先跳转去执行病毒程序，进行传染和破坏。这类病毒只有当带毒程序执行时，才能进入内存，一旦符合激发条件，它就发作。文件型病毒种类繁多，且大多数活动在 DOS 环境下，但也有些文件病毒可以感染 Windows 下的可执行文件，如 CIH 病毒就是一个文件型病毒。

③ 混合型病毒

这类病毒既可以传染磁盘的引导区，也传染可执行文件，兼有上述两类病毒的特点。

④ 宏病毒

宏病毒与上述其他病毒不同，它不感染程序，只感染 Microsoft Word 文档文件（DOC）和模板文件（DOT），与操作系统没有特别的关联。它们大多以 Visual Basic 或 Word 提供的宏程序语言编写，比较容易制造。它能通过软盘文档的复制、E-mail 下载 Word 文档附件等途径蔓延。当对感染宏病毒的

Word 文档操作时（如打开文档、保存文档、关闭文档等操作）它就进行破坏和传播。Word 宏病毒主要破坏的是：不能正常打印；封闭或改变文件名称或存储路径；删除或复制文件；封闭有关菜单；最终导致无法正常编辑文件。

⑤ Internet 病毒（网络病毒）

Internet 病毒大多是通过 E-mail 传播，黑客是危害计算机系统的源头之一。"黑客"指利用通信软件，通过网络非法进入他人的计算机系统，截取或篡改数据，危害信息安全。如果网络用户收到来历不明的 E-mail，不小心执行了附带的"黑客程序"，该用户的计算机系统就会被偷偷修改注册表信息，"黑客程序"也会悄悄地隐藏在系统中。当用户运行 Windows 时，黑客程序会驻留在内存，一旦该计算机联入网络，外界的"黑客"就可以监控该计算机系统，从而"黑客"可以对该计算机系统"为所欲为"。已经发现的黑客程序有 BO（Back Orifice）、Netbus、Netspy、Backdoor 等。

（4）计算机病毒的清除

如果计算机染上了病毒，文件被破坏了，最好立即关闭系统。如果继续使用，会使更多的文件遭受破坏。最好重新启动计算机系统，并用杀毒软件查杀病毒。一般的杀毒软件都具有清除/删除病毒的功能。清除病毒是指把病毒从原有的文件中清除掉，恢复原有文件的内容；删除是指把整个文件全部除掉。经过杀毒后，被破坏的文件有可能恢复成正常的文件。

用反病毒软件除病毒是当前比较流行的方法，它既方便，又安全，一般不会破坏系统中的正常数据。特别是优秀的反病毒软件都有较好的界面和提示，使用相当方便。通常，反病毒软件只能检测出已知的病毒并消除它们，不能检测出新的病毒或病毒的变种。所以，各种反病毒软件的开发都不是一劳永逸，而要随着新病毒的出现而不断升级。目前较著名的反病毒软件都将其实时检测系统驻留在内存中，随时检测是否有病毒入侵。

2.计算机病毒的预防

计算机感染病毒后，用反病毒软件检测和消除病毒是被迫的处理措施。况且已经发现相当多的病毒在感染之后会永久性地破坏被感染程序，如果没有备份将不易恢复。因此，像"讲究卫生，预防疾病"一样，对计算机病毒采取"预防为主"的方针是合理、有效的，预防计算机病毒应从切断其传播途径入手。

计算机病毒主要通过移动存储介质（如优盘、移动硬盘）和计算机网络两大途径进行传播。人们从工作实践中总结出一些预防计算机病毒的简易可行的措施，这些措施实际上是要求用户养成良好的使用计算机的习惯。具体归纳如下：

- 专机专用。制定科学的管理制度，对重要任务部门应采取专机专用，禁止与任务无关人员接触该系统，防止潜在的病毒罪犯。
- 利用写保护。对那些保存有重要数据文件且不需要经常写入的移动介质盘应使其处于写保护状态，以防止病毒的侵入。
- 慎用网上下载的软件。Internet 是病毒转播的一大途径，对网上下载的软件最好检测后再用，也不要随便阅读不相识人员发来的电子邮件。
- 分类管理数据。对各类数据、文档和程序应分类备份保存。
- 建立备份。对每个购置的软件应拷贝副本，定期备份重要的数据文件，以免遭受病毒危害后无法恢复。可以用打包软件将系统备份，以方便恢复。
- 采用病毒预警软件或防病毒卡。例如，"防火墙"是指具有病毒警戒功能的程序。准备连接 Internet 时，启动了"防火墙"能连续不断地监视计算机是否有病毒入侵，一旦发现病毒立即显示提示清除病毒，采用这种方法会占用一些系统资源。
- 定期检查。定期用反病毒软件对计算机系统进行检测，发现病毒及时清除。
- 准备系统启动盘。为了防止计算机系统被病毒攻击而无法正常启动，应准备系统启动盘。如果是品牌机，厂家会提供系统启动盘或恢复盘；如果是用户自己装配的，最好制作系统启动盘，以便在系统染上病毒无法正常启动时，用系统盘启动，然后再用杀毒软件杀毒。

计算机病毒的防治宏观上讲是一项系统工程，除了技术手段之外还涉及诸多因素，如法律、教育、管理制度等，尤其是教育，是防止计算机病毒的重要策略。通过教育，使广大用户认识到病毒的严重危害，了解病毒的防治常识，提高尊重知识产权的意识，增强法律、法规意识，不随便复制他人的软件，最大限度地减少病毒的产生与传播。

【案例 1.4】Internet 基础与简单应用

◇学习目标

Internet 是 20 世纪最伟大的发明之一，Internet 是由成千上万个计算机网络组成的，覆盖范围从大学校园网、商业公司的局域网到大型的在线服务提供商，几乎涵盖了社会的各个应用领域（如：政务、军事、科研、文化、教育、经济、新闻、商业和娱乐等）。人们只要用鼠标、键盘，就可以从 Internet 上找到所需要的任何信息，可以与世界另一端的人们通信交流，甚至一起参加视频会议。Internet 已经深深地影响和改变了人们的工作、生活方式，并正以极快的速度在不断发展和更新。通过本节内容学习，可以掌握计算机网络的基础知识，能够熟练使用互联网学习知识。

1.4.1 相关知识

1. 计算机网络的概念

（1）计算机网络

① 什么是计算机网络

计算机网络是计算机技术与通信技术相结合的产物。简单地说，计算机网络就是通过电缆、电话线或无线通信将两台以上的计算机互连起来的集合。通俗地讲就是由多台计算机（或其他计算机网络设备）通过传输介质和软件物理（或逻辑）连接在一起组成的，把分布在不同地理区域的计算机与专门的外部设备用通信线路互联成一个规模大、功能强的网络系统，并且配以功能完善的网络软件，从而使众多计算机可以方便互相传递信息，共享软件、硬件、数据信息等资源。

可以从以下几个方面理解这个定义：

● 至少两台计算机才能构成网络，它们可以是在一间办公室内，也可能分布在地球的不同半球上。另外，这些计算机是独立的，也就是说，脱离网络它们也能作为单机正常工作。

● 这些计算机之间要用一些媒介连接起来，这些媒介用术语讲叫通信设备和传输介质。在进一步学习前，可先回想一下你在打电话的情景：家中的电话通过电话线连接到电信局的电话交换机上面，再从交换机呼叫你要拨打的电话，当对方拿起电话后，线路就接通，这时通话双方是由电话线和电话交换机连接的。

● 要有相应的软件进行管理。硬件的工作总是在软件的控制下完成的，有了前面两点所说的硬件，当然还得有相应的软件才行。

● 连网后这些计算机就可以共享资源和互相通信了，例如网络中的许多计算机共用一台打印机等。

② 计算机网络的基本功能

计算机网络的基本功能主要有：资源共享、数据传送、并行处理和提高计算机的可靠性等方面。

a. 资源共享

资源共享就是网络中各项资源在系统允许的情况下相互通用。资源共享包括以下几点。

（a）硬件资源共享

通过网络共享硬件设备，例如网络中的许多计算机共用一台打印机、调制解调器、光驱等，这样可以减少预算，节约开支。

（b）软件资源共享

网络上的一些计算机里可能有一些其他计算机上没有但却十分有用的程序，如专用的绘图程序等，用户可以通过网络使用这些软件资源。

（c）数据与信息资源共享

通过网络，用户可以在多台计算机间协调使用计算机上各种有用的数据和信息资源。典型的数据与信息资源共享的例子就是 Internet，目前全世界数以亿计的人在网上浏览信息。

b. 数据传送

通过计算机网络，可以对分散在不同地区的计算机之间的数据进行传送并进行统一的控制和管理，例如电子邮件的收发，商业信息的传送，股票行情、科技动态的查询等。

c. 并行处理

多台计算机联网以后可以形成一个大规模的计算机系统，一些大型的任务可以划分成若干个子任务分散到网络上的各台计算机上去完成。这种并行处理方式大大提高了计算机解决问题的能力，缩短了完成任务的时间。

d. 提高计算机的可靠性

网络中的计算机可以互为后备机，当网络中的技术发生故障后，其后备机可以立刻运行，避免了由于某台计算机出故障而可能造成的系统瘫痪的情况，提高了计算机系统的可靠性。

（2）数据通信的概念

数据通信是通信技术和计算机技术相结合而产生的一种新的通信方式。数据通信是指在两个计算机或终端之间以二进制的形式进行信息交换和传输数据。关于数据通信的相关概念，下面介绍几个常用术语。

① 信道

信道是信息传输的媒介或渠道，作用是把携带有信息的信号从它的输入端传递到输出端。根据传输媒介的不同，信道可分为有线信道和无线信道两类。常见的有线信道包括双绞线、同轴电缆、光缆等；无线信道有地波传播、短波、超短波、人造卫星中继等。

② 数字信号和模拟信号

通信的目的是传输数据，信号是数据的表现形式。对于数据通信技术来讲，它要研究的是如何将表示各类信息的二进制比特序列通过传输媒介在不同计算机之间传输。信号可以分为数字信号和模拟信号两类：数字信号是一种离散的脉冲序列，计算机产生的电信号用两种不同的电平表示 0 和 1；模拟信号是一种连续变化的信号，如电话线上传的按照声音强弱幅度连续变化所产生的电信号，就是一种典型的模拟信号，可以用连续的电波表示。

③ 调制与解调

普通电话线是针对语音通话而设计的模拟信道，适用于传输模拟信号。但是计算机产生的是离散脉冲表示的数字信号，因此要利用电话交换网实现计算机的数字脉冲信号的传输，就必须首先将数字脉冲信号转换成模拟信号。我们将发送端数字脉冲信号转换成模拟信号的过程称为调制（Modulation）；将接收端模拟信号还原成数字脉冲信号的过程称为解调（Demodulation）；将调制和解调两种功能结合在一起的设备称为调制解调器（Modem）。

④ 带宽（Bandwidth）与传输速率

在模拟信道中，以带宽表示信道传输信息的能力。带宽以信号的最高频率和最低频率之差表示，即频率的范围。频率（Frequency）是模拟信号波每秒的周期数，用 Hz、KHz、MHz 或 GHz 作为单位。在某一特定带宽的信道中，同一时间内，数据不仅能以某一种频率传送，而且还可以用其他不同的频率传送。因此，信道的带宽越宽（带宽数值越大），其可用的频率就越多，其传输的数据量就越大。

在数字信道中，用数据传输速率（比特率）表示信道的传输能力，即每秒传输的二进制位数（bps，比特/秒），单位为 bps、Kbps、Mbps、Gbps 与 Tbps，其中：

$1Kbps=1×10^3bps$

$1Mbps=1×10^6bps$

$1Gbps=1×10^9bps$

$1Tbps=1×10^{12}bps$

研究证明，通信信道的最大传输速率与信道带宽之间存在着明确的关系，所以在现代网络中，人们经常用"带宽"来表示信道的数据传输速率，"带宽"与"速率"几乎成了同义词。带宽与数据传输速率都是通信系统的主要技术指标之一。

⑤ 误码率

误码率是指二进制比特在数据传输系统中被传错的概率，是通信系统的可靠性指标。数据在通信信道传输中一定会因某种原因出现错误，传输错误是正常的和不可避免的，但是一定要控制在某个允许的范围内。在计算机网络系统中，一般要求误码率低于 10^{-6}（百万分之一）。

（3）计算机网络的发展

计算机网络技术自诞生之日起，就以惊人的速度和广泛的应用程度在不断发展。计算机网络是随着强烈的社会需求和前期通信技术的成熟而出现的。虽然计算机网络仅有几十年的发展历史，但是它经历了从简单到复杂、从低级到高级、从地区到全球的发展过程。纵观计算机网络的形成与发展历史，大致可以将它分为四个阶段。

第一阶段是 20 世纪五六十年代，面向终端的具有通信功能的单机系统。那时人们将独立的计算机技术与通信技术结合起来，为计算机网络的产生奠定了基础。人们通过数据通信系统将地理位置分散的多个终端，通过通信线路连接到一台中心计算机上，由一台计算机以集中方式处理不同地理位置用户的数据。

第二阶段应该从美国的 ARPANET 与分组交换技术开始。ARPANET 是计算机网络技术发展中的里程碑，它使网络中的用户可以通过本地终端使用本地计算机的软件、硬件与数据资源，也可以使用网络中其他地方计算机的软件、硬件与数据资源，从而达到计算机资源共享的目的。ARPANET 的研究成果对世界计算机网络发展的意义是深远的。

第三阶段可以从 20 世纪 70 年代计起。国际上各种广域网、局域网与公用分组交换网发展十分迅速。各个计算机厂商和研究机构纷纷发展自己的计算机网络系统，随之而来的问题就是网络体系结构与网络协议的标准化工作。国际标准化组织（International Organization for Standardization，ISO）提出了著名的 ISO/OSI 参考模型，对网络体系的形成与网络技术的发展起到了重要的作用。

第四阶段从 20 世纪 90 年代开始，迅速发展的 Internet、信息高速公路、无线网络与网络安全，使得信息时代全面到来。Internet 作为国际性的网际网与大型信息系统，在当今经济、文化、科学研究、教育与社会生活等方面发挥越来越重要的作用。宽带网络技术的发展为社会信息化提供了技术基础，网络安全技术为网络应用提供了重要安全保障。

（4）计算机网络的分类

计算机网络的种类有很多，可以从不同的角度对计算机网络进行分类。

① 按网络的作用范围分类

从网络的作用范围划分，可以把计算机网络划分为局域网、城域网、广域网和互联网四种。

a. 局域网（Local Area Network，LAN）

局域网地理范围一般为几百米到 10 公里之内，属于小范围内的联网，如一个建筑物内、一个学校内、一个工厂的厂区内等。局域网的组建简单、灵活，使用方便。

以前局域网通常采用双绞线、同轴电缆等金属导线，现在光纤已普遍作为局域网的通信介质。

b. 城域网（Metropolis Area Network，MAN）

城域网地理范围可从几十公里到上百公里，可覆盖一个城市或地区，是一种中等形式的网络。城域网一般由政府有关部门或大公司组建，可将多个城域网连接起来，在网络中实现多种信息的综合利用。

c. 广域网（Wide Area Network，WAN）

广域网地理范围一般在几千公里左右，属于大范围联网，分布范围可达几千公里乃至上万公里的洲际横跨，是网络系统中最大型的网络，能实现大范围的资源共享。

例如，现在最为流行的 Internet 即为世界上最大的广域网。广域网以前是借用传统的公共通信网（如电话网、电报网）来实现，现在随着科技的进步，光纤、微波等通信介质在广域网中得以广泛应用。

d. 互联网（Internet）

互联网又称为"英特网"，它已是我们每天都要打交道的一种网络，就是我们常说的"Web""WWW"和"万维网"等多种叫法。从地理范围来说，它可以是全球计算机的互联，这种网络的最大特点就是不定性，整个网络的计算机每时每刻随着人们网络的接入在不断变化。当连在互联网上的时候，计算机可以算是互联网的一部分，但一旦断开互联网的连接时，计算机就不属于互联网了。但它的优点也是非常明显的，就是信息量大、传播广，无论身处何地，只要连上互联网就可以对任何可以联网用户发出信函和广告。因为这种网络的复杂性，所以这种网络实现的技术也是非常复杂的，这一点可以通过后面要讲的几种互联网接入设备详细地了解到。

② 按传输通信介质分类

传输介质是指数据传输系统中发送装置和接收装置间的物理媒体，按其物理形态可以划分为有线和无线两大类。

a. 有线网

传输介质采用有线介质连接的网络称为有线网，常用的有线传输介质有双绞线、同轴电缆、光缆和光导纤维。

双绞线是由两根绝缘金属线互相缠绕而成，这样的一对线作为一条通信线路，由四对双绞线构成双绞线电缆。双绞线点到点的通信距离一般不能超过 100 米。目前，计算机网络上使用的双绞线按其传输速率分为三类线、五类线、六类线、七类线，传输速率在 10Mbps 到 600Mbps 之间，双绞线电缆的连接器一般为 RJ-45。

同轴电缆由内、外两个导体组成，内导体可以由单股或多股线组成，外导体一般由金属编织网组成。内、外导体之间有绝缘材料，其阻抗为 50Ω。同轴电缆分为粗缆和细缆，粗缆用 DB-15 连接器，细缆用 BNC 和 T 连接器。

光缆由两层折射率不同的材料组成。内层是具有高折射率的玻璃单根纤维体组成，外层包一层折射率较低的材料。光缆的传输形式分为单模传输和多模传输，单模传输性能优于多模传输。所以，光缆分为单模光缆和多模光缆，单模光缆传送距离为几十公里，多模光缆为几公里。光缆的传输速率可达到每秒几百兆位。光缆用 ST 或 SC 连接器。光缆的优点是不会受到电磁的干扰，传输的距离也比电缆远，传输速率高。光缆的安装和维护比较困难，需要专用的设备。

光纤网也是有线网的一种，但由于它的特殊性而单独列出。光纤网是采用光导纤维作为传输介质的，光纤传输距离长，传输率高，抗干扰性强，不会受到电子监听设备的监听，是高安全性网络的理想选择。但其成本较高，且需要高水平的安装技术。

b. 无线网

采用无线介质连接的网络称为无线网。目前无线网主要采用三种技术：微波通信，红外线通信和激光通信，这三种技术都是以大气为介质的。

在无线连网的发展史中，从早期的红外线技术到蓝牙（Bluetooth），都可以无线传输数据，多用于系统互联，但却不能组建局域网。如将一台计算机的各个部件（鼠标、键盘等）连接起来，再如蓝牙耳机。如今新一代的无线网络，不仅仅是简单将两台计算机相连，更是建立无需布线和使用非常自由的无线局域网（Wireless LAN，WLAN）。在 WLAN 中有许多计算机，每台计算机都有一个无线电调制解调器和一个天线，通过该天线，它可以与其他的系统进行通信。通常在室内的墙壁或天花板上也有一个天线，所有机器都与它通信，然后彼此之间就可以相互通信通话了，如图 1-4-1 所示。

在无线局域网的发展中，Wi-Fi（Wireless Fidelity）由于较高的传输速度、较大的覆盖范围等优点，发挥了重要的作用。Wi-Fi 不是具体的协议或标准，它是无线局域网联盟（WLANA）为了保障使用 Wi-Fi 标志的商品之间可以相互兼容而推出的，在如今许多的电子产品（如笔记本电脑、手机、平板电脑等）

上面我们都可以看到 Wi-Fi 的标志。针对无线局域网，IEEE（Institute of Electrical and Electronics Engineers，美国电气和电子工程师协会）制定了一系列无线局域网标准，即 IEEE 802.11 家族，包括 802.11a、802.11b、802.11g 等，802.11 现在已经非常普及了。随着协议标准的发展，无线局域网的覆盖范围更广，传输速率更高，安全性、可靠性等也大幅提高。

③ 按网络的使用范围分类

从网络的使用范围进行分类，可以划分为公用网和专用网。

公用网（Public Network）一般是国家的电信部门建造的网络。"公用"的意思就是所有愿意按电信部门规定交纳费用的人都可以使用，因此公用网也可称为公众网。

专用网（Private Network）是某个部门为本系统的特殊业务工作的需要而建造的网络，这种网络一般不向本系统以外的人提供服务。例如，军队、铁路、电力等系统均有本系统的专用网。

④ 按网络的拓扑结构分类

计算机网络的物理连接形式叫做网络的物理拓扑结构。按网络的拓扑结构可以划分为总线网、星型网、环型网和树型网。

a. 总线网

总线网是一种共享通路的物理结构，将网络中所有的计算机通过相应的硬件接口和电缆直接连接到这根共享总线上，如图 1-4-2 所示。总线型拓扑结构适用于计算机数目相对较少的局域网络。

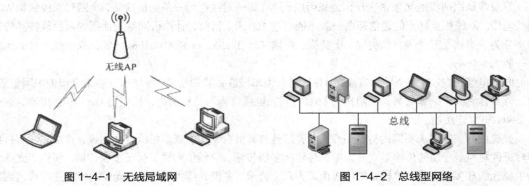

图 1-4-1　无线局域网　　　　　　　　　　　　图 1-4-2　总线型网络

总线拓扑结构的优点是：安装容易，扩充或删除一个节点很容易，不需停止网络的正常工作，节点的故障不会殃及系统，由于各个节点共用一个总线作为数据通路，信道的利用率高。但总线结构也有其缺点：由于信道共享，连接的节点不宜过多，并且总线自身的故障可以导致系统的崩溃。

b. 星型网

星线网是一种以中央节点为中心，把若干外围节点连接起来的辐射式互联结构，如图 1-4-3 所示。这种结构适用于局域网，特别是近年来连接的局域网大都采用这种连接方式，这种连接方式以双绞线或同轴电缆作连接线路。

星型拓扑结构的特点是：安装容易，结构简单，费用低，通常以集线器（Hub）作为中央节点，便于维护和管理。中央节点的正常运行对网络系统来说是至关重要的。

c. 环型网

环型网是将网络节点连接成闭合结构，如图 1-4-4 所示。信号顺着一个方向从一台设备传到另一台设备，每一台设备都配有一个收发器，信息在每台设备上的延时时间是固定的，这种结构特别适用于实时控制的局域网系统。

环型拓扑结构的特点是：安装容易，费用较低，电缆故障容易查找和排除。有些网络系统为了提高通信效率和可靠性，采用了双环结构，即在原有的单环上再套一个环，使每个节点都具有两个接收通道。环型网络的弱点是，当节点发生故障时，整个网络就不能正常工作。

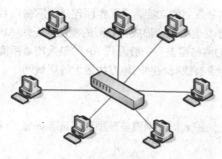

图 1-4-3　星型网络

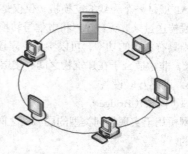

图 1-4-4　环型网络

d. 树型网

树型网就像一棵"根"朝上的树，如图 1-4-5 所示。与总线拓扑结构相比，主要区别在于总线拓扑结构中没有"根"。这种拓扑结构的网络一般采用同轴电缆，用于军事单位、政府部门等上、下界限相当严格和层次分明的部门。

树型拓扑结构的优点是：容易扩展，故障也容易分离处理；缺点是整个网络对根的依赖性很大，一旦网络的根发生故障，整个系统就不能正常工作。

（5）计算机网络的组成

与计算机系统类似，计算机网络系统由网络软件和硬件设备两部分组成。

① 网络硬件

下面主要介绍常见的网络硬件设备。

a. 局域网的组网设备

（a）传输介质

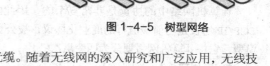

图 1-4-5　树型网络

局域网中常用的传输介质有同轴电缆、双绞线和光缆。随着无线网的深入研究和广泛应用，无线技术也越来越多地用来进行局域网的组建。

（b）网络接口卡

网络接口卡（简称网卡）是构成网络必需的基本设备，用于将计算机和通信电缆连接起来，以便经电缆在计算机之间进行高速数据传输。因此，每台连接到局域网的计算机（工作站或服务器）都需要安装一块网卡，通常网卡都插在计算机的扩展槽内。网卡的种类很多，它们各有自己适用的传输介质和网络协议。

（c）集线器（Hub）

集线器是局域网的基本连接设备，在传统的共享式局域网中，连网的节点通过双绞线与集线器连接，构成物理上的星型拓扑结构。由于交换式以太网的流行和交换机的低成本制造，集线器已经逐渐被交换机所取代。

（d）交换机（Switch）

交换概念的提出是对于共享工作模式的改进，而交换式局域网的核心设备是局域网交换机。共享式局域网在每个时间片上只允许有一个节点占用公用的通信信道。交换机支持端口连接节点之间的多个并发连接，从而增大网络带宽，改善局域网的性能和服务质量。

（e）无线 AP（Access Point）

无线 AP 也称为无线访问点或无线桥接器，即是当作传统的有线局域网络与无线局域网络之间的桥梁。通过无线 AP，任何一台装有无线网卡的主机都可以去连接有线局域网络。无线 AP 含义较广，不仅提供单纯性的无线接入点，也同样是无线路由器等类设备的统称，兼具路由、网管等功能。单纯性的无线 AP 就是一个无线的交换机，仅仅是提供一个无线信号发射的功能，其工作原理是将网络信号通过双绞线传送过来，无线 AP 将电信号转换成为无线电信号发送出来，形成无线网的覆盖。无线 AP 型号不同则具有不同的功率，可以实现不同程度、不同范围的网络覆盖，一般无线 AP 的最大覆盖距离可达300 米，非常适合于在建筑物之间、楼层之间等不便于架设有线局域网的地方构建无线局域网。

b. 网络互联设备

（a）网桥（Bridge）

网桥用于实现相同类型的局域网之间的互联，可以达到扩大局域网覆盖范围和保证各局域子网安全的目的。

（b）路由器（Router）

处于不同地理位置的局域网通过广域网进行互联是当前网络互连的一种常见方式，路由器是实现局域网与广域网互联的主要设备。路由器用于检测数据的目的地址，对路径进行动态分配，根据不同的地址将数据分流到不同的路径中。如果存在多条路径，则根据路径的工作状态和忙闲情况，选择一条合适的路径，动态平衡通信负载。

② 网络软件

计算机网络的设计除了硬件，还必须要考虑软件，目前的网络软件都是高度结构化的，为了降低网络设计的复杂性，绝大多数网络都划分层次，每一层都在其下一层的基础上，每一层都向上一层提供特定的服务。提供网络硬件设备的厂商很多，不同的硬件设备如何统一划分层次，并且能够保证通信双方对数据的传输理解一致，就要通过单独的网络软件——协议来实现。

通信协议就是通信双方都必须要遵守的通信规则，是一种约定。打个比方，当人们见面，某一方伸出手时，另一方也应该伸手与对方握手表示友好，如果后者没有伸手，则违反了礼貌规则，那么他们后面的交往可能就会出现问题。

计算机网络中的协议是非常复杂的，因此网络协议通常都按照结构化的层次方式来进行组织。TCP/IP 协议是当前最流行的商业化协议，被公认为是当前的事实标准。1974 年，出现了 TCP/IP 参考模型，它将计算机网络划分为四个层次：

- 应用层（Application Layer）
- 传输层（Transport Layer）
- 互联层（Internet Layer）
- 主机至网络层（Host-to-Network Layer）

2. Internet 基础

（1）Internet 发展概述

Internet 始于 1968 年美国国防部高级研究计划局（ARPA）提出并资助的 ARPANET 网络计划，其目的是将各地不同的主机以一种对等的通信方式连接起来，最初只有四台主机。此后，大量的网络、主机与用户接入 ARPANET，很多地区性网络也接入进来，于是这个网络逐步扩展到其他国家与地区。在ARPANET 发展过程中，提出了 TCP/IP 协议，为 Internet 的发展奠定了基础。1985 年，美国国家科学基金会（NSF）发现 Internet 在科学研究上的重大价值，投资支持 Internet 和 TCP/IP 的发展，将美国五大超级计算机中心连接起来，组成 NSFNET，推动了 Internet 的发展，1992 年美国高级网络和服务公司（ANS）组建了新的广域网 ANSNET，传输容量是 NSFNET 的 30 倍，传输速度达到 45Mbps，成为 Internet的主干网。

20 世纪 80 年代，世界先进工业国家纷纷接入 Internet，使之成为全球性的互联网络。20 世纪 90 年代是 Internet 历史上发展最为迅速的时期，互联网的用户数量以平均每年翻一番的速度增长。据不完全统计，全世界有 180 多个国家和地区加入到 Internet 中。

由此可以看出，Internet 是通过路由器将世界不同地区、规模大小不一、类型不一的网络互相连接起来的网络，是一个全球性的计算机互联网络，因此也称为"国际互联网"，是一个信息资源极其丰富的世界上最大的计算机网络。

我国于 1994 年 4 月正式接入 Internet，从此中国的网络建设进入了大规模发展阶段。到 1996 年初，中国的 Internet 已经形成了中国科技网（CSTNET）、中国教育和科研计算机网（CERNET）、中国公用计算机互联网（CHINANET）和中国金桥信息网（CHINAGBN）四大具有国际出口的网络体系。前两个网络主要面向科研和研究机构，后两个网络向社会提供 Internet 服务，以经营为目的，属于商业性质。

（2）TCP/IP 协议工作原理

TCP/IP 协议在 Internet 中能够迅速发展，不仅因为它最早在 ARPANET 中使用，由美国军方指定，更重要的是它恰恰适应了世界范围内的数据通信的需要。TCP/IP 是用于 Internet 计算机通信的一组协议，其中包括了不同层次上的多个协议，主机至网络层是最底层，包括各种硬件协议，面向硬件；应用层面向用户，提供一组常用的应用层协议，如文件传输协议，电子邮件发送协议等；而传输层的 TCP 协议和互联层的 IP 协议是众多协议中最重要的两个核心协议。

① TCP（Transmission Control Protocol）

TCP 即传输控制协议，位于传输层的 TCP 协议向应用层提供面向连接的服务，确保网上所发送的数据包可以完整地接收，一旦某个数据包丢失或损坏，TCP 发送端可以通过协议机制重新发送这个数据包，以确保发送端到接收端的可靠传输。依赖于 TCP 的应用层协议主要是需要大量传输交互式报文的应用，如远程登录协议 TELNET、简单邮件传输协议 SMTP、文件传输协议 FTP、超文本传输协议 HTTP 等。

② IP（Internet Protocol）

IP 是 TCP/IP 体系中的网络层协议，它的主要作用是将不同类型的物理网络互联在一起。为了达到这个目的，需要将不同格式的物理地址转换成统一的 IP 地址，将不同格式的帧（物理网络传输的数据单元）转换成"IP 数据包"，从而屏蔽了下层物理网络的差异，向上层传输层提供 IP 数据包，实现无连接数据包传送服务。IP 的另一个功能是路由选择，简单地说，就是从网上某个节点到另一个节点的传输路径的选择，将数据从一个节点按路径传输到另一个节点。

（3）Internet 的 IP 地址和域名的工作原理

Internet 通过路由器将成千上万个不同类型的物理网络互联在一起，是一个超大规模的网络，为了使信息能够准确到达 Internet 上指定的目的节点，我们必须给 Internet 上每个节点（主机、路由器等）指定一个全局唯一的地址标识，就像每一部电话都具有一个全球唯一的电话号码一样。在 Internet 通信中，可以通过 IP 地址和域名实现明确的目的地指向。

① IP 地址

IP 地址是 TCP/IP 中所使用的网络层地址标识。IP 经过近 30 年的发展，主要有两个版本：IPv4 和 IPv6，它们的最大区别就是地址表示方式不同。目前 Internet 广泛使用的是 IPv4，即 IP 地址第四版本，在本书中如果不加以说明，IP 地址是指 IPv4 地址。

IPv4 地址用 32 个比特（4 个字节）表示，为了便于管理和配置，将每个 IP 地址分为四段（一个字节为一段），每一段用一个十进制数表示，段和段之间用圆点"."隔开，每个段的十进制数范围是 0～255。例如，202.205.16.23 和 10.2.8.11 都是合法的 IP 地址。一台主机的 IP 地址由网络号和主机号两部分组成，IP 地址的结构如图 1-4-6 所示。

网络号	主机号

图 1-4-6　IP 地址结构图

IP 地址由各级 Internet 管理组织进行分配，它们被分为不同的类别，根据地址的第一段分为 5 类：0～127 为 A 类；128～191 为 B 类；192～223 为 C 类；D 类和 E 类留做特殊用途。但是由于近年来，Internet 上的节点数量增长速度太快，IP 地址逐渐匮乏，很难达到 IP 设计初期希望给每一台主机都分配唯一 IP

地址的期望，因此在标准分类的 IP 地址上，又可以通过增加子网号来灵活分配 IP 地址，减少 IP 地址浪费。20 世纪 90 年代又出现了无类别域间路由技术与 NAT 网络地址转换技术等对 IPv4 地址的改进方法。

为了解决 IPv4 面临的各种问题，新的协议和标准诞生了——IPv6。在 IPv6 中包括新的协议格式，有效的分级寻址和路由结构、内置的安全机制、支持地址自动配置等特征，其中最重要的就是长达 128 位的地址长度。IPv6 地址空间是 IPv4 的 2^{96} 倍，能提供多达超过 $3.4×10^{38}$ 个地址。可以说，有了 IPv6，在今后 Internet 的发展中，几乎可以不用再担心地址短缺的问题了。

② 域名

用上面的数字方式表示的 IP 地址标识 Internet 上的节点，对于计算机来说是合适的，但是对于用户来说，记忆一组毫无意义的数字相当困难。为此，TCP/IP 引进了一种字符型的主机命名制，这就是域名。

域名（Domain Name）的实质就是用一组由字符组成的名字代替 IP 地址，为了避免重名，域名采用层次结构，各层次的子域名之间用圆点 "." 隔开，从右至左分别是第一级域名（或称顶级域名），第二级域名，……，直至主机名。其结构如下：

主机名. ……. 第二级域名. 第一级域名

国际上，第一级域名采用通用的标准代码，它分组织机构和地理模式两类。由于 Internet 诞生在美国，所以其第一级域名采用组织机构域名，美国以外的其他国家或地区都采用主机所在地的名称为第一级域名，例如：CN（中国）、JP（日本）、KR（韩国）、UK（英国）等。表 1-4-1 为常用一级域名的标准代码。

表 1-4-1　常用一级域名的标准代码

域名代码	意义
COM	商业组织
EDU	教育机构
GOV	政府机关
MIL	军事部门
NET	主要网络支持中心
ORG	其他组织
INT	国际组织
<country code>	国家或地区代码（地理域名）

根据《中国互联网络域名注册暂行管理办法》规定，我国的第一级域名是 CN。次级域名也分类别域名和地区域名，共计 40 个。类别域名有：AC 表示科研院所及科技管理部门，GOV 表示国家政府部门，ORG 表示各社会团体及民间非营利组织，NET 表示互联网络、接入网络的信息和运行中心，COM 表示工商和金融等企业，EDU 表示教育单位，共 6 个。地区域名有 34 个行政区域名，如 BJ（北京市），SH（上海市），TJ（天津市），CQ（重庆市），JS（江苏省），ZJ（浙江省），AH（安徽省），FJ（福建省）等。

例如：pku.edu.cn 是北京大学的一个域名，其中 pku 是北京大学的英文缩写，edu 表示教育机构，cn 表示中国。yale.edu 是美国耶鲁大学的域名。

③ DNS 原理

域名和 IP 地址都表示主机的地址，实际上是一件事物的不同表示。用户可以使用主机的 IP 地址，也可以使用它的域名。从域名到 IP 地址或者从 IP 地址到域名的转换由域名解析服务器 DNS（Domain Name Server）完成。

当我们用域名访问网络上某个资源地址时，必须获得与这个域名相匹配的真正的 IP 地址。这时用户可以将希望转换的域名放在一个 DNS 请求信息中，并将这个请求发送给 DNS 服务器，DNS 从请求中取出域名，将它转换为对应的 IP 地址，然后在一个应答信息中将结果地址返回给用户。

当然，Internet 中的整个域名系统是以一个大型的分布式数据库方式工作的，并不只有一个或几个 DNS 服务器。大多数具有 Internet 连接的组织都有一个域名服务器，每个服务器包含连向其他域名服务器的信息，这些服务器形成一个大的协同工作的域名数据库。这样，即使第一个处理 DNS 请求的 DNS 服务器没有域名和 IP 地址的映射信息，它依旧可以向其他 DNS 服务器提出请求，无论经过几步查询，最终会找到正确的解析结果，除非这个域名不存在。

（4）Internet 中的文件传输（FTP）

文件传输（FTP）服务是 Internet 中最早提供的服务功能之一，目前仍在广泛使用。文件传输服务提供了在 Internet 任意两台计算机之间相互传输文件的机制，它是由 TCP/IP 协议中的文件传输协议 FTP（File Transfer Protocol）支持的，允许用户将文件从一台计算机传输到另一台计算机上，并且能保证传输的可靠性。由于它采用 TCP/IP 协议作为 Internet 的基本协议，所以无论两台 Internet 上的计算机在地理位置上相距多远，只要它们都支持 FTP 协议，就可以相互传送文件。

FTP 服务采用典型的客户机/服务器工作模式。远程提供 FTP 服务的计算机称为 FTP 服务器，它通常是信息服务提供者的计算机，相当于一个存放文件的仓库，用户的本地计算机称为客户机。文件从 FTP 服务器传输到客户机的过程称为下载；文件从客户机传输到 FTP 服务器的过程称为上传。

FTP 服务是一种实时的联机服务。访问 FTP 服务前必须进行登录，登录时要求用户正确输入自己的用户名和用户密码，只有登录成功后，才能访问 FTP 服务器，并对授权的文件进行查看与传输。根据所使用的用户账号的不同，可以将 FTP 服务类型分为两种：普通 FTP 与匿名 FTP 服务。

普通 FTP 服务要求用户必须在远程主机上拥有自己的账号，否则将无法使用 FTP 服务，这对于大多数没有账号的用户是不方便的。为了方便用户通过 Internet 获取各种信息服务机构公开发送的信息，许多机构提供了匿名 FTP （anonymous）的服务。

匿名 FTP 服务允许没有账号的用户在系统中获取某些特定的文件。用户在进行登录时，可以采用 "anonymous" 作为用户名，以任何字符串（通常是 guest）作为口令。有些 FTP 服务器特别提示匿名用户利用自己的电子邮件地址作为口令，以便万一发生错误时，FTP 服务器可以发送电子邮件到该地址与用户进行联系。

目前，多数 Internet 用户都使用匿名 FTP 服务。为了保证匿名 FTP 服务的安全，几乎所有的匿名 FTP 服务都只允许用户下载文件，而不允许他们修改文件或向匿名 FTP 服务器传送（上传）文件。然而，单独使用 FTP 服务时，将文件下载到本地前是无法了解文件内容的。为了克服这个缺点，人们越来越倾向于使用 WWW 浏览器去搜索需要的文件，然后利用 WWW 浏览器支持的 FTP 功能下载所需文件。

目前的浏览器（如 IE 和 Netscape 等）不但支持 WWW 方式访问，还支持 FTP 方式访问。通过它可以直接登录到 FTP 服务器并下载文件，只要知道 FTP 服务器地址，就可以方便地登录到相应站点。

（5）接入 Internet

Internet 接入方式通常有专线连接、局域网连接、无线连接和电话拨号连接 4 种。其中使用 ADSL 方式拨号连接对众多个人用户和小单位来说，是最经济、简单，采用最多的一种接入方式。无线连接也成为当前流行的一种接入方式，给网络用户提供了极大的便利。

① ADSL

目前用电话线接入 Internet 的主流技术是 ADSL（非对称数字用户线路），这种接入技术的非对称性体现在上、下行速率的不同，高速下行信道向用户传送视频、音频信息，速率一般在 1.5~8Mbps，低速上行速率一般在 16~640Kbps。使用 ADSL 技术接入 Internet 对使用宽带业务的用户是一种经济、快速的方法。

采用 ADSL 接入 Internet，除了一台带有网卡的计算机和一条直拨电话线外，还需向电信部门申请 ADSL 业务，由相关服务部门负责安装话音分离器和 ADSL 调制解调器和拨号软件。完成安装后，就可以根据提供的用户名和口令拨号上网了。

② ISP

要接入 Internet，寻找一个合适的 Internet 服务提供商（Internet Service Provider，ISP）是非常重要的。ISP 一般提供的服务主要有：分配 IP 地址和网关及 DNS、提供联网软件、提供各种 Internet 接入服务。

③ 无线连接

无线局域网的构建不需要布线，因此为用户的使用提供了极大的便捷，省时省力，并且在网络环境发生变化，需要更改的时候，也易于更改维护。那么一般如何架设无线网呢？首先，需要一台前面介绍过的无线 AP，AP 很像有线网络中的集线器或交换机，是无线局域网络中的桥梁。有了 AP，装有无线网卡的计算机或支持 Wi-Fi 功能的手机等设备就可以快速轻易地与网络相连。通过 AP，这些计算机或无线设备就可以接入 Internet。普通的小型办公室、家庭有一个 AP 就已经足够，甚至在几个邻居之间都可以共享一个 AP，共同上网。

几乎所有的无线网络都在某一个点上连接到有线网络中，以便访问 Internet 上的文件、服务。要接入 Internet，AP 还需要与 ADSL 或有线局域网连接，AP 就像一个简单的有线交换机一样，将计算机和 ADSL 或有线局域网连接起来，从而达到接入 Internet 的目的。当然现在市面上已经有一些产品，如无线 ADSL 调制解调器，它相当于将无线局域网和 ADSL 的功能合而为一，只要将电话线接入无线 ADSL 调制解调器，即可享受无线网络和 Internet 的各种服务了。

1.4.2 知识扩展

——电子邮件的使用

电子邮件 Electronic Mail，简称 E-mail（又称为"伊妹儿"），是基于互联网的通信功能而实现信件通讯的技术，是互联网的重要功能之一，是网上交流信息的一种重要工具。目前，电子邮件对上网的人而言，是如此的难以离弃。

电子邮件的传输媒体是互联网，它的特点是传递速度快、价格低廉、书写简单、收发方便，而且其他事先编好的文件，如 Word 文档、Excel 电子表格、位图文件等附件也可随邮件一起发出，能够解决办公事务中的这类问题。

人们在邮寄信件时要写清对方的通信地址。同样，要收发电子邮件，也需要一个电子邮件地址。电子邮件地址的格式是：

用户名@主机域名

用户名是用户申请入网时在网络服务商处登记的账号名。用户名由用户任意给定，只要不和其他用户名重复即可，"@"表示"at"。例如：jjzyxxgc@163.com。

1. 电子邮件组成

电子邮件由邮件头部和邮件体两部分组成。如图 1-4-7 所示为用 Outlook 编辑新电子邮件时的窗口。

（1）电子邮件头部

电子邮件头部一般由"发件人""收件人""抄送""主题"和"附件"5 部分组成。其中"收件人"文本框中填写的是收件人的电子邮件地址，若要同时发给多个人，则可同时填写多个电子邮件地址。"抄送"文本框中的电子邮件地址为在将邮件发送给"收件人"的同时，也发送给"抄送"栏指定的收件人。"主题"文本框中填写的内容为电子邮件概况，当电子信箱中邮件较多时，用户可从主题栏了解电子邮件的主要内容。电子邮件头部的"收件人"这一栏必须填写，"发件人"这一栏也必须选定，该地址表明发件人是谁。"附件"栏目在后边有详细讲解。

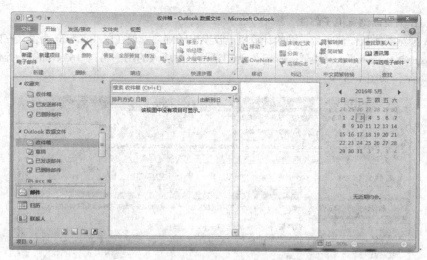

图 1-4-7 Outlook 界面

（2）邮件体

邮件体是电子邮件信息的主体内容，如图 1-4-8 所示的窗口中间区域的内容为邮件体。

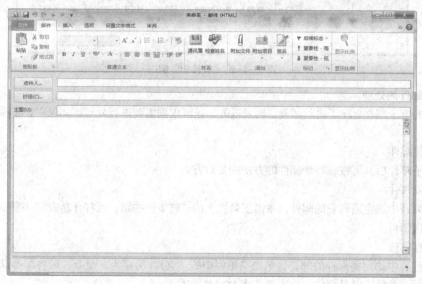

图 1-4-8 邮件体

2. 电子邮件信箱功能

电子邮件信箱一般具有以下功能：

- 电子邮件具有在线发信和收信功能。
- 电子邮件拒收条件的设定，能有效地拒收各种垃圾信件。
- 具有自动回信功能。
- 具有邮件地址簿设定功能。
- 电子邮件全文检索功能。
- 订阅各种电子期刊。
- 支持 POP3 协议。
- 电子邮件的转寄设定。

3. 使用 IE 浏览器浏览电子邮件

使用 IE 浏览器能从任何一台上网的计算机上收发电子邮件。现在以 163.com 为例，在网站上申请邮箱 "jjzyxxgc @ 163.com"，其中 "jjzyxxgc" 为申请邮箱时填入的用户名，"163.com" 为提供免费电子邮件服务的网站，如图 1-4-9 所示。

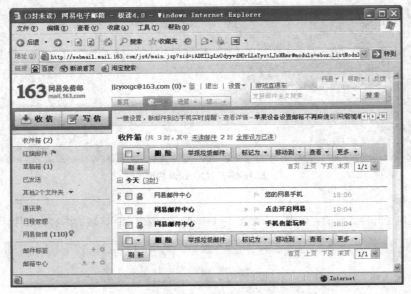

图 1-4-9 "收件箱" 窗口

4. 电子邮件的处理

对接收的电子邮件，除了进行回复、转发以外，还可根据需要进行处理，如保存、删除、复制和移动等。

（1）回复邮件

收到电子邮件后，可按编写新邮件的方法回复对方。

（2）转发邮件

在邮件列表中选定需转发的邮件，单击工具栏上的 "转发" 按钮，可打开转发邮件窗口，输入收件人信息，发送即可。

（3）保存邮件

在邮件列表中选定需保存的邮件，单击菜单栏中的 "文件/另存为" 命令，可将邮件以磁盘文件的形式保存。保存类型可以是邮件、文本文件或 HTML 文件。

（4）处理电子邮件的附件

如果收到的邮件中包含附件，可将附件在当前窗口打开或将其保存到指定位置。

（5）删除电子邮件

随着时间的推移，用户收到的邮件会越来越多，而对于那些无用的广告邮件、"垃圾" 邮件或过时的邮件，选定之后，单击工具栏中的 "删除" 按钮即可。

5. 使用 Outlook Express 收发电子邮件

使用 IE 浏览器通过网页收发电子邮件的条件是，提供电子邮箱服务的网站上必须具备进入电子邮箱的链接。有些网站也提供电子邮箱服务，不管是免费的还是收费的，如果没有注册为其用户，就无法从网页上进入电子邮箱，那么只能通过 Outlook Express 收发电子邮件。Outlook Express 是 IE 浏览器的组件之一，是一个基于 Internet 的标准电子邮件通信软件。它不仅能访问电子邮件地址，接收和发送电子邮件，而且能管理电子邮件，使用户在使用电子邮件时更加方便。

思考与练习

1. 在计算机内部用来传送、存储、加工处理的数据或指令都是以_____形式进行的。

    A. 十进制码   B. 二进制码   C. 八进制码   D. 十六进制码

2. 人们把以_____为硬件基本电子器件的计算机系统称为第三代计算机。

    A. 电子管   B. 小规模集成电路   C. 大规模集成电路   D. 晶体管

3. 二进制数 011111 转换为十进制整数是_____。

    A. 64   B. 63   C. 32   D. 31

4. 在下列设备中，_____不能作为微机的输出设备。

    A. 打印机   B. 显示器   C. 鼠标器   D. 绘图仪

5. 在计算机技术指标中，MIPS 用来描述计算机的_____。

    A. 运算速度   B. 时钟主频   C. 存储容量   D. 字长

6. 下列设备组中，完全属于外部设备的一组是_____。

    A. CD-ROM 驱动器，CPU，键盘，显示器

    B. 激光打印机，键盘，软盘驱动器，鼠标器

    C. 内存储器，软盘驱动器，扫描仪，显示器

    D. 打印机，CPU，内存储器，硬盘

7. 构成 CPU 的主要部件是_____。

    A. 内存和控制器   B. 内存、控制器和运算器

    C. 高速缓存和运算器   D. 控制器和运算器

8. 计算机软件系统包括_____。

    A. 系统软件和应用软件   B. 编译系统和应用软件

    C. 数据库管理系统和数据库   D. 程序和文档

9. 下列关于计算机病毒的说法中，正确的一条是_____。

    A. 计算机病毒是对计算机操作人员身体有害的生物病毒

    B. 计算机病毒将造成计算机的永久性物理损害

    C. 计算机病毒是一种通过自我复制进行传染的、破坏计算机程序和数据的小程序

    D. 计算机病毒是一种感染在 CPU 中的微生物病毒

10. 局域网的英文缩写是_____。

    A. WAM   B. LAN   C. MAN   D. Internet

CHAPTER 2 第二章
Windows 7 操作系统

本章要点

Microsoft Windows 是由美国微软公司研发的操作系统，2009 年 10 月，Windows 7 正式发布，截至 2016 年 3 月，昔日的 Windows XP 市场占有量只有 3%，而 Windows 7 的市场占有率已超 60%，虽然微软公司最新发布了 Windows 10，但截至目前，Windows 7 依然是在个人计算机中使用人数最多的操作系统。本章主要介绍：

- Windows 7 的个性化设置
- Windows 7 的文件及文件夹管理
- Windows 7 的控制面板
- Windows 7 的常用工具

【案例 2.1】Windows 7 的基本操作和个性化设置

◇学习目标

Windows 7 的图形界面相较之前的 Windows 版本有很大的改进，提供了更为绚丽的用户界面。通过本案例学习，读者将掌握 Windows 7 的基本操作，熟练操作 Windows 的桌面、菜单及窗口，能够个性化设置 Windows 7 的桌面图标、开始菜单、工具栏及通知区域等，设置属于自己的个性化的专有界面。

◇案例分析

本案例根据学习目标的需要设置，让读者通过一系列个性化 Windows 功能来设置属于自己的屏幕保护、主题、颜色、外观及分辨率等，熟练对 Windows 的桌面、图标、菜单、窗口及对话框等的操作及设置。

◇操作步骤

1. 清理桌面

STEP 1 依次用鼠标将桌面上除回收站外的所有图标拖入回收站。

STEP 2 用鼠标右键单击桌面空白处，弹出快捷菜单，如图 2-1-1 所示。在菜单中选择"个性化"选项，打开"个性化"窗口，如图 2-1-2 所示。在个性化窗口中，单击"更改桌面图标"选项，弹出"桌面图标设置"对话框，在"桌面图标"选项卡中，取消勾选"回收站"复选框，单击"确定"按钮，如图 2-1-3 所示。

图 2-1-1　桌面快捷菜单

图 2-1-3　"桌面图标设置"对话框

图 2-1-2　"个性化"窗口

2. 设置个性化桌面背景

STEP 1　在任务栏中，单击打开上一步骤中还未关闭的"个性化"窗口，单击"桌面背景"选项，打开"桌面背景"窗口；如果"个性化"窗口已关闭，单击"开始"菜单，选择"控制面板"选项，单击"外观和个性化"选项，再单击"更改桌面背景"选项，如图 2-1-4 所示。

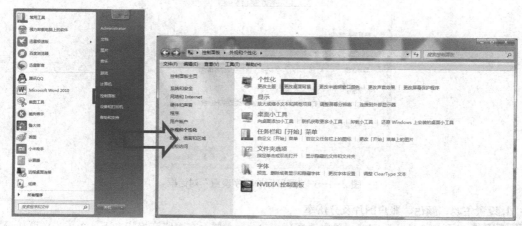

图 2-1-4　执行"更改桌面背景"操作

STEP 2 在"桌面背景"窗口中的"图片位置"下拉菜单中选择"Windows 桌面背景",单击"全选","更改图片时间间隔"选择"1 分钟",单击"保存修改",如图 2-1-5 所示。单击桌面右下角区域"显示桌面"。

图 2-1-5 "桌面背景"窗口

3. 设置屏幕保护程序

单击"个性化"窗口中的"屏幕保护程序",弹出"屏幕保护程序设置"对话框,在屏幕保护程序下拉菜单中选择"气泡",单击"预览",移动鼠标后退出预览,单击"确定",如图 2-1-6 所示。

图 2-1-6 "屏幕保护程序设置"对话框

4. 设置主题、颜色、账户图片及分辨率

STEP 1 打开"个性化"窗口,单击选择任一 Aero 主题,在网络连接状态下,可单击"联机获取

更多主题"获取其他主题使用。

STEP 2 在"个性化"窗口中，单击"窗口颜色"，打开"窗口颜色和外观"窗口，选择任一颜色，勾选"启用透明效果"，任意调节颜色浓度，单击"保存修改"，如图 2-1-7 所示。

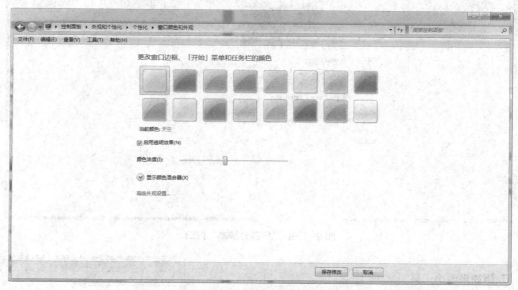

图 2-1-7 "窗口颜色和外观"窗口

STEP 3 打开"个性化"窗口，单击"更改账户图片"选项，打开"更改图片"窗口，选择任一图片，单击"更改图片"，如图 2-1-8 所示。

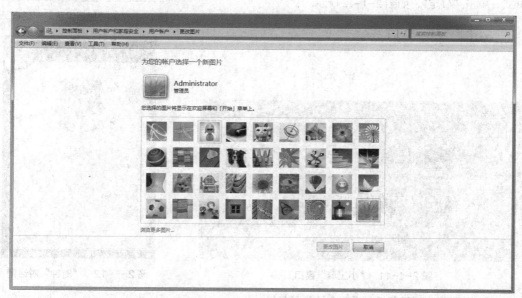

图 2-1-8 "更改图片"窗口

STEP 4 返回桌面，右键单击桌面空白处，在弹出的快捷菜单中选择"屏幕分辨率"选项，打开"屏幕分辨率"窗口，如图 2-1-9 所示，单击"分辨率"下拉菜单，选择任一分辨率。分辨率改变后，弹出"显示设置"对话框，如图 2-1-10 所示，根据需要选择"保留更改"或"还原"，单击"确定"。

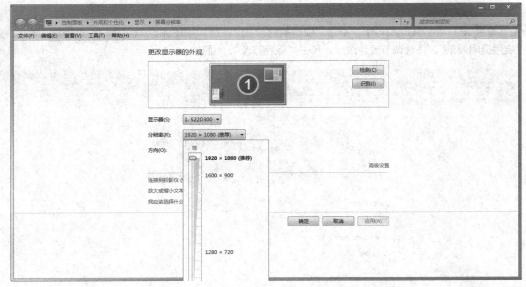

图 2-1-9 "屏幕分辨率"窗口

5. 添加桌面小工具

右键单击桌面空白处，在弹出的快捷菜单中选择"小工具"选项，弹出"小工具"窗口，如图 2-1-11 所示。双击"时钟"，在桌面右上角出现时钟，右键单击时钟，选择"选项"，选择任一样式，单击"确定"，如图 2-1-12 所示。

图 2-1-10 "显示设置"对话框

图 2-1-11 "小工具"窗口

图 2-1-12 "时钟"对话框

6. 添加应用程序到任务栏并设置个性化任务栏

STEP 1 返回桌面，双击"回收站"，在"回收站"窗口单击工具栏选项"还原所有项目"，如图 2-1-13 所示。将还原回桌面的任一桌面快捷方式（例如腾讯 QQ），用鼠标直接拖到任务栏上，如图 2-1-14 所示。

STEP 2 右键单击任务栏空白处，选择"属性"选项，打开"任务栏和「开始」菜单属性"对话框，选择"屏幕上的任务栏位置"下拉菜单为"右侧"，单击"确定"，如图 2-1-15 所示。

图 2-1-13　还原所有项目

图 2-1-14　拖动图标

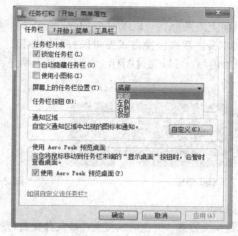

图 2-1-15　"任务栏和「开始」菜单属性"对话框

2.1.1　相关知识

Windows 7 可供选择的版本有：入门版（Starter）、家庭普通版（Home Basic）、家庭高级版（Home Premium）、专业版（Professional）、企业版（Enterprise）（非零售）、旗舰版（Ultimate），本文所有操作以 Windows 7 旗舰版为准。

1. 桌面

桌面是打开计算机并登录到 Windows 之后看到的主屏幕区域。就像实际的桌面一样，它是使用计算机工作的平面。打开程序或文件夹时，它们便会出现在桌面上。

广义上讲，桌面包括桌面背景、桌面图标和任务栏，如图 2-1-16 所示。

图 2-1-16　桌面

（1）桌面背景

桌面背景提供多种可选背景，也可根据个人喜好设置自己的背景图案，还可以将一些桌面图标、项目（如文件和文件夹）放在桌面背景上，并且随意排列它们。

（2）桌面图标

桌面图标是代表文件、文件夹、程序和其他项目的小图片，由图片和文字说明共同组成，图片是它的标示，文字是它的名称或功能。首次启动 Windows 时，在桌面上至少可以看到一个图标"回收站"。双击桌面图标会启动或打开它所代表的项目，例如双击桌面图标"计算机"即可打开资源管理器。除了

Windows 自带图标外，计算机制造商或是安装其他软件也会将其他图标（桌面快捷方式）添加到桌面上，用以打开对应的软件。

① 常用桌面图标

常用的桌面图标包括"计算机""回收站""网络""控制面板"和用户的文件，如图 2-1-17 所示。

② 桌面快捷方式

用户可以选择要显示在桌面上的图标，可以随时添加或删除图标。快捷方式是一个表示与某个项目链接的图标，而不是项目本身。双击快捷方式便可以打开该项目，如果删除快捷方式，则只会删除这个图标，而不会删除原始项目。可以通过图标上的箭头来识别是否是快捷方式，如图 2-1-18 所示。

图 2-1-17　桌面图标

图 2-1-18　桌面图标与快捷方式

③ 桌面图标的添加和删除操作

添加到桌面的大多数图标是快捷方式，但也可以将文件或文件夹直接保存到桌面。如果删除存储在桌面的文件或文件夹，它们会被移动到"回收站"中，可以在"回收站"中将它们永久删除。如果删除快捷方式，则会将快捷方式从桌面删除，但不会删除快捷方式链接到的文件、程序和位置。

a. 桌面常用图标的添加和删除

STEP 1 用鼠标右键单击桌面空白处，在弹出的快捷菜单中选择"个性化"选项，打开"个性化"窗口。

STEP 2 在"个性化"窗口的左窗格中，单击"更改桌面图标"。

STEP 3 在"桌面图标设置"对话框中，选中想要添加到桌面的每个图标的复选框，或清除想要从桌面上删除的每个图标的复选框，然后单击"确定"，如图 2-1-19 所示。

b. 桌面快捷方式的添加

方法 1：

STEP 1 找到要为其创建快捷方式的项目。

STEP 2 右键单击该项目，单击"发送到"，然后单击"桌面快捷方式"，该快捷方式图标便出现在桌面上，如图 2-1-20 所示。

图 2-1-19　桌面图标设置

方法 2：

STEP 1 右键单击桌面空白处，在弹出的快捷菜单中选择"新建"下的"快捷方式"选项，打开"创建快捷方式"对话框。

STEP 2 单击"浏览"按钮，在"浏览文件或文件夹"对话框中找到要为其创建快捷方式的项目所在的位置（以 IE 浏览器为例），单击"确定"按钮，如图 2-1-21 所示。

STEP 3 单击"下一步"按钮，再单击"完成"按钮，则在桌面上创建了 IE 浏览器的快捷方式。

c. 桌面快捷方式的删除

方法 1：单击选中图标，按 Delete 键。

方法 2：直接将图标拖动到回收站。

图 2-1-20 桌面快捷菜单

图 2-1-21 创建快捷方式

方法 3：右击图标，在弹出的菜单中选择"删除"选项。在弹出的"删除快捷方式"对话框单击"是"按钮，确认删除；单击"否"按钮或单击对话框的"关闭"按钮，则取消该操作，如图 2-1-22 所示。

图 2-1-22 删除快捷方式

注意　硬盘上所有被删除的对象都暂时存放在"回收站"中，双击"回收站"图标，打开"回收站"窗口，选中对象并右击，在弹出的菜单中选择"还原"命令，可以将其恢复到删除前的状态。只有当选择"清空回收站"命令时，才能彻底从硬盘中删除所有对象。

④ 桌面图标的查看和排列方式

a. 查看

（a）Windows 图标默认自动排列在桌面左侧，右键单击桌面空白处弹出快捷菜单，选择"查看"，撤销"自动排列图标"前的复选标记，可以通过将其拖动到桌面上任意的新位置来移动图标；如果勾选了"自动排列图标"，拖动图标只会改变排放顺序。

（b）默认情况下，Windows 会在不可见的网格上均匀地隔开图标。若要将图标放置得更近或更精确，在"查看"中撤销"将图标与网格对齐"的复选标记。

（c）如果想要临时隐藏所有桌面图标，而实际并不删除它们，在"查看"中单击"显示桌面图标"，撤销该选项的复选标记，即可隐藏桌面图标；还可以通过再次单击"显示桌面图标"来显示图标，如图 2-1-23 所示。

b. 排序方式

右键单击桌面空白处弹出快捷菜单，选择"排序方式"，可以选择 Windows 图标的排放顺序，分别可按"名称""大小""项目类型"及"修改日期"的顺序排列，如图 2-1-24 所示。

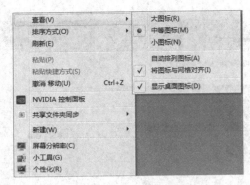
图2-1-23 桌面图标显示设置

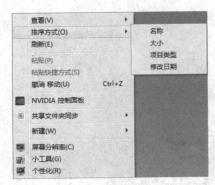
图2-1-24 桌面图标排序设置

（3）任务栏

从外观上看，Windows 7 的任务栏十分美观，半透明的效果及不同的配色方案使其与各式桌面背景都可以搭配，而开始菜单也变成晶莹剔透的 Windows 徽标圆球，十分吸引眼球。在布局上，从左到右分别为"开始"按钮、活动任务以及通知区域（系统托盘），如图 2-1-25 所示。与 Windows XP 不同的是，Windows 7 将快速启动按钮与活动任务结合在一起，它们之间没有明显的区域划分。Windows 7 默认会分组相似活动任务按钮，如我们已经打开了多个 IE 窗口，那么在任务栏中只会显示一个活动任务按钮。

"开始"按钮　　　　　按钮区域　　　　　　　　　　　　语言栏　　　　　　　通知区域　　"显示桌面"按钮

图2-1-25 任务栏

Windows 7 的任务栏新增两项功能：跳转列表（Jump List）与任务缩略图。在任务栏上右击某一图标后，系统会显示 Jump List 列表，如图 2-1-26 所示。跳转列表菜单显示该对象最近访问过的记录，以及控制该对象的选项。任务缩略图是当鼠标指针指向活动任务区的某个对象时，将显示的一个预览对话框，如图 2-1-27 所示。

① "开始"按钮

在任务栏的最左端，单击该按钮可以打开"开始"菜单，用户可以通过"开始"菜单启动应用程序或选择需要的菜单命令完成特定的操作。

② 按钮区域

用于显示当前正在运行的应用程序或打开的文件夹窗口，程序按钮区主要放置的是已打开窗口的最小化按钮，单击这些按钮就可以在窗口间切换。在任一个程序按钮上单击鼠标右键，则会弹出 Jump List 列表，用户可以将常用程序"锁定"或者"解除锁定"到任务栏上，或者直接把程序的快捷方式拖到任务栏上固定，以方便快速访问。也可以根据需要通过单击和拖动操作重新排列任务栏上的图标。

图2-1-26 Jump List

③ 语言栏

用于输入方法的设置、切换。单击语言栏区域最后位置上的"还原"按钮，则将语言栏脱离任务栏。语言栏脱离任务栏后"还原"按钮位置出现的是"最小化"按钮，单击它则将语言栏还原到任务栏上。

④ 通知区域

用于显示时钟、音量及一些告知特定程序和计算机设置状态的图标。

图 2-1-27　任务缩略图

⑤ "显示桌面" 按钮

在 Windows 7 系统 "任务栏" 的最右侧增加了 "显示桌面" 按钮，作用是快速地将所有已打开的窗口最小化，这样查找桌面文件就会变得很方便。用鼠标指向该按钮，所有已打开的窗口就会变成透明，显示桌面内容；鼠标移开，窗口则恢复原状；单击该按钮，则可将所有打开的窗口最小化；如果希望恢复显示这些已打开的窗口，也不必逐个从 "任务栏" 中单击，只要再次单击 "显示桌面" 按钮，所有已打开的窗口又会恢复为显示的状态，如图 2-1-28 所示。

图 2-1-28　显示桌面

此外还可以对任务栏、开始菜单等进行设置、修改。设置方法为：右键单击任务栏空白处，在弹出的快捷菜单中选择 "属性"，则弹出如图 2-1-29 所示的 "任务栏和「开始」菜单属性" 对话框。在 "任务栏" 选项卡中，可以对任务栏外观、通知区域等进行设置；在 "「开始」菜单" 选项卡中，可以选择对开始菜单进行设置。

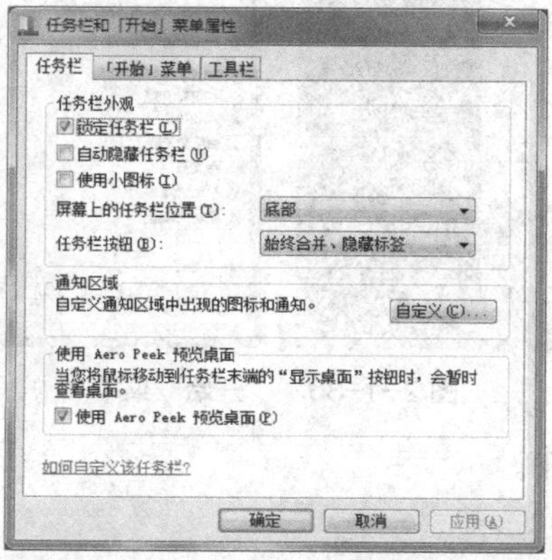

图 2-1-29　"任务栏和「开始」菜单属性" 对话框

当任务栏没有锁定时，可以将任务栏拖动到屏幕的左右两边或上边，也可通过拖动任务栏边缘改变任务栏的大小。若要锁定任务栏，可在任务栏上单击鼠标右键，在弹出的快捷菜单中选择"锁定任务栏"。锁定任务栏后，任务栏的位置及大小均不能再改变。

2. 菜单

大多数的程序都包含有许多使其运行的命令，其中很多命令就存放在菜单中，因此可以将菜单看成是由多个命令按类别集合在一起而构成的。

一个菜单含有若干命令项，其特定的含义如表 2-1-1 所示。

表 2-1-1　菜单中命令项及相应含义

命令项	含　义
字母	热键，按键盘上的该字母键则执行该项功能
灰色选项	该功能项当前不可使用
省略号…	选择该功能将出现一个对话框
打勾项	该项功能当前有效，再单击则不打勾，该项功能当前无效
圆点	该项功能当前有效，一般是多项中只选一项且必选一项
深色项	为当前项，移动方向键可更改，按 Enter 键则执行该项功能
符号▶	鼠标指向或单击将弹出其下一级菜单
组合键	按组合键则直接执行该项功能而不必打开菜单

（1）"开始"菜单

和 Windows 以前的版本一样，Windows 7 的"开始"菜单也是最常使用的组件之一，它是启动程序的便捷方式，如图 2-1-30 所示。在"开始"菜单中，几乎可以找到计算机中的所有程序。"开始"菜单中有些选项的右侧有一个小箭头，表示在这些选项下包含下一级菜单。"开始"菜单主要由"常用程序"列表、"所有程序"菜单、快捷搜索栏、右侧窗格、"关机"按钮等部分组成。

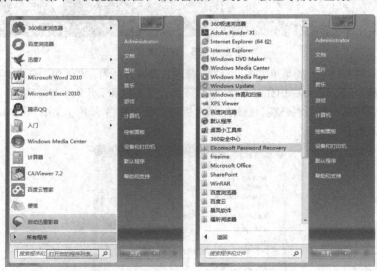

图 2-1-30　"开始"菜单

打开"开始"菜单的方法如下。

● 单击"开始"按钮。

● 直接按 Windows 徽标键。

- 按"Ctrl+Esc"组合键。

（2）普通菜单

为了让用户更加方便地使用菜单，Windows 7 将菜单统一放在窗口的菜单栏中，选择菜单栏中的某个菜单即可弹出普通菜单。

（3）快捷菜单

在 Windows 操作系统中还有一种菜单被称为快捷菜单，用户只要在文件或文件夹、桌面空白处、窗口空白处、"任务栏"空白处等区域单击鼠标右键，即可弹出一个快捷菜单，其中包含对选中对象的一些相关操作命令，如图 2-1-31 所示。

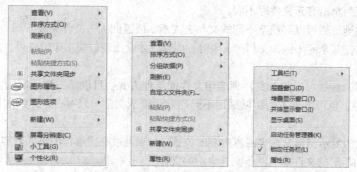

图 2-1-31 "桌面"快捷菜单、"窗口"快捷菜单、"任务栏"快捷菜单

3. 窗口与对话框

窗口是在运行程序时屏幕上显示信息的一块矩形区域。当打开一个对象时，屏幕上就会显示一个窗口。窗口是 Windows 的基础，大多数操作都是在窗口中完成的。Windows 7 中的每一个应用程序运行后，都以窗口的形式呈现给用户。

（1）窗口的组成

双击桌面的"计算机"图标，显示如图 2-1-32 所示的 Windows "资源管理器"窗口。其他窗口的构成元素与之类似。这个窗口主要由标题栏、地址栏、菜单栏、工具栏、导航窗格、文件窗格与状态栏等组成。

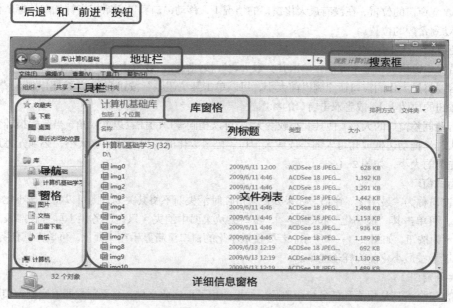

图 2-1-32 "资源管理器"窗口

导航窗格：使用导航窗格，访问库、文件夹、已保存的搜索，甚至整个硬盘。使用"收藏夹"部分可以打开最常用的文件夹和搜索；使用"库"部分可以访问库；还可以展开"计算机"文件夹浏览文件夹和子文件夹。

"后退"和"前进"按钮：使用"后退"按钮 和"前进"按钮 可以导航至已打开的其他文件夹或库，而无需关闭当前窗口。这些按钮可与地址栏一起使用，例如，使用地址栏更改文件夹后，可以使用"后退"按钮返回到上一文件夹。

工具栏：使用工具栏可以执行一些常见任务，如更改文件和文件夹的外观、将文件刻录到 CD 或启动数字图片的幻灯片放映。工具栏的按钮可更改为仅显示相关的任务，例如，如果单击图片文件，则工具栏显示的按钮与单击音乐文件时不同。

地址栏：使用地址栏可以导航至不同的文件夹或库，或返回上一文件夹或库。

库窗格：仅当在某个库（例如文档库）中时，库窗格才会出现。使用库窗格可自定义库或按不同的属性排列文件。

列标题：使用列标题可以更改文件列表中文件的整理方式。可以单击列标题的左侧以更改显示文件和文件夹的顺序，也可以单击右侧以采用不同的方法筛选文件（只有在"详细信息"视图中才有列标题）。

文件列表：此为显示当前文件夹或库内容的位置。如果通过在搜索框中键入内容来查找文件，则仅显示与当前视图相匹配的文件（包括子文件夹中的文件）。

搜索框：在搜索框中键入词或短语可查找当前文件夹或库中的项。

详细信息窗格：使用详细信息窗格可以查看与选定文件关联的最常见属性。文件属性为文件相关信息，例如作者、最后更改文件的日期以及已添加到文件的描述性标签。

预览窗格：使用预览窗格可以查看大多数文件的内容。例如，如果选择电子邮件、文本文件或图片，则无须在程序中打开即可查看其内容。如果看不到预览窗格，可以单击工具栏中的"预览窗格"按钮 打开预览窗格。

（2）窗口的基本操作

对于窗口来说，可进行移动、调整大小、最大化、还原、最小化、切换、关闭等操作。

① 移动窗口

就是改变窗口的位置，在没有最大化窗口的情况下，移动窗口可以用鼠标指针指向其标题栏，然后将窗口拖动到希望的位置。

② 更改窗口大小

- 若要使窗口填满整个屏幕，单击其"最大化"按钮 ；或双击该窗口的标题栏。
- 若要将最大化的窗口还原到以前大小，可以单击其"还原"按钮 （此按钮出现在"最大化"按钮的位置上）；或者双击窗口的标题栏。
- 若要调整窗口的大小（使其变小或变大），可以指向窗口的任意边框或角，当鼠标指针变成双箭头时，拖动边框或角可以缩小或放大窗口。已最大化的窗口无法调整大小，必须先将其还原为先前的大小，如图 2-1-33 所示。

③ 隐藏窗口

隐藏窗口称为"最小化"窗口。如果要使窗口临时消失而不将其关闭，则可以将其最小化。若要最小化窗口，可单击其"最小化"按钮 ，窗口会从桌面中消失，只在任务栏（屏幕底部较长的水平栏）上显示为按钮，如图 2-1-34 所示。若要使最小化的窗口重新显示在桌面上，可单击其任务栏按钮，窗口会准确地按最小化前的样子显示。

④ 关闭窗口

关闭窗口会将其从桌面和任务栏中删除。如果使用了程序或文档，而无须立即返回到窗口时，则可以将其关闭。若要关闭窗口，可单击其"关闭"按钮 。

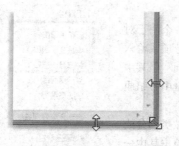

图 2-1-33　窗口大小操作

图 2-1-34　任务栏按钮

⑤ 窗口切换

Windows 是一个多任务的操作系统，用户可以打开多个窗口，但当前活动窗口只有一个。为了对当前窗口进行操作，需要在各个窗口之间进行切换。窗口切换的操作方法主要有以下几种。

a. 通过窗口的可见区域

当窗口不是最小化状态时，单击该窗口的任何可见部分。

b. 通过任务栏

任务栏提供了整理所有窗口的方式。每个窗口都在任务栏上具有相应的按钮，若要切换到其他窗口，只需单击其任务栏按钮，如图 2-1-35 所示，该窗口将出现在所有其他窗口的前面，成为活动窗口（即当前正在使用的窗口）。

图 2-1-35　任务栏

c. 使用组合键

按 Alt+Tab 组合键进行切换，弹出窗口提示框，选择需要的窗口，如图 2-1-36 所示。按 Alt+Esc 组合键，可以直接在当前已经打开的窗口间进行切换。

图 2-1-36　窗口切换界面

⑥ 排列窗口

对于非最大化的窗口，其排列方式有层叠窗口、堆叠显示窗口、并排显示窗口 3 种。通过右键单击任务栏的空白处，选择快捷菜单中的相应选项实现，如图 2-1-37 所示。

（3）对话框的组成及操作

对话框实际上是一种特殊的窗口，执行某些命令后将打开一个用于对该命令或操作对象进行下一步设置的对话框，用户可通过选择选项或输入数据来进行设置。选择不同的命令，所打开的对话框也各不相同，但其中包含的参数类型是类似的。图 2-1-38 所示为 Windows 7 对话框中各组成元素的名称。

选项卡：当对话框中有很多内容时，Windows 7 将对话框按类别分成几个选项卡，每个选项卡都有一个名称，并依次排列在一起，单击其中一个选项卡，将会显示其相应的内容。

下拉列表框：下拉列表框中包含多个选项，单击下拉列表框右侧的 按钮，将打开一个下拉列表，从中可以选择所需的选项。

命令按钮：命令按钮用来执行某一操作，如 设置(T)... 、 预览(V) 和 应用(A) 等都是命令按钮。单击某一命令按钮将执行与其名称相应的操作，一般单击对话框中的 确定 按钮，表示关闭对话框，并保存所做的全部更改；单击 取消 按钮，表示关闭对话框，但不保存任何更改；单击 应用(A) 按钮，表示保存所有更改，但不关闭对话框。

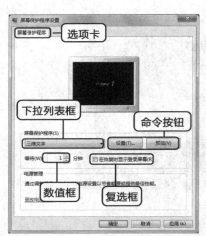
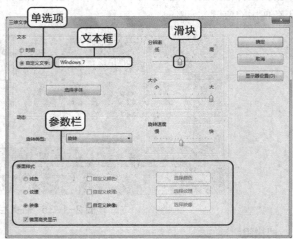

图 2-1-38　Windows 7 对话框

数值框：数值框是用来输入具体数值的，如图 2-1-38 左侧所示的"等待"数值框用于输入屏幕保护激活的时间。用户可以直接在数值框中输入具体数值，也可以单击数值框右侧的"调整"按钮 调整数值。单击 按钮可按固定步长增加数值，单击 按钮可按固定步长减小数值。

复选框：复选框是一个小的方框，用来表示是否选择该选项，可同时选择多个选项。当复选框没有被选中时外观为 ，被选中时外观为 。若要单击选中或撤销选中某个复选框，只需单击该复选框前的方框即可。

单选项：单选项是一个小圆圈，用来表示是否选择该选项，只能选择选项组中的一个选项。当单选项没有被选中时外观为 ，被选中时外观为 。若要单击选中某个单选项，只需单击该单选项前的圆圈即可。

文本框：文本框在对话框中为一个空白方框，主要用于输入文字。

滑块：有些选项是通过左右或上下拉动滑块来设置相应数值的。

参数栏：参数栏主要是将当前选项卡中用于设置某一效果的参数放在一个区域，以方便使用。

2.1.2 知识扩展

——Windows 7 Aero 特效

Windows Aero 是从 Windows Vista 开始使用的新型用户界面，透明玻璃感让用户一眼贯穿。"Aero"为四个英文单词的首字母缩略字：Authentic（真实）、Energetic（动感）、Reflective（反射）及 Open（开阔）。意为 Aero 界面是具立体感、令人震撼、具透视感和阔大的用户界面。除了透明的接口外，Windows Aero 也包含了实时缩略图、实时动画等窗口特效，吸引用户的目光。

1. Aero 特效

Aero 接口预装于 Windows 7 的家庭高级版、专业版、企业版与旗舰版中，所使用的 Windows Aero 较 Windows Vista 有许多功能上的调整，有新的视觉效果及特效。

2. Aero Peek 桌面透视

用鼠标指针指向任务栏上的图标，便会跳出该程序的缩略图预览，指向缩略图时还可看到该程序的全屏预览。此外，鼠标指向任务栏最右端的小按钮可看到桌面的预览，如图 2-1-39 所示。

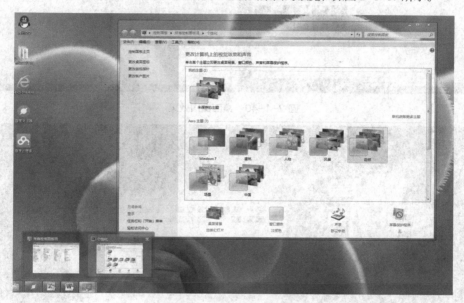

图 2-1-39　桌面透视效果

3. Aero Shake

单击并按住某一窗口标题栏不放，摇一下鼠标，可让其他打开的窗口缩到最小，再晃动一次便可恢复操作。

4. Aero Snap 窗口调校

单击窗口标题栏不放并拖曳至桌面的左右边框，窗口会填满该侧桌面的半部。拖曳至桌面上缘，窗口便会放到最大。此外，单击窗口的边框并拖曳至桌面上缘或下缘会使得窗口垂直放到最大，但宽度不变，逆向操作后窗口则会恢复原状态，如图 2-1-40 所示。

5. Aero Flip

这个功能只是 Alt+Tab 的加强版。在 Windows XP 及之前，切换程序时，我们都只能看到应用程序的图标，而且我们只能不停地按 Tab 键来指定到想要的文件或者文件夹上，我们不能用鼠标来快速指定想要的窗口。

在 Windows 7 中切换的时候，还会启动 Peek 效果来预览窗口的内容，这对快速定位也是非常有效的。更好的是，我们可以用另一个组合键 Windows+Tab 打开一个层叠式的切换样式，更加具有立体感，并且能更加快速地看到想要的窗口的位置，如图 2-1-41 所示。

图 2-1-40　桌面窗口效果

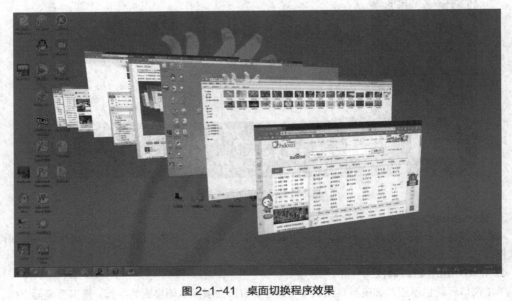

图 2-1-41　桌面切换程序效果

【案例 2.2】Windows 7 的文件及文件夹管理

◇学习目标

通过本案例学习，熟练掌握 Windows 7 中资源管理器的使用，能够通过资源管理器实现对文件及文件夹的一系列操作：选择、浏览、创建、删除、重命名、复制、剪切、查找等，并能够通过库管理文件和文件夹。

◇案例分析

本案例根据学习目标的需要，通过对具体文件的实践操作，认识 Windows 7 的文件及文件夹管理，特别是 Windows 7 相对于 Windows XP 的新功能。

◇操作步骤

1. 创建文件及文件夹

`STEP 1` **打开"资源管理器"**：双击桌面图标"计算机"（也可以按 Windows+ E 组合键），打开"资源管理器"窗口，如图 2-2-1 所示。

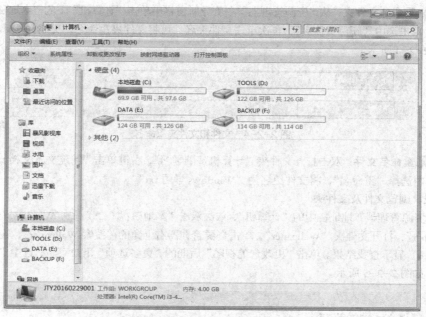

图 2-2-1　资源管理器

`STEP 2` **新建文件夹**：在"资源管理器"窗口中，双击"本地磁盘（D:）"打开 D 盘窗口，在 D 盘窗口空白处单击鼠标右键，选择"新建"，在子菜单中选择"文件夹"；或在工具栏直接单击"新建文件夹"，生成新文件夹，如图 2-2-2 和图 2-2-3 所示。

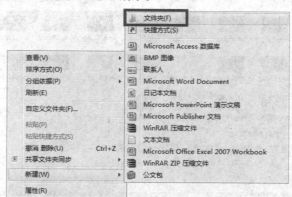

图 2-2-2　利用菜单新建文件夹

图 2-2-3　利用工具栏新建文件夹

STEP 3 **新建文件**：双击打开文件夹"新建文件夹"，右键单击窗口空白处，在弹出的快捷菜单中选择"新建"子菜单，单击"文本文档"，生成"新建文本文档.txt"。

2. 重命名文件及文件夹

STEP 1 **打开"资源管理器"**：在"开始"按钮上，单击鼠标右键，在弹出的快捷菜单中单击"打开 Windows 资源管理器"命令，打开资源管理器窗口。

STEP 2 **重命名文件夹**：从"资源管理器"左侧导航窗格中单击"计算机"下的"本地磁盘（D：）"，打开 D 盘，单击选中"新建文件夹"，再次单击文件夹名，可将文件夹重命名，更名为"计算机基础学习"，如图 2-2-4 所示。

图 2-2-4　文件和文件夹重命名

STEP 3 **重命名文件**：双击打开文件夹"计算机基础学习"，右键单击"新建文本文档.txt"，在弹出的快捷菜单中选择"重命名"，将文件更名为"Windows 学习.txt"。

3. 查找、浏览文件及文件夹

单击"资源管理器"地址栏中的"计算机"，依次双击"本地磁盘（C：）"→"Windows" →"Web"→"Wallpaper"，打开文件夹"Wallpaper"，单击资源管理器右上角的"搜索 Wallpaper"，输入"*.jpg"，并按 Enter 键，显示查找结果。单击"更改您的视图"后面的"更多选项"下拉菜单，选中"超大图标"，浏览图片，如图 2-2-5 所示。

图 2-2-5　用资源管理器查看文件

4. 复制、剪切（移动）文件及文件夹

STEP 1 **复制文件及文件夹**：在上个操作的查找结果中，单击工具栏的"组织"，选择"全选"，再选择"复制"。回到 D 盘的"计算机基础学习"文件夹，右键单击空白处，选择"粘贴"，如图 2-2-6 所示。

STEP 2 **剪切（移动）文件及文件夹**：在"计算机基础学习"文件夹中，单击选中第一个图片文件，先按住 Shift 键，再单击选中最后一个图片文件，即可选择全部图片文件，再单击右键选择"剪切"。在当前文件夹下单击工具栏中的"新建文件夹",新建名为"图片"的文件夹,双击打开该文件夹,按 Ctrl+V 组合键,将所有图片文件移动到当前文件夹下。

5. 删除文件及文件夹

右键单击"图片"文件夹,选择"发送到"→"桌面快捷方式"。回到桌面,右键单击"图片"快捷方式,选择"删除"。双击"回收站",找到删除的快捷方式,按 Delete 键,彻底删除。

6. 通过库管理文件夹

在资源管理器导航窗格中单击"库",然后单击工具栏中的"新建库",更名为"我的学习"并双击打开。单击"包括一个文件夹",选中文件夹"D:\计算机基础学习",单击"包括文件夹",以"大图标"视图查看该库,如图 2-2-7 和图 2-2-8 所示。

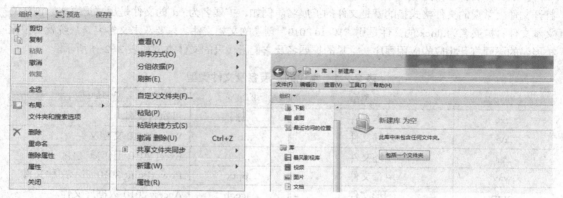

图 2-2-6 文件操作   图 2-2-7 新建库

图 2-2-8 库窗口

2.2.1 相关知识

1. 文件

文件是指程序、文本、视频、音频、图像等数据记录在存储介质(磁盘、光盘、U 盘等)上的集合形式,是 Windows 操作系统管理信息的最小组织单位。简而言之,计算机中的所有数据都由文件构成。在 Windows 中,文件是由图标和文件名来标识的,而文件名由主文件名和扩展文件名两部分组成,中间由"."分隔,如图 2-2-9 所示。

文件图标 ——
主文件名 —— QQ.exe　电子课件.pptx　歌曲.mp3　请假条.docx　图片.jpg　新建文本文档.txt

扩展文件名

图 2-2-9　文件

主文件名：最多可以由 255 个英文字符或 127 个汉字组成，或者混合使用字符、汉字、数字甚至空格。但是，文件名中不能含有"\""/"":""<"">""?""*"""""和"|"字符。

扩展文件名：通常为 3～4 个英文字符，扩展名决定了文件的类型，也决定了可以使用什么程序来打开文件。常说的文件格式指的就是文件的扩展名。例如，扩展名为.txt 的文件是用"记事本"创建的文本文件；扩展名为.docx 的文件是用"Word 2010"创建的文档文件。只要双击文件名，系统就会根据扩展名的不同打开相应的应用程序。常见的扩展名及它们所代表的文件类型如表 2-2-1 所示。

表 2-2-1　常见的扩展名及文件类型

扩展名	文件类型	扩展名	文件类型
.txt	文本文件	.exe	可执行文件
.avi	视频文件	.docx	Word 2010 文档文件
.rar	压缩文件	.xlsx	Excel 2010 工作簿文件
.wav	声音文件	.pptx	PowerPoint 2010 演示文稿文件
.bmp	图形文件	.acedb	Access 2010 数据库文件

从打开方式看，文件分为可执行文件和不可执行文件两种类型。

可执行文件：指可以自己运行的文件，其扩展名主要有.exe、.com 等。用鼠标双击可执行文件，它便会自己运行，应用程序的启动文件都属于可执行文件。

不可执行文件：指不能自己运行的文件。当双击这类文件后，系统会调用特定的应用程序去打开它。例如，双击.txt 文件，系统将调用 Windows 系统自带的"记事本"程序来打开它，同种类型的文件对应的图标是一样的。

2. 文件夹

在现实生活中，为了便于管理各种文件，我们会对它们进行分类，并放在不同的文件夹中。Windows 7 也是用文件夹来分类管理电脑中的文件。文件夹的命名方式同文件的命名，但没有扩展名，如图 2-2-10 所示。

3. 资源管理器

资源管理器用来管理电脑中的所有文件、文件夹等资源，Windows 7 资源管理器的功能十分强大。单击任务栏左侧的"Window 资源管理器"

文件夹图标 ——
文件夹名称 —— Excel表单　Program Files　视频　音乐　图片

图 2-2-10　文件夹

图标，或双击桌面上的"计算机"图标、"网络"图标等，都可打开资源管理器，如图 2-2-11 所示。

（1）资源管理器的启动

启动"资源管理器"的常用方法如下。

● 单击"开始"按钮，选择"所有程序"→"附件"→"Windows 资源管理器"命令。

● 右击"开始"按钮，在弹出的快捷菜单中选择"打开 Windows 资源管理器"命令。

● 按 Windows+E 组合键。

（2）对象的显示方式

资源管理器的窗口就是"计算机"窗口（见图 2-2-11）。单击"导航窗格"中的一个对象，在右侧的"文件窗格"中显示该对象的所有资源。依次单击工具栏右侧"更改您的视图"按钮，则用不同的方式显示"文件窗格"中的对象。单击其右侧的向下箭头（"更多选项"按钮），在弹出的菜单中选择相应的命令，如图 2-2-12 所示。

图 2-2-11 资源管理器

图 2-2-12 文件显示方式

图标：包括超大图标、大图标、中等图标和小图标 4 种显示方式，不包含对象的其他信息。

列表：以一列或几列方式显示"文件窗格"中的所有对象，以便快速查找某个对象。

详细信息：显示相关文件或文件夹的基本信息，包括名称、修改日期、类型和大小等。

平铺：以中等图标显示"文件窗格"中的所有对象，包含详细信息，如文件的名称、大小和类型。

内容：图标比中等图标稍小一些，并包含详细信息。

（3）对象的排序方式

选择"查看"菜单的"排序方式"，可对"文件窗格"中的对象进行排序，如图 2-2-13 所示。确定对象排序为"递增"，这时文件夹在前，文件在其后。

名称：每组对象名按 ASCII 字符顺序与汉字拼音顺序排列。

修改日期：每组对象名按修改时间由远及近顺序排列。

类型：文件名按类型（不是扩展名）顺序排列。

大小：文件名按其所占空间由小到大顺序排列。

（4）布局设置

单击"组织"中的"布局"，可以对资源管理器的布局进行设置，"菜单栏""细节窗格"和"导航窗格"默认开启，可选择关闭。选中文件，选择"预览窗格"，单击文件后可以预览文件；可以直接单击工具栏上的"显示预览窗格"/"隐藏预览窗格"，来显示/隐藏预览，如图 2-2-14 和图 2-2-15 所示。

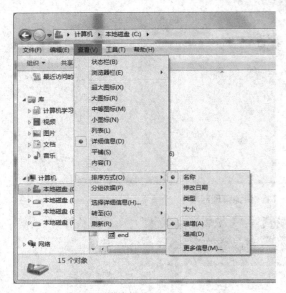

图 2-2-13　排序操作

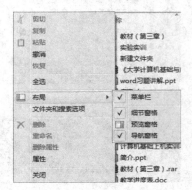

图 2-2-14　布局设置

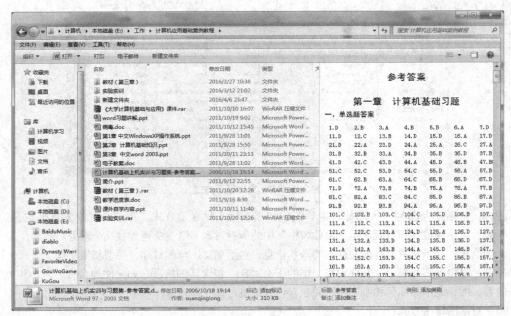

图 2-2-15　显示预览窗格

4. 管理文件与文件夹

（1）新建文件或文件夹

大多数情况下，用户会在使用应用程序时新建对应的文件，比如打开 Word 2010，新建空白文档。但是对于常用的几种文件类型，用户也可以直接在资源管理器下创建该类型的空白文件，或者创建文件夹来分类管理。

① 新建文件夹

方法一：

STEP 1 确定创建文件夹的位置，单击"新建文件夹"按钮，创建"新建文件夹"的文件夹，单击输入文件夹名，如图 2-2-16 所示。

STEP 2 输入文件夹名称，按 Enter 键确认。

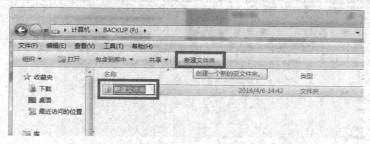

图 2-2-16 利用工具栏新建文件夹

方法二：

STEP 1 确定要创建文件夹的位置，右击窗口的空白处，在弹出的快捷菜单中选择"新建"下的"文件夹"命令，或者选择"文件"菜单中的"新建"→"文件夹"命令，如图 2-2-17 所示。

STEP 2 输入文件夹名称，按 Enter 键确认。

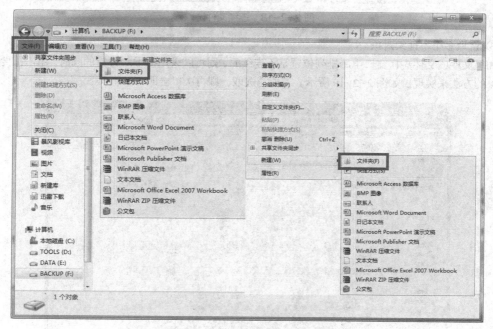

图 2-2-17 利用菜单新建文件夹

② 新建文件

步骤同新建文件夹的方法二，选择对应文件类型即可。

（2）选择文件或文件夹

① 选取单个对象

直接单击该文件或文件夹。

② 选取多个连续对象

在"详细信息"显示方式下，如果所要选取的文件或文件夹的排列位置是连续的，则可单击第一个文件或文件夹，然后按住 Shift 键的同时单击最后一个文件或文件夹，即可一次性选取多个连续文件或文件夹；或是按住鼠标左键不放，拖出一个矩形选框，这时在选框内的所有文件或文件夹都会被选中，如图 2-2-18 所示。

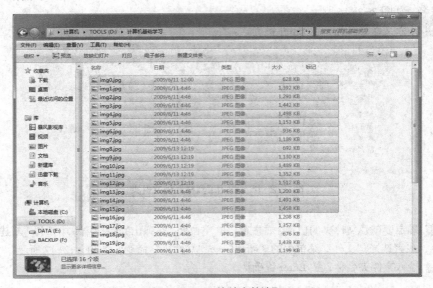

图 2-2-18　连续文件选取

③ 选取多个不连续对象

如果文件或文件夹在窗口中的排列位置是不连续的，则可以采用按下 Ctrl 键的同时，单击需要选取的对象的方法来实现，如图 2-2-19 所示。若取消选取，则再次单击即可。

图 2-2-19　不连续文件选取

④ 全部选定和反向选择

在"资源管理器"窗口的"编辑"菜单中，系统提供了两个用于选取对象的命令："全选"和"反向选择"。"全选"用于选取当前文件夹中的所有对象，也可单击窗口工具栏中的"组织"按钮，在展开的列表中选择"全选"项，或直接按 Ctrl+A 组合键。"反向选择"用于选取那些当前没有被选中的对象。

（3）重命名文件或文件夹

当用户在电脑中创建了大量文件或文件夹时，为了方便管理，可以根据需要对文件或文件夹重命名。重命名文件或文件夹的方法有以下三种：

● 单击选中文件或文件夹后，再次单击文件或文件夹，输入新的文件夹名称，然后按 Enter 键确认（不要快速单击两次，以免变成双击操作）。

● 选择要重命名的文件或文件夹，单击资源管理器窗口中的"组织"按钮，在展开的列表中选择"重命名"项，直接输入新的文件夹名称，然后按 Enter 键确认。

● 右键单击要重命名的文件或文件夹，选择菜单中的"重命名"项重命名文件或文件夹，或是单击窗口菜单"文件"，选择"重命名"。

注意　命名文件和文件夹时，在同一个文件夹中不能有两个名称相同的文件或文件夹；不要随意修改文件的扩展名；如果文件已经被打开或正在被使用，则不能被重命名；不要对系统中自带的文件或文件夹，以及其他程序安装时所创建的文件或文件夹重命名，以免引起系统或其他程序的运行错误。

（4）移动与复制文件或文件夹

移动文件或文件夹是指调整文件或文件夹的存放位置；复制是指为文件或文件夹在另一个位置创建副本，原位置的文件或文件夹依然存在。

移动与复制文件或文件夹的方法有两种。

① 用鼠标"拖放"的方法移动和复制文件或文件夹

复制和移动文件或文件夹对象最简单的方法就是直接用鼠标把选中的文件图标拖放到目的地。至于鼠标"拖放"操作到底是执行复制还是移动，取决于源文件夹和目的文件夹的位置关系。

a. 原位置和目标位置处于相同磁盘

在同一磁盘上拖放文件或文件夹默认执行移动操作。若拖放文件时按下 Ctrl 键则执行复制操作。

b. 原位置和目标位置处于不同磁盘

在不同磁盘之间拖放文件或文件夹默认执行复制命令。若拖放文件时按下 Shift 键则执行移动操作，如图 2-2-20 所示。

如果希望自己决定鼠标"拖放"操作到底是复制还是移动，则可用鼠标右键把对象拖放到目的地。当释放右键时，将弹出一个快捷菜单，从中可以选择是移动还是复制该对象，或者使该对象在当前位置创建快捷方式图标，如图 2-2-21 所示。

图 2-2-20　文件操作

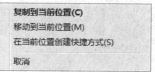

图 2-2-21　右键拖放对象操作

注意　复制或移动文件夹操作，实际是向目的位置文件夹增添一个文件夹，并且也将该文件夹中包含的所有文件和子文件夹一同复制或移动到目的位置文件夹中。

② 使用剪贴板复制和移动文件或文件夹

a. 移动文件或文件夹

选中文件或文件夹，然后按 Ctrl+X（剪切）组合键；或单击工具栏中的"组织"按钮，在展开的列表中选择"剪切"项；或单击菜单栏中的"编辑"选项，在展开的列表中选择"剪切"项。

选择放置位置后，按 Ctrl+V（粘贴）组合键；或单击工具栏中的"组织"按钮，在展开的列表中选择"粘贴"项即可，如图 2-2-22 所示。

图 2-2-22　剪切与粘贴操作

b. 复制文件或文件夹

选中文件或文件夹，然后按 Ctrl+C（复制）组合键；或单击工具栏中的"组织"按钮，在展开的列表中选择"复制"项。选择放置位置后按 Ctrl+V（粘贴）组合键；或单击工具栏中的"组织"按钮，在展开的列表中选择"粘贴"项即可。

注意　在移动或复制文件或文件夹时，如果目标位置有相同类型并且名称相同的文件或文件夹，系统会打开一个提示对话框，用户可根据需要选择覆盖同名文件或文件夹、不移动文件或文件夹，或是保留两个文件或文件夹，如图 2-2-23 所示。

（5）删除文件或文件夹

在使用电脑的过程中应及时删除电脑中已经没有用的文件或文件夹，以节省磁盘空间。

选中需要删除的文件或文件夹，按 Delete 键，或在工具栏的"组织"按钮列表中选择"删除"项，在打开的提示对话框中单击"是"按钮即可，如图 2-2-24 所示。

图 2-2-23　文件替换

图 2-2-24　文件删除

删除大文件时，可将其不经过回收站而直接从硬盘中删除。方法是：选中要删除的文件或文件夹，按 Shift+Delete 组合键，然后在打开的确认提示框中确认即可。

（6）使用回收站

回收站用于临时保存从磁盘中删除的文件或文件夹，当用户对文件或文件夹进行删除操作后，默认情况下，它们并没有从电脑中直接删除，而是保存在回收站中。对于误删除的文件，可以随时将其从回收站恢复；对于确认没有价值的文件或文件夹，再从回收站中删除。

（7）搜索文件或文件夹

随着电脑中文件和文件夹的增加，用户经常会遇到找不到某些文件的情况，这时可以利用 Windows 7 资源管理器窗口中的搜索功能来查找电脑中的文件或文件夹。

打开资源管理器窗口，此时可在窗口的右上角看到"搜索计算机"编辑框，在其中输入要查找的文件或文件名称，表示在所有磁盘中搜索名称中包含所输入文本的文件或文件夹，此时系统自动开始搜索，等待一段时间即可显示搜索的结果。对于搜到的文件或文件夹，用户可对其进行复制、移动、查看和打开等操作，如图 2-2-25 所示。

图 2-2-25　文件搜索

如果用户知道要查找的文件或文件夹的大致存放位置，可在资源管理器中首先打开该磁盘或文件夹窗口，然后再输入关键字进行搜索，以缩小搜索范围，提高搜索效率。

如果不知道文件或文件夹的全名，可只输入部分文件名；还可以使用通配符"？"和"*"，其中"？"代表任意一个字符，"*"代表多个任意字符。

（8）隐藏文件或文件夹

Windows 7 为文件或文件夹提供了两种属性，即只读和隐藏，它们的含义如下：

只读：用户只能对文件或文件夹的内容进行查看而不能修改。

隐藏：在默认设置下，设置为隐藏的文件或文件夹将不可见，从而在一定程度上保护了文件资源的安全。

打开要设置隐藏属性的文件或文件夹，在"组织"列表中选择"属性"项，在打开的对话框中选中"隐藏"复选框，确定后再在打开的对话框中保持默认选项后再确定，如图 2-2-26 所示。

（9）查看隐藏的文件或文件夹

文件或文件夹被隐藏后，如果想再次访问它们，则可以在 Windows 7 中开启查看隐藏文件功能。

打开资源管理器窗口，单击"组织"按钮，在展开的列表中选择"文件夹和搜索选项"项，打开"文件夹选项"对话框，单击"查看"选项卡标签，切换到该选项卡，在"高级设置"列表框向下拖动滚动条，选中"显示隐藏的文件、文件夹和驱动器"单选钮，然后单击"确定"按钮，如图 2-2-27 所示。

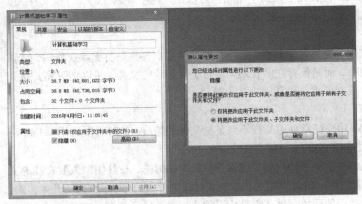

图 2-2-26　文件属性

图 2-2-27　文件夹选项

（10）库的操作

"库"（Libraries）是 Windows 7 中新一代文件管理系统，在以前版本的 Windows 操作系统中，文件管理意味着用户需要在不同的文件夹和子文件夹中组织这些文件。"库"能够快速地组织、查看、管理存在于多个位置的内容。无论在计算机中的什么位置，使用库都可以将这些文件夹、文件联系起来，并且用户可以像在文件夹中一样进行搜索、编辑、查看等。通过 Windows 7 中的"库"功能，用户可以创建跨越多个照片、文档存储位置的库，可以像在单个文件夹中那样组织和编辑文件。

Windows 7 包含 4 个默认的"库"，分别是视频库、图片库、文档库和音乐库，并且将个人文档中相应的文件放入了库中。在资源管理器中单击导航窗格中的"库"项目，打开资源管理器的"库"界面，双击某个库，可看到已添加到其中的文件夹或文件，如图 2-2-28 所示。

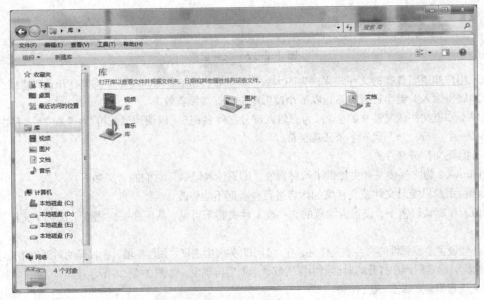

图 2-2-28　库窗口

① 什么是库

"库"收集不同位置的文件，将其显示为一个集合，无论其存储在何位置，也无需从其存储位置移动这些文件。用户只需要把常用的文件夹、文件加入到库中，库就可以替用户记住对象的位置。在某些方面，"库"类似于文件夹。例如，打开库时将看到一个或多个文件。但是与文件夹不同的是，"库"可以收集存储在多个位置的文件。"库"实际上不存储对象，只是"监视"所包含项目的文件夹，并允许用户以不同的方式访问和排列这些项目。用户在使用资源管理器时，配合使用"库"功能，可以更好地管理视频和照片、文档等。

② 对象如何入库

"库"窗口和一般的文件夹窗口非常相似。在默认情况下，文档库中会包含用户个人文件夹中的"我的文档"文件夹中的对象。下面以文档库为例，讲解向库中添加对象的主要步骤。

STEP 1 打开"文档"库，单击库窗格中包括的文件位置，打开"文档库位置"对话框，如图 2-2-29 所示。

图 2-2-29　文档库位置

STEP 2 单击"添加"按钮，打开选择文件夹的对话框，用户将选择的文件夹包含到库中。

STEP 3 在如图 2-2-30 所示的"库位置"列表中，右键单击该文件夹选项，设置整个文件夹在库中的位置和默认保存位置。设置完成后，单击该对话框中的"确定"按钮，返回到文档库窗口。

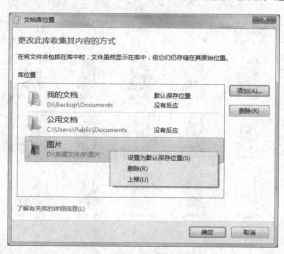

图 2-2-30　添加库对象

③ 自定义库

在默认情况下，Windows 7 内置了 4 个库。用户可以根据不同的需要，自己建立库。要建立一个自定义库，主要操作步骤如下。

STEP 1 打开"库"窗口，单击工具栏中的"新建库"按钮。

STEP 2 "库"窗口中会出现一个新的库，用户可以为其设置一个名称。建立完成后，双击新建库的图标可以进入库中，这时用户可以为新建的库添加一个（或多个）文件夹，如图 2-2-31 所示；或是右键单击新建的库，弹出快捷菜单后选择"属性"，在属性对话框中单击"包含文件夹"。

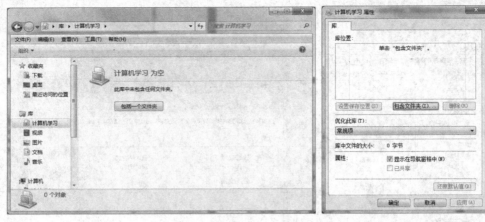

图 2-2-31　新建库

STEP 3 单击"包括一个文件夹"按钮，在这里设置新建库所包含的文件夹，单击"包括文件夹"按钮，返回到"我的资料库"窗口。

④ 查看使用库

打开库，在右上方找到"排列方式"，下拉菜单里提供了作者、修改日期、标记、类型、名称五种排列方式，帮我们分类管理文件。如果库比较庞大复杂，可以使用右上角的"搜索"快速定位到所需文件，如图 2-2-32 所示。

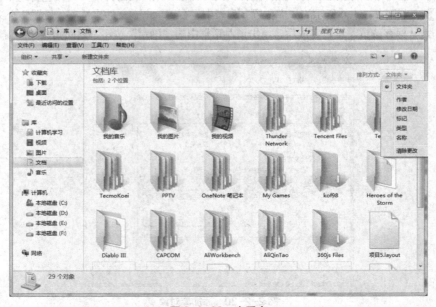

图 2-2-32　查看库

⑤ 删除库

删除库和删除对象一样。打开"库"窗口，右击要删除的库，在弹出的快捷菜单中选择"删除"命令，在删除确认对话框中，单击"是"按钮，完成该库的删除，如图2-2-33所示。

图 2-2-33 删除库

2.2.2 知识扩展

—— Windows 7 的搜索

1."开始"菜单搜索

"开始"菜单的搜索框身兼二职。一个作用是查找"所有程序"菜单中的应用程序以及到控制面板中的各个任务的快捷方式。如果输入的字词与这两个位置的任何项目匹配，结果会立即显示出来，如图 2-2-34 所示。

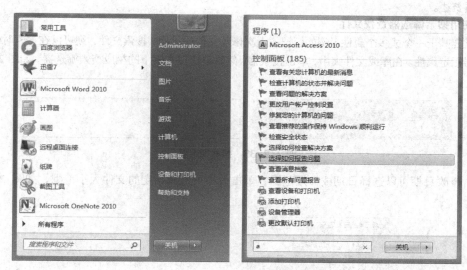

图 2-2-34 "开始"菜单搜索

另一个作用是访问"搜索索引"中的其余一切内容，包括"历史记录"中的网站；收藏的网站；电子邮件文件夹中的邮件；来自 Microsoft Outlook 的约会和联系人；已包含到库中的任何共享网络文件夹；以及文件系统中的文件和文件夹。

在"开始"菜单上搜索，会返回程序、控制面板任务、文档等。结果会进行分级和分组，每一组中的结果数会在组名旁边的圆括号中显示，但搜索结果中仅显示已建立索引的文件，计算机上的大多数文件会自动建立索引。例如，包含在库中的所有内容都会自动建立索引。

如果对"开始"菜单的搜索结果不满意，为了控制"开始"菜单的搜索范围，右击"开始"按钮，选择"属性"。在「开始」菜单"选项卡中，单击"自定义"，如图 2-2-35 所示。向下滚动列表，直到看到以"搜索"开头的两个设置。其中，"搜索程序和控制面板"是默认选中的，如果只想搜索程序和控制面板任务，就不要动这个设置，但是在"搜索其他文件和库"下方单击"不搜索"。

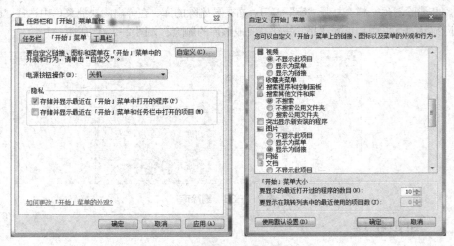

图 2-2-35 设置"开始"菜单搜索

2. 文件搜索

通常情况下，我们可能知道要查找的文件位于某个特定文件夹或库中，例如文档或图片文件夹/库。这个时候会选择在 Windows 资源管理器文件夹中执行文件搜索，该搜索办法在本案例相关知识中已涉及，不再赘述。

3. 使用搜索筛选器查找文件

如果要基于一个或多个属性（例如标记或上次修改文件的日期）搜索文件，则可以在搜索时使用搜索筛选器指定属性。在库或文件夹中，单击搜索框，然后单击搜索框下的相应搜索筛选器，如图 2-2-36 所示。

图 2-2-36 搜索筛选器

单击修改日期可以选择日期或日期范围，单击大小可选择指定的文件大小范围，如图 2-2-37 所示。

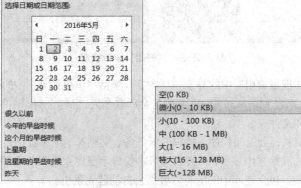

图 2-2-37 设置搜索范围

4. 扩展特定库或文件夹之外的搜索

如果在特定库或文件夹中无法找到要查找的内容，则可以扩展搜索，以便包括其他位置。

在搜索框中键入某个字词，滚动到搜索结果列表的底部，如图 2-2-38 所示。在"在以下内容中再次搜索"下，执行下列操作之一：单击"库"在每个库中进行搜索；单击"计算机"在整个计算机中进行搜索，这是搜索未建立索引的文件（例如系统文件或程序文件）的方式，但是请注意，搜索会变得比较慢；单击"自定义"搜索特定位置；单击 Internet，以使用默认 Web 浏览器及默认搜索提供程序进行联机搜索。

图 2-2-38　扩展搜索

5. 保存搜索结果

在 Windows 7 中，搜索结果也能保存，当然 Windows 并不是仅仅把搜索结果保存在那里，与其这样和把文件进行复制没有区别，Windows 保存的是一个搜索关键词，因此其结果是可以随时改变的。也就是说当有新文件加入时，保存的搜索同样可以将其找到，如图 2-2-39 所示。

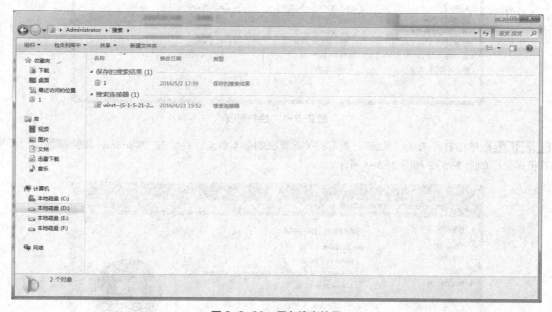

图 2-2-39　保存搜索结果

【案例 2.3】Windows 7 的控制面板和常用工具

◇学习目标

通过本案例的学习，掌握 Windows 7 控制面板的常用操作；熟悉常用的磁盘处理与维护工具；掌握常用的汉字输入方法；掌握常用的工具软件。

◇案例分析

本案例根据学习目标的需要，让读者掌握如下操作：

● 调整系统日期/时间、自定义鼠标、常用输入法的设置、添加或删除程序、打印机设置、用户账户管理。

● 磁盘管理工具，包括硬盘属性查看与设置、检查修复磁盘错误、碎片整理、磁盘清理。

● 画图软件的使用、截图工具的使用、写字板的使用。

◇操作步骤

STEP 1 单击"开始"按钮,选择"控制面板",在打开的"控制面板"窗口中,选择查看方式为"小图标",如图 2-3-1 所示。

图 2-3-1 控制面板

STEP 2 单击打开选项"系统",查看有关计算机的基本信息,并单击"Windows 体验指数",为计算机评分,如图 2-3-2 和图 2-3-3 所示。

图 2-3-2 查看系统

STEP 3 返回"控制面板\所有控制面板项",单击"日期和时间",尝试修改时间或者日期,并同步 Internet 时间,如图 2-3-4 所示。

STEP 4 返回"控制面板\所有控制面板项",单击"鼠标",尝试调整相关设置,如图 2-3-5 所示。

图 2-3-3　Windows 体验指数

图 2-3-4　日期和时间设置

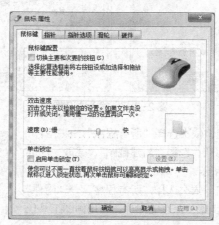

图 2-3-5　鼠标属性设置

STEP 5 返回"控制面板\所有控制面板项",单击"用户账户",选择"管理其他账户"并创建一个新的账户,如图 2-3-6 所示。

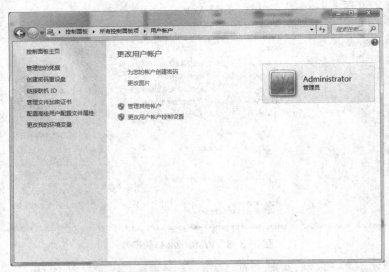

图 2-3-6 用户账户设置

STEP 6 返回"控制面板\所有控制面板项",单击"区域和语言",选择"键盘和语言"选项卡,并单击"更改键盘",在弹出的"文本服务和输入语言"对话框中添加或删除任意输入法,如图 2-3-7 所示。

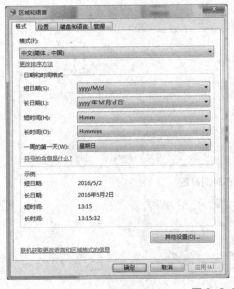
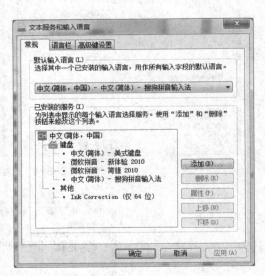

图 2-3-7 输入法设置

STEP 7 单击"开始"按钮,依次选择"所有程序"→"附件"→"截图工具",打开"截图工具",选择"新建截图",截取一块屏幕并保存至桌面,如图 2-3-8 所示。

STEP 8 单击"开始"按钮,依次选择"所有程序"→"附件"→"画图",通过"画图"打开步骤 7 保存的图片,利用画图工具任意修改并保存,如图 2-3-9 所示。

图 2-3-8 截图

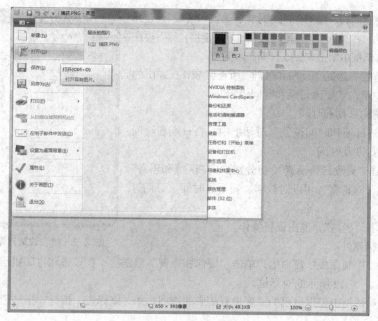

图 2-3-9　画图

2.3.1　相关知识

1. 控制面板

控制面板（Control Panel）是 Windows 图形用户界面的一部分，是对系统进行设置的一个工具集。它允许用户查看并操作基本的系统设置，根据自己的喜好更改显示器、键盘、鼠标等硬件设置，安装或删除软件，帮助使用者更有效地使用系统。

（1）控制面板的打开方法

● 单击桌面左下角的"开始"菜单→"控制面板"命令。

● 在"资源管理器"或"计算机"窗口左侧导航栏中单击"桌面"，并在右侧窗口中双击"控制面板"，出现如图 2-3-10 所示的窗口。

图 2-3-10　控制面板窗口

（2）调整系统日期/时间

① 打开"日期和时间设置"对话框

选择下列两种方法打开如图 2-3-11 所示的"日期和时间设置"对话框。

- 单击"控制面板"窗口中的"时钟、语言和区域",在弹出的窗口的右侧单击"设置时间和日期"链接,然后再在弹出的对话框中单击"更改日期和时间"。
- 单击任务栏右边的"日期和时间"所在区域,在弹出的小窗口中单击"更改日期和时间设置"。

② 设置系统的日期和时间

STEP 1 在"日期和时间设置"对话框中,将日期和时间设置成所需要的日期及时间。

STEP 2 单击"更改日历设置",将分别弹出"区域和语言"和"自定义格式"对话框,可以对数字、货币、时间、日期等项目进行设置。

STEP 3 单击"确定",退出设置操作。

（3）设置鼠标属性

图 2-3-11 设置日期和时间对话框

STEP 1 在"控制面板"窗口中,单击"硬件和声音"组链接,在设备和打印机组下单击"鼠标"链接,弹出如图 2-3-12 所示的对话框。

STEP 2 在对话框中根据自己的需要设置相应的选项,如对鼠标键、指针、指针选项、滑轮及硬件进行相应的设置。

STEP 3 单击"确定"按钮可以保存设置并关闭对话框。

（4）输入法的设置

① 打开"文本服务和输入语言"对话框

在"控制面板"窗口中,在"时钟、语言和区域"组中单击"更改键盘或其他输入法"链接,在弹出的对话框中单击"更改键盘"按钮,弹出如图 2-3-13 所示的对话框。

图 2-3-12 设置鼠标属性

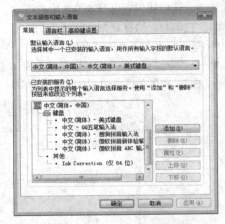

图 2-3-13 添加中文输入法

② 添加输入法

STEP 1 在"文本服务和输入语言"对话框中,单击"添加"按钮,弹出如图 2-3-14 所示的"添加输入语言"对话框。

STEP 2 通过垂直滚动条移动,查找需添加的输入法并单击。

STEP 3 单击"确定"按钮。

③ 删除输入法

STEP 1 在"文字服务和输入语言"对话框的输入法列表框中,选择要删除的一种输入法,如"中文简体-全拼"。

STEP 2 单击"删除"按钮。

④ 输入法热键设置

STEP 1 在"文字服务和输入语言"对话框中，单击"高级键设置"标签，打开如图 2-3-15 所示的"高级键设置"选项卡。

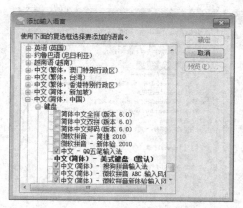

图 2-3-14 "添加输入语言"对话框

图 2-3-15 "高级键设置"选项卡

STEP 2 单击"更改按键顺序"按钮，出现"更改按键顺序"对话框，如图 2-3-16 所示。

STEP 3 设置新的热键后，单击"确定"按钮。

（5）添加或删除程序

① 添加新程序

从 CD 或 DVD 安装程序时，将光盘插入光驱，然后按照屏幕上的说明操作。如果系统提示输入管理员密码或进行确认，请键入该密码或提供确认。

从 CD 或 DVD 安装的许多程序会自动启动程序的安装向导，在这种情况下，将显示"自动播放"对话框，然后可以进行选择运行该向导。

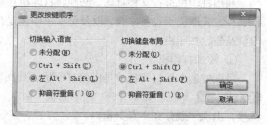

图 2-3-16 "更改按键顺序"对话框

如果程序无法安装，请检查程序附带的信息，该信息可能会提供手动安装该程序的说明。如果无法访问该信息，还可以浏览整张光盘，然后打开程序的安装文件，文件名通常为 Setup.exe 或 Install. exe。

如果程序是为 Windows 的某个早期版本编写的，运行"程序兼容性疑难解答"，按提示操作。

② 删除程序

STEP 1 单击"开始"→"控制面板"命令，出现"控制面板"窗口。

STEP 2 单击"程序"链接，出现如图 2-3-17 所示的窗口。

STEP 3 单击"程序和功能"下的"卸载程序"链接，将出现系统中已安装的所有应用程序名称。

STEP 4 在窗口的列表中选定要删除的程序。

STEP 5 单击"卸载"按钮，即可将已经安装的程序从 Windows 7 中进行卸载。

如果安装的应用程序有自带的卸载程序，也可通过"开始"菜单，找到该应用程序所在的文件夹，然后单击其中的卸载程序进行卸载。

③ 打开或关闭 Windows 功能

Windows 附带的某些程序和功能（如 Internet 信息服务）必须打开才能使用。某些其他功能默认情况下是打开的，但可以在不使用它们时将其关闭。在 Windows 的早期版本中，若要关闭某个功能，必须从计算机上将其完全卸载。在 Windows 7 版本中，这些功能仍存储在硬盘上，以便可以在需要时重新打开它们。关闭某个功能不会将其卸载，并且不会减少 Windows 功能使用的硬盘空间量。若要打开或关闭 Windows 功能，可按照下列步骤操作：

STEP 1 依次单击"开始"→"控制面板"→"程序"→"打开或关闭 Windows 功能"。如果系统提示输入管理员密码或进行确认，请键入该密码或提供确认。

STEP 2 若要打开某个 Windows 功能，请选择该功能旁边的复选框；若要关闭某个 Windows 功能，请清除该复选框，最后单击"确定"，如图 2-3-17 所示。

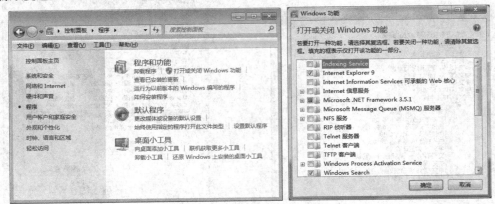

图 2-3-17 打开或关闭 Windows 功能

（6）打印机设置

利用打印机进行文档打印，必须将打印机连接到计算机。将打印机连接到计算机的方式有几种，选择哪种方式取决于设备本身，以及是在家中还是在办公室。对打印机的操作有添加打印机、设置默认打印机及删除打印机。

① 添加打印机

可以安装本地打印机或是网络打印机。其操作步骤为：

STEP 1 单击"开始"→"控制面板"命令，出现"控制面板"窗口。单击窗口中的"硬件和声音"链接，出现"硬件和声音"窗口。

STEP 2 单击"设备和打印机"下面的"添加打印机"命令，将出现提示向导，可按照提示进行本地打印机或网格打印机的安装。

或者按照以下步骤进行安装：单击"开始"→"设备和打印机"，将弹出"设备和打印机"窗口，单击"添加打印机"按钮，根据提示进行安装。

② 设置默认打印机

如果系统中安装了多台打印机，在执行具体的打印任务时可以选择打印机，或者将某台打印机设置为默认打印机。要设置默认打印机，打开"设备和打印机"窗口，在某台打印机图标上右键单击，在快捷菜单中单击"设为默认打印机"即可。默认打印机的图标左下角有一个"√"标志。

③ 删除打印机

首先要打开"设备和打印机"窗口。右键单击要删除的打印机，单击"删除设备"，然后单击"是"。如果无法删除打印机，请再次右键单击，依次单击"以管理员身份运行""删除设备"，然后单击"是"。如果系统提示输入管理员密码或进行确认，请键入该密码或提供确认。

（7）用户账号管理

① 打开"管理账户"窗口

单击"开始"菜单→"控制面板"命令，出现"控制面板"窗口。单击"用户账户和家庭安全"链接下面的"添加或删除用户账户"命令，打开如图 2-3-18 所示的"管理账户"窗口。也可以在"控制面板"窗口中单击"用户账户和家庭安全"，在打开的窗口中单击"添加或删除用户账户"命令打开"管理账户"窗口。

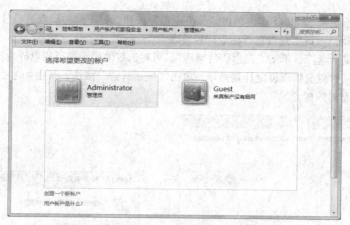

图 2-3-18　"管理账户"窗口

② 创建账户

STEP 1 单击"管理账户"窗口中的"创建一个新账户"命令。

STEP 2 键入要为用户账户提供的名称，单击账户类型，然后单击"创建账户"。

③ 更改账户

STEP 1 在"管理账户"窗口中单击要更改的账户，将弹出一个更改账户的窗口。

STEP 2 在打开的窗口中，可以对选择的用户进行账户名称、创建密码、更改图片、设置家长控制、更改账户类型、删除账户等操作。

2. 常用工具

（1）磁盘清理

STEP 1 单击"开始"→"所有程序"→"附件"→"系统工具"→"磁盘清理"命令，弹出如图 2-3-19 所示的选择驱动器对话框。

STEP 2 在其中选择要清理的驱动器，单击"确定"按钮，弹出如图 2-3-20 所示的对话框。

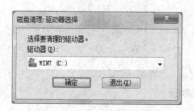

图 2-3-19　选择驱动器

图 2-3-20　磁盘清理

STEP 3 勾选要删除的文件，单击"确定"。在弹出的对话框中单击"删除文件"，立即开始清理磁盘操作。

（2）磁盘碎片整理

STEP 1 单击"开始"→"所有程序"→"附件"→"系统工具"→"磁盘碎片整理程序"命令，弹出如图 2-3-21 所示的对话框。或者先打开"计算机"窗口，右击某个盘符图标如"C 盘"，在弹出的快捷菜单中选择"属性"，弹出"属性"对话框。再单击"工具"选项卡，单击"立即进行碎片整理"按钮，也会弹出此对话框。

STEP 2 分别选定 C 盘和 D 盘，单击"分析磁盘"按钮，对不同的磁盘进行分析后会显示相应的碎片比例。根据比例，可确定是否进行磁盘碎片整理。

STEP 3 选择某个盘符，单击"磁盘碎片整理"，可对选定的磁盘进行磁盘碎片整理。

STEP 4 也可以对磁盘整理设定计划操作，单击"配置计划"按钮，弹出如图 2-3-22 所示的对话框，设置计划操作及对应磁盘。

图 2-3-21 "磁盘碎片整理程序"对话框

图 2-3-22 计划设置

（3）画图软件

STEP 1 单击"开始"→"所有程序"→"附件"→"画图"命令，弹出如图 2-3-23 所示的对话框。

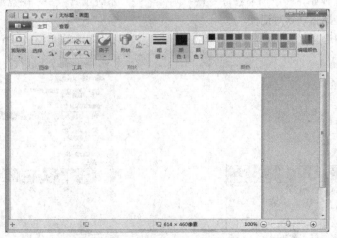

图 2-3-23 "画图"主界面

STEP 2 可以在画图窗口内绘制线条、绘制其他形状、添加文本、选择并编辑对象、调整整个图片或图片中某部分的大小、移动和复制对象、处理颜色、查看图片、保存和使用图片。

（4）截图工具

① 截图

STEP 1 单击"开始"→"所有程序"→"附件"→"截图工具"命令，弹出如图 2-3-24 所示的窗口。

STEP 2 在截图工具的工具栏之外，光标变为十字的形状，按住鼠标左键不放拖动鼠标，即可绘制一个矩形区域。区域选定后，松开鼠标左键，在截图工具的窗口内将显示截取的矩形区域。

STEP 3 单击"文件"菜单中的"另存为"命令，或工具栏中的"保存截图"按钮进行保存。

② 设置

在图 2-3-24 中，单击截图工具的控制工具栏中的"新建"按钮右侧的下拉按钮 ▾，可选择"窗口截图""任意格式截图"或"全屏幕截图"。在截图工具窗口中单击"选项"，可打开"截图工具选项"对话框，用户可在对话框中设置相关参数，单击"确定"关闭对话框。

（5）写字板

STEP 1 单击"开始"→"所有程序"→"附件"→"写字板"命令，弹出如图 2-3-25 所示的窗口。

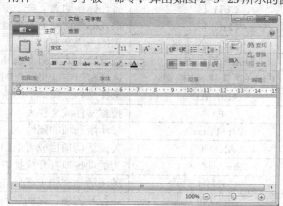

图 2-3-24 "截图工具"主界面　　　　　　　图 2-3-25 "写字板"主界面

STEP 2 在写字板中可以查看或编辑带有复杂格式和图形的文本内容。可以进行如下编辑操作：创建、打开和保存文档，编排文档格式（包括字体和段落格式），插入日期和图片，图片编辑，查看文档，页面设置，查找或替换，打印设置等操作。

2.3.2　知识扩展

—— Windows 7 的快捷方式

在 Windows 7 操作系统中，通过两个或多个键的组合，执行通常需要鼠标或其他指针设备才能执行的任务，这种方式称为键盘快捷方式。熟练掌握快捷方式可以有效提高工作效率，使与计算机的交互更加轻松。

在 Windows 7 中常用的快捷方式主要如下。

1. 轻松访问键盘快捷方式

按键	功能
按住右 Shift 八秒钟	启用和关闭筛选键
按左 Alt+左 Shift+PrtScn（或 PrtScn）	启用或关闭高对比度
按左 Alt+左 Shift+Num Lock	启用或关闭鼠标键
按 Shift 五次	启用或关闭粘滞键
按住 Num Lock 五秒钟	启用或关闭切换键

2. 常规键盘快捷方式

按键	功能
F1	显示帮助
Ctrl+C	复制选择的项目
Ctrl+X	剪切选择的项目
Ctrl+V	粘贴选择的项目
Ctrl+Z	撤销操作
Ctrl+Y	重新执行某项操作

按键	功能
Delete	删除所选项目并将其移动到"回收站"
Shift+Delete	不将所选项目移动到"回收站"而直接将其删除
F2	重命名选定项目
Ctrl+→	将光标移动到下一个字词的起始处
Ctrl+←	将光标移动到上一个字词的起始处
Ctrl+↓	将光标移动到下一个段落的起始处
Ctrl+↑	将光标移动到上一个段落的起始处
Ctrl+Shift +箭头键	选择一块文本
Shift +箭头键	在窗口中或桌面上选择多个项目,或者在文档中选择文本
Ctrl +箭头键+空格键	选择窗口中或桌面上的多个单个项目
Ctrl+A	选择文档或窗口中的所有项目
F3	搜索文件或文件夹
Alt+Enter	显示所选项的属性
Alt+F4	关闭活动项目或者退出活动程序
Alt+空格键	为活动窗口打开快捷方式菜单
Ctrl+F4	关闭活动文档(在允许同时打开多个文档的程序中)
Alt+Tab	在打开的项目之间切换
Ctrl+Alt+Tab	使用箭头键在打开的项目之间切换
Ctrl+鼠标滚轮	更改桌面上的图标大小
Alt+Esc	以项目打开的顺序循环切换项目
F6	在窗口中或桌面上循环切换屏幕元素
F4	在 Windows 资源管理器中显示地址栏列表
Shift+F10	显示选定项目的快捷菜单
Ctrl+Esc	打开「开始」菜单
Alt+加下划线的字母	显示相应的菜单
F10	激活活动程序中的菜单栏
→	打开右侧的下一个菜单或者打开子菜单
←	打开左侧的下一个菜单或者关闭子菜单
F5	刷新活动窗口
Alt+↑	在 Windows 资源管理器中查看上一级文件夹
Esc	取消当前任务
Ctrl+Shift+Esc	打开任务管理器
插入 CD 时按住 Shift	阻止 CD 自动播放

3.对话框键盘快捷方式

按键	功能
Ctrl+Tab	在选项卡上向前移动
Ctrl+Shift+Tab	在选项卡上向后移动
Tab	在选项上向前移动
Shift+Tab	在选项上向后移动
Alt+加下划线的字母	执行与该字母匹配的命令(或选择选项)
Enter	对于许多选定命令代替单击鼠标
空格键	如果活动选项是复选框,则选中或清除该复选框
箭头键	如果活动选项是一组选项按钮,则选择某个按钮

按键	功能
F1	显示帮助
F4	显示活动列表中的项目
Backspace	如果在"另存为"或"打开"对话框中选中了某个文件夹，则打开上一级文件夹

4. Windows 徽标键键盘快捷方式

按键	功能
Windows 徽标键	打开或关闭「开始」菜单
Windows 徽标键+Pause	显示"系统属性"对话框
Windows 徽标键+D	显示桌面
Windows 徽标键+M	最小化所有窗口
Shift+Windows 徽标键+M	将最小化的窗口还原到桌面
Windows 徽标键+E	打开计算机
Windows 徽标键+F	搜索文件或文件夹
Ctrl+Windows 徽标键+F	搜索计算机（如果已连接到网络）
Windows 徽标键+L	锁定计算机或切换用户
Windows 徽标键+R	打开"运行"对话框
Windows 徽标键+T	循环切换任务栏上的程序
Windows 徽标键+数字	启动锁定到任务栏中的由该数字所表示位置处的程序。如果该程序已在运行，则切换到该程序
Shift+Windows 徽标键+数字	启动锁定到任务栏中的由该数字所表示位置处的程序的新实例
Ctrl+Windows 徽标键+数字	切换到锁定到任务栏中的由该数字所表示位置处的程序的最后一个活动窗口
Alt+Windows 徽标键+数字	打开锁定到任务栏中的由该数字所表示位置处的程序的跳转列表
Windows 徽标键+Tab	使用 Aero Flip 3D 循环切换任务栏上的程序
Ctrl+Windows 徽标键+Tab	通过 Aero Flip 3D 使用箭头键循环切换任务栏上的程序
Ctrl+Windows 徽标键+B	切换到在通知区域中显示消息的程序
Windows 徽标键+空格键	预览桌面
Windows 徽标键+↑	最大化窗口
Windows 徽标键+←	将窗口最大化到屏幕的左侧
Windows 徽标键+→	将窗口最大化到屏幕的右侧
Windows 徽标键+↓	最小化窗口
Windows 徽标键+Home	最小化除活动窗口之外的所有窗口
Windows 徽标键+Shift+↑	将窗口拉伸到屏幕的顶部和底部
Windows 徽标键+Shift+←	将窗口从一个监视器移动到另一个监视器
Windows 徽标键+P	选择演示显示模式
Windows 徽标键+G	循环切换小工具
Windows 徽标键+U	打开轻松访问中心
Windows 徽标键+X	打开 Windows 移动中心

5. Windows 资源管理器键盘快捷方式

按键	功能
Ctrl+N	打开新窗口
Ctrl+Shift+N	新建文件夹

按键	功能
End	显示活动窗口的底端
Home	显示活动窗口的顶端
F11	最大化或最小化活动窗口
Num Lock+小键盘星号键（*）	显示所选文件夹下的所有子文件夹
Num Lock+小键盘加号键（+）	显示所选文件夹的内容
Num Lock+小键盘减号键（-）	折叠选定的文件夹
←	折叠当前选项（展开状态），或选择其父文件夹
Alt+Enter	打开所选项目的"属性"对话框
Alt+P	显示预览窗格
Alt+←	查看上一个文件夹
→	显示当前选项（折叠状态），或选择首个子文件夹
Alt+→	查看下一个文件夹
Alt+↑	查看父文件夹
Ctrl+鼠标滚轮	更改文件和文件夹图标的大小和外观
Alt+D	选择地址栏
Ctrl+E	选择搜索框

思考与练习

1. 操作系统是计算机的软件系统中_____。

    A. 最常用的应用软件　　　　　　　　B. 最核心的系统软件

    C. 最通用的专用软件　　　　　　　　D. 最流行的通用软件

2. 在 Windows 7 操作系统中，将打开窗口拖动到屏幕顶端，窗口会_____。

    A. 关闭　　　　　　B. 消失　　　　　　C. 最大化　　　　　　D. 最小化

3. Windows 7 中，文件的类型可以根据_____来识别。

    A. 文件的大小　　　B. 文件的用途　　　C. 文件的扩展名　　　D. 文件的存放位置

4. 要选定多个不连续的文件（文件夹），要先按住_____，再选定文件。

    A. Alt 键　　　　　B. Ctrl 键　　　　　C. Shift 键　　　　　D. Tab 键

5. 在 Windows 操作系统中，"Ctrl+C"是_____命令的快捷键。

    A. 复制　　　　　　B. 粘贴　　　　　　C. 剪切　　　　　　D. 删除

6. Windows 7 有四个默认库，分别是视频、图片、_____和音乐。

    A. 文档　　　　　　B. 汉字　　　　　　C. 属性　　　　　　D. 图标

7. 在 Windows 7 中，有两个对系统资源进行管理的程序组，它们是"资源管理器"和_____。

    A. "回收站"　　　　B. "剪贴板"　　　　C. "计算机"　　　　D. "我的文档"

8. 被物理删除的文件或文件夹_____。

    A. 可以恢复　　　　B. 可以部分恢复　　C. 不可恢复　　　　D. 可以选择性恢复

9. Windows 7 中任务栏上显示_____。

    A. 系统中保存的所有程序　　　　　　B. 系统正在运行的所有程序

    C. 系统前台运行的程序　　　　　　　D. 系统后台运行的程序

10. 在 Windows 7 中，D 盘根目录中"计算机基础"文件夹里的文本文件"TEST"的完整路径和文件名为_____。

    A. D:\计算机基础\TEST　　　　　　B. D:\计算机基础\TEST\TXT

    C. D:/计算机基础/TEST.TXT　　　　D. D:\计算机基础\TEST.TXT

CHAPTER 3　第三章
Word 2010 文字处理

Microsoft Office 2010 是微软推出的新一代办公软件，该软件共有 6 个版本，分别是初级版、家庭及学生版、家庭及商业版、标准版、专业版和专业高级版。Word 2010 是该办公软件的组件之一，在众多文字处理软件中，Word 2010 是一个易学易用、功能强大，也是目前世界上流行的文字编辑软件。它可以帮助我们撰写稿件、报告、论文、简历、邀请函和报纸等各种文档，用户利用 Word 能够创建适合多个领域，具有各种格式的专业化、图文并茂的文档排版效果。在办公领域，Word 也能适应图文编辑、打印和排版等多种需求，具有难以替代的地位，并成为了事实上的行业标准。本章主要介绍：

- Word 2010 的基本操作
- Word 2010 中文本的格式设置
- Word 2010 插入对象的操作和图文混排技术
- Word 2010 中表格的处理
- Word 2010 文档高级排版技术

【案例 3.1】请假条的制作

◇学习目标

通过本案例学习，我们将掌握 Word 2010 的启动与退出、打开与关闭，文档的创建、保存等基本操作，熟悉 Word 2010 的工作界面构成和功能，掌握如何输入、编辑、删除、修改和替换文字的相关操作，及文本的字体、字号、字形、字体颜色、下划线及其颜色、字符间距和中文版式等字体格式设置，以及对齐方式、缩进、段前段后间距和行距等段落格式设置操作。

◇案例分析

本案例根据学习目标的需要设置，让学习者制作一份校园中经常会用到的请假条，力图通过本案例，使学习者了解文本的字体、段落等格式设置；熟悉 Word 文档的界面；掌握基本的 Word 文档的创建、保存和修改操作，以及文字的输入、编辑和删除等操作。请假条效果如图 3-1-1 所示。

◇操作步骤

1. 创建一个 Word 文档

通过双击桌面 Word 快捷图标或通过单击"开始"→"程序"→"Microsoft Office 2010"→"Microsoft Word 2010"，启动 Word 2010 应用程序，打开 Word 文档的工作窗口并新建一个 Word 文档。

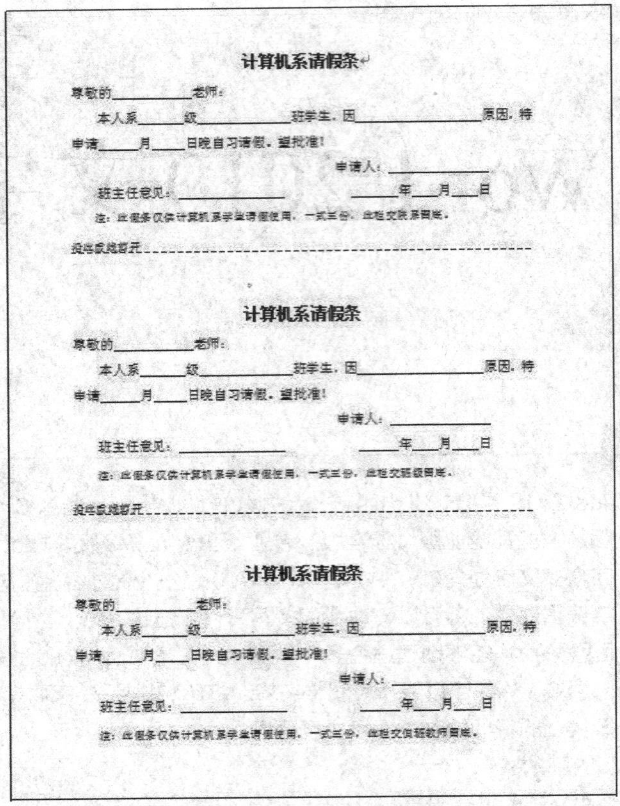

图 3-1-1　请假条效果图

2. 编辑请假条内容

STEP 1 在光标处输入"计算机系请假条",选中文本,在"开始"选项卡中找到"字体"选项组,如图 3-1-2 所示。将字体设置为"宋体",字号为"小三""加粗",在"段落"选项组中将对齐方式设置为"居中"。

图 3-1-2　"开始"功能区的"字体"和"段落"选项组

STEP 2 按 Enter 键,另起一段输入"尊敬的老师:",将文本字体设置为"宋体",字号为"小四",对齐方式为"两端对齐"。

STEP 3 将光标移动到"老师"前面,按空格键 12 次,选中空格部分,在"字体"选项组中单击"下划线"按钮(或使用 Ctrl+U 组合键)。

STEP 4 将光标移动至整段末尾,按 Enter 键,设置字体为"宋体",字号为"小四",对齐方式为"两端对齐",输入文字内容、空格并添加下划线(参考图 3-1-3)。

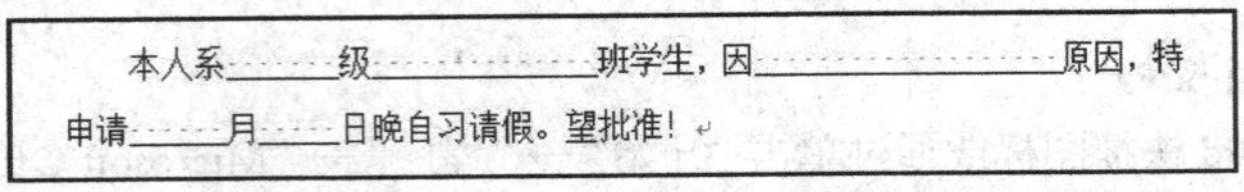

本人系_____级_____班学生,因_____原因,特
申请_____月____日晚自习请假。望批准!

图 3-1-3　请假条部分内容及其格式设置效果

STEP 5 选中整段文本，单击鼠标右键，在弹出的快捷菜单中，选择"段落"菜单项。如图 3-1-4 所示，在"段落"对话框中，将"特殊格式"设置为"首行缩进"，"磅值"设置为"2 字符"，"行距"设置为"1.5 倍行距"，单击"确定"按钮，效果如图 3-1-3 所示。

STEP 6 按 Enter 键另起一段，输入"申请人：＿＿＿＿＿＿＿＿"。如图 3-1-5 所示，在"段落"对话框中，将缩进的"左侧"值设置为"7.5 厘米"，单击"确定"按钮。

提示

按 Enter 键换行后，文字和段落格式均和上一段落一致。

图 3-1-4 "段落"对话框的首行缩进设置 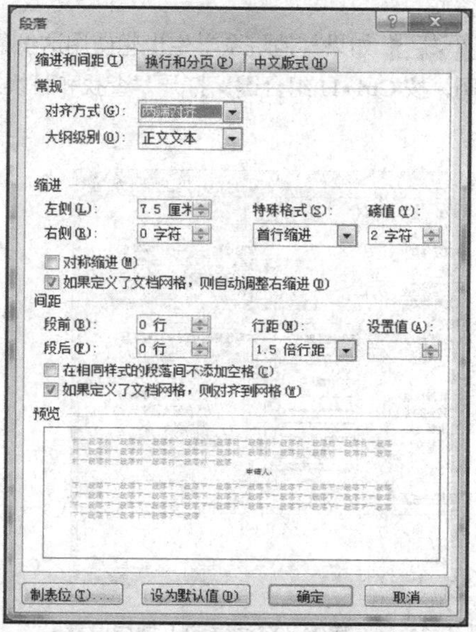 　　　　　图 3-1-5 "段落"对话框的左缩进设置

STEP 7 按 Enter 键，单击鼠标右键，在弹出的快捷菜单中，选择"段落"菜单项，在"段落"对话框中，将"左侧"缩进改回 0，单击"确定"。输入"班主任意见：_年_月_日"，效果如图 3-1-6 所示。

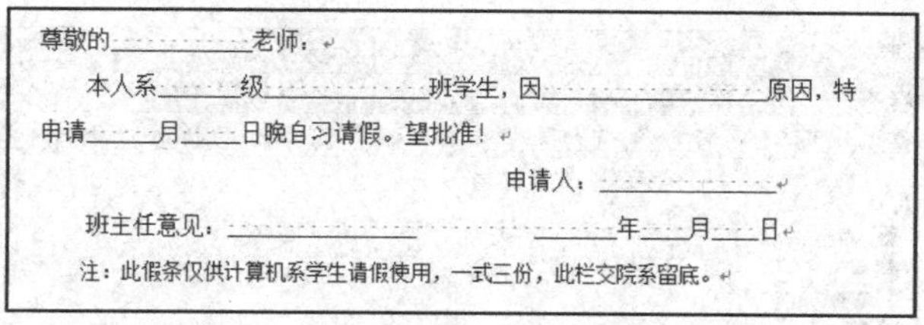

尊敬的＿＿＿＿＿老师：

本人系＿＿＿＿级＿＿＿＿班学生，因＿＿＿＿＿原因，特

申请＿＿＿月＿＿日晚自习请假。望批准！

申请人：＿＿＿＿＿＿

班主任意见：＿＿＿＿＿＿＿＿年＿＿月＿＿日

注：此假条仅供计算机系学生请假使用，一式三份，此栏交院系留底。

图 3-1-6 请假条文字内容及格式效果

STEP 8 按 Enter 键，在光标处输入"注：此假条仅供计算机系学生请假使用，一式三份，此栏交院系留底。"，并将字号更改为"五号"，效果如图 3-1-6 所示。

STEP 9 按 Enter 键，在"段落"对话框中，将"特殊格式"设置为"(无)"，并将间距的"段前"和"段后"的值分别设置为"0.5 行"和"2.5 行"，单击"确定"按钮。

STEP 10 在光标处输入"沿此虚线剪开"，敲击空格键至本行结束，选取文本，单击鼠标右键，在快捷菜单中选择"字体"菜单项，弹出如图 3-1-7 所示的"字体"对话框，在对话框中将"下划线线型"设置为短横条虚线，单击"确定"按钮。

提示 "下划线线型"为"（无）"，表示没有加下划线，而选择了线型则表示添加下划线。

3. 对文档中内容进行复制和替换

STEP 1 选中全部文本，单击鼠标右键，在快捷菜单中单击"复制"菜单项，在文档中粘贴两次，将最后一行删除。

STEP 2 将复制的两份文本中的"此栏交院系留底"分别改为"此栏交班级留底"和"此栏交值班教师留底"。

STEP 3 如果其他院系学生也想使用这份请假条，那么只需要做些小的修改，在这里我们以学前教育学院为例，按 Ctrl+H 组合键，打开"查找和替换"对话框，输入如图 3-1-8 所示的内容，单击"全部替换"按钮。

图 3-1-7 "字体"对话框的下划线设置

图 3-1-8 "查找和替换"对话框

4. 保存并关闭 Word 文档

检查一遍制作完成的请假条，确认无误后，单击快速访问工具栏中的"保存"按钮（或者使用 Ctrl+S 组合键），在弹出的"另存为"对话框中，选择保存路径，并在"文件名"文本框中输入"请假条"，单击"保存"按钮，如图 3-1-9 所示。

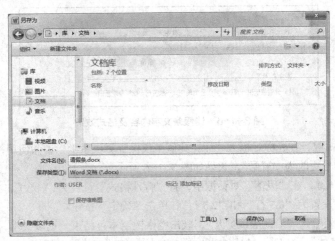

图 3-1-9 "另存为"对话框

3.1.1 相关知识

1. Word 2010 概述

Word 2010 是 Microsoft 公司开发的 Office 2010 办公组件之一，主要用于文字处理工作。Word 的最初版本是由 Richard Brodie 为了运行 DOS 的 IBM 计算机而在 1983 年编写的。随后的版本可运行于 Apple Macintosh（1984 年）、SCO UNIX 和 Microsoft Windows（1989 年），并成为了 Microsoft Office 的一部分。Word 的版本有 1989 年推出的 Word 1.0 版、1992 年推出的 Word 2.0 版、1994 年推出的 Word 6.0 版、1995 年推出的 Word 95 版（又称作 Word 7.0，因为是包含于 Microsoft Office 95 中的，所以习惯称作 Word 95）、1997 年推出的 Word 97 版、2000 年推出的 Word 2000 版、2002 年推出的 Word XP 版、2003 年推出的 Word 2003 版、2007 年推出的 Word 2007 版、2010 年推出的 Word 2010 版。

2. Word 2010 功能改进

（1）改进的搜索与导航体验

在 Word 2010 中，可以更加迅速、轻松地查找所需的信息。新"查找"功能可以在单个窗格中查看搜索结果的摘要，并单击以访问任何单独的结果。改进的导航窗格会提供文档的直观大纲，便于对所需的内容进行快速浏览、排序和查找。

（2）与他人协同工作，而不必排队等候

Word 2010 重新定义了人们可针对某个文档协同工作的方式。利用共同创作功能，可以在编辑论文的同时，与他人分享观点。也可以查看正一起创作文档的其他人的状态，并在不退出 Word 的情况下轻松发起会话。

（3）可从不同位置访问和共享文档

在线发布文档，然后通过任何一台计算机对文档进行访问、查看和编辑。借助 Word 2010，可以从多个位置使用多种设备来尽情体会非凡的文档操作过程。

Microsoft Word Web App：离开办公室、出门在外或离开学校时，可利用 Web 浏览器来编辑文档，同时不影响查看体验的质量。

Microsoft Word Mobile 2010：利用专门适合的 Windows 电话移动版本的增强型 Word，保持更新并在必要时立即采取行动。

（4）向文本添加视觉效果

利用 Word 2010，可以像应用粗体和下划线那样，将诸如阴影、凹凸效果、发光、映像等格式效果轻松应用到文档文本中。可以对使用了可视化效果的文本执行拼写检查，并将文本效果添加到段落样式中。现在可将很多用于图像的相同效果同时用于文本和形状中，从而能够无缝地协调全部内容。

（5）将文本转换为醒目的图表

Word 2010 提供了为文档增加视觉效果的更多选项。从众多的附加 SmartArt 图形中进行选择时，只需键入项目符号列表，即可构建精彩的图表。使用 SmartArt 可将基本的要点句文本转换为引人入胜的视觉画面，以更好地阐释观点。

（6）为文档增加视觉冲击力

利用 Word 2010 中提供的新型图片编辑工具，可在不使用其他照片编辑软件的情况下，添加特殊的图片效果。可以利用色彩饱和度和色温控件来轻松调整图片，还可以利用所提供的改进工具来更轻松、精确地对图像进行裁剪和更正，从而有助于将一个简单的文档转化为一件艺术作品。

（7）恢复认为已丢失的工作

在某个文档上工作时，可能出现在未保存该文档的情况下意外地关闭。利用 Word 2010，可以像打开任何文件那样轻松恢复最近所编辑文件的草稿版本，即使从未保存过该文档也是如此。

（8）跨越沟通障碍

Word 2010 有助于跨不同语言进行有效地工作和交流，比以往更轻松地翻译某个单词、词组或文档。

针对屏幕提示、帮助内容和显示，分别对语言进行不同的设置。利用英语文本到语音转换播放功能，为以英语为第二语言的用户提供额外的帮助。

（9）将屏幕截图插入到文档

直接从 Word 2010 中捕获和插入屏幕截图，可以快速、轻松地将视觉插图纳入到工作中。如果使用已启用 Tablet 的设备（如 Tablet PC 或 Wacom Tablet），则经过改进的工具使设置墨迹格式与设置形状格式一样轻松。

（10）利用增强的用户体验完成更多工作

Word 2010 可简化功能的访问方式，新的 Microsoft Office Backstage 视图将替代传统的"文件"菜单，从而只需单击几次鼠标键即可保存、共享、打印和发布文档。利用改进的功能区，可以更快速地访问常用命令，方法为自定义选项卡或创建自己的选项卡，从而体现出工作风格的个性化经验。

3. Word 2010 的基本操作

（1）Word 2010 的启动

启动 Word 文档的常用方法有 3 种。

第一种：双击桌面上的"Microsoft Word 2010"快捷图标，即可启动 Word 2010。

第二种：可使用"开始"→"所有程序"→"Microsoft Office"→"Microsoft Word 2010"命令启动 Word 2010。

第三种：双击运行已有的 Word 文档（*.docx 文件），打开文件的同时自然也启动了 Word 2010。

（2）打开文档的方法

打开 Word 文档的方法有以下几种。

第一种：选择"文件"→"打开"命令，在"打开"对话框中选择要打开的文档。

第二种：按键盘上的 Ctrl+O 组合键。

第三种：双击已有的 Word 文档（*.docx）。

（3）关闭文档的方法

关闭 Word 文档常用方法有 6 种。

第一种：执行 Word 文档左上角的"文件"→"退出"命令。

第二种：执行 Word 文档左上角的"文件"→"关闭"命令。

第三种：单击 Word 文档的标题栏右边的"关闭"按钮。

第四种：在标题栏上单击鼠标右键，执行控制菜单中的"关闭"命令。

第五种：使用 Alt+F4 组合键关闭 Word 文档。

第六种：直接双击标题栏左边的 Word 图标，也可以实现关闭文档。

（4）文档的创建方法

创建一个新的 Word 文档常用方法有两种。

第一种：选择"文件"→"新建"命令，在"新建"窗格中，可以根据模板新建文档。

第二种：通过按键盘上的 Ctrl+N 组合键创建新文档。

（5）文档的保存方法

退出 Word 时需要先将文档保存起来，保存文件的方法有以下几种。

第一种：最方便的方法就是直接单击快速访问工具栏中的"保存"按钮。

第二种：单击"文件"→"保存"命令。如果是第一次保存，会出现"另存为"对话框，在其中输入保存路径和文档名即可完成保存。

第三种：文件保存还可以在关闭文档时进行，在 Word 出现的保存提示对话框中单击"是"按钮即可。

第四种：文件保存还可以使用快捷键，按键盘上的 Ctrl+S 组合键即可。

（6）设置文档自动保存时间

在 Word 中可以设置自动保存功能，这样可以避免电脑死机或断电时，导致文档信息丢失，设置自动保存的方法是：

单击"文件"→"选项"命令，在"Word选项"对话框中单击"保存"标签，选中"保存自动回复信息时间间隔"复选框，同时在右边的微调器中输入5，表示每隔5分钟Word自动保存一次，单击"确定"按钮，完成自动保存功能设置。

4. Word 2010 的界面

Word 2010 的界面由标题栏、"文件"选项卡、快速访问工具栏、功能区、"编辑"窗口、滚动条、"显示"按钮、缩放滑块、状态栏等部分组成，如图 3-1-10 所示。

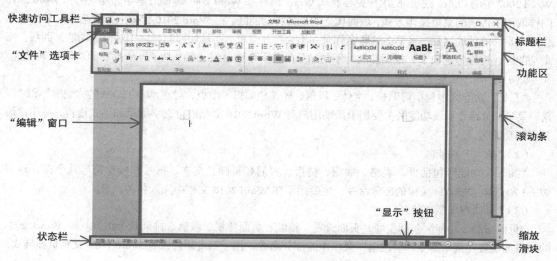

图 3-1-10　Word 2010 的界面图

（1）标题栏

标题栏显示当前正在编辑的文档的文件名以及所使用的软件名。在标题栏的右边，有 3 个按钮，分别是"最小化""最大化/还原"和"关闭"。

（2）"文件"选项卡

提供了一些基本命令，如"新建""打开""关闭""保存""另存为"和"打印"等命令位于此处。

（3）快速访问工具栏

常用命令位于该区域，例如"保存""撤销键入"和"恢复键入"，也可以添加个人常用命令。

（4）功能区

工作时需要用到的命令位于此处。它与其他软件中的"菜单"或"工具栏"功能相同，主要包括"开始""插入""页面布局""引用""邮件""审阅""视图"和"加载项"等功能区，后面会详细介绍。

（5）"编辑"窗口

显示正在编辑的文档，在"页面视图"模式下，可以看到最终的页面设置效果，包括页边距、页眉页脚等。

（6）"显示"按钮

可用于更改正在编辑的文档的显示模式以符合您的要求。Word 提供有页面视图、阅读版式视图、Web 版式视图、大纲视图和草稿。在默认情况下，Word 使用页面视图。

（7）滚动条

可用于更改正在编辑的文档的显示位置，分为水平滚动条和垂直滚动条。其中，垂直滚动条下方可选择查看对象上一次或者下一次的查找定位。

（8）缩放滑块

可用于更改正在编辑的文档的显示比例设置，缩放比例的范围为 10%～500%。

（9）状态栏

状态栏在 Word 窗口的最底部，用来显示页数、光标所在的位置、当前文档的编辑方式等信息。在实际工作中，状态栏是很少使用的。

5. Word 2010 的功能区

Microsoft Word 从 Word 2007 升级到 Word 2010，其最显著的变化就是使用"文件"按钮代替了 Word 2007 中的 Office 按钮，使用户更容易从 Word 2003 和 Word 2000 等旧版本中转移。另外，Word 2010 同样取消了传统的菜单操作方式，取而代之的是各种功能区。在 Word 2010 窗口上方看起来像菜单的名称其实是功能区的名称，当单击这些名称时并不会打开菜单，而是切换到与之相对应的功能区面板。每个功能区，也称为选项卡，根据功能的不同又分为若干个选项组，每个功能区所拥有的功能如下所述。

（1）"开始"功能区

"开始"功能区中包括剪贴板、字体、段落、样式和编辑 5 个组，对应 Word 2003 的"编辑"和"段落"菜单部分命令。该功能区主要用于帮助用户对 Word 2010 文档进行文字编辑和格式设置，是用户最常用的功能区。

（2）"插入"功能区

"插入"功能区包括页、表格、插图、链接、页眉和页脚、文本、符号和特殊符号几个组，对应 Word 2003 中"插入"菜单的部分命令，主要用于在 Word 2010 文档中插入各种元素。

（3）"页面布局"功能区

"页面布局"功能区包括主题、页面设置、稿纸、页面背景、段落、排列几个组，对应 Word 2003 的"页面设置"菜单命令和"段落"菜单中的部分命令，用于帮助用户设置 Word 2010 文档页面样式。

（4）"引用"功能区

"引用"功能区包括目录、脚注、引文与书目、题注、索引和引文目录几个组，用于实现在 Word 2010 文档中插入目录等比较高级的功能。

（5）"邮件"功能区

"邮件"功能区包括创建、开始邮件合并、编写和插入域、预览结果和完成几个组，该功能区的作用比较专一，专门用于在 Word 2010 文档中进行邮件合并方面的操作。

（6）"审阅"功能区

"审阅"功能区包括校对、语言、中文简繁转换、批注、修订、更改、比较和保护几个组，主要用于对 Word 2010 文档进行校对和修订等操作，适用于多人协作处理 Word 2010 长文档。

（7）"视图"功能区

"视图"功能区包括文档视图、显示、显示比例、窗口和宏几个组，主要用于帮助用户设置 Word 2010 操作窗口的视图类型，以方便操作。

（8）"加载项"功能区

"加载项"功能区包括菜单命令一个分组，加载项是可以为 Word 2010 安装的附加属性，如自定义的工具栏或其他命令扩展。"加载项"功能区则可以在 Word 2010 中添加或删除加载项。

6. 文本的输入

新建一个空白文档后，就可输入文本了。在窗口编辑区的左上角有一个闪烁着的黑色竖条"|"称为插入点，它表明输入的字符将出现的位置。输入文本时，插入点会自动后移。

Word 有自动换行的功能，当输入到每行的末尾不必按 Enter 键，Word 就会自动换行，只有单设一个新段落时才按 Enter 键。按 Enter 键标志一个段落的结束，新段落的开始。

中文 Word 既可输入汉字，又可输入英文。输入英文单词一般有 3 种书写格式，第一个字母大写其余小写、全部大写或全部小写。在 Word 中按 Shift+F3 组合键，可实现这 3 种书写格式的转换。具体操作是：首先选定英文单词或句子，然后反复按 Shift+F3 组合键，选定的英文单词或句子在 3 种格式之间转换。

例如，对于英文文本"WORD OF MICROSOFT OFFICE."的 3 种格式转换如下。

第一种：按 Shift+F3 组合键，转换书写格式为"word of microsoft office."。

第二种：再按一次 Shift+F3 组合键，转换书写格式为"Word Of Microsoft Office."。

第三种：再按一次 Shift+F3 组合键，转换书写格式为"WORD OF MICROSOFT OFFICE."。

如果双击状态栏上的"改写"或按 Insert 键，状态栏上的"改写"颜色变黑，当前输入状态转换为"改写"状态，输入的内容将会替换文档已有的内容。双击状态栏上的"改写"或按 Insert 键，可在"插入"和"改写"状态之间切换。

利用"即点即输"功能，可以在文档空白处的任意尾注快速定位插入点和对齐格式设置，输入文字、插入表格、图片和图形等内容。当将鼠标指针"I"移到特定格式区域时，"即点即输"指针形状发生改变，即在鼠标指针"I"附近（上、下、左、右）出现将要应用的格式图标，表明双击此处可设置要应用的格式，这些格式包括：左对齐、居中、右对齐、左缩进、左侧或右侧文字环绕。

如果在文档中看不到"即点即输"指针，应先启用"即点即输"功能。其方法是：执行"文件"→"选项"命令，打开"Word 选项"对话框，在"高级"选项卡中，选中"启用'即点即输'"复选框，单击"确定"按钮。然后，在文档空白处单击一下以启用"即点即输"指针。

在输入时应注意如下几方面问题。

（1）空格

空格在文档中占位大小，不但与字体和字号大小有关，也与"半角"或"全角"状态有关。"半角"空格占有一个字符位置，"全角"空格占两个字符位置。

（2）回车符

文字输入到行尾继续输入，后面的文字会自动出现在下一行，即文字输入到行尾会自动折行显示。为了有利于自动排版，不要在每行的末尾键入 Enter 键，只在每个自然段结束时键入 Enter 键。键入 Enter 键后会显示回车符号。

显示/隐藏回车符的操作是：执行"文件"→"选项"命令，选择"显示"选项卡，单击其中"段落标记"左侧的复选框。若选择框中原来为空，表示处于隐藏回车符状态，则单击后框中出现"√"标记，表示设置为显示回车符状态；若复选框中原来为"√"标记，表示处于显示回车符状态，则单击后为空标记，表示设置为隐藏回车符状态。

（3）换行符

如果要另起一行，不另起一个段落，可以输入换行符。输入换行符有两种方法：按 Shift+Enter 组合键。或在"页面布局"选项卡中的"页面设置"组里单击"分隔符"按钮，在下拉列表中选择"自动换行符"即可。

换行符显示为"↓"，与回车符相比不同的是，"回车"是一个段落的结束，开始新的段落，"换行"只是另起一行显示文档的内容（即分行不分段）。

（4）段落的调整

自然段落之间用回车符分隔。两个自然段落的合并只需删除它们之间的回车符即可。操作方法是：将光标移到前一段落的段尾，删除回车符，使后一段落与前一段落合并。

一个段落要分成两个段落，只需在要分离处键入 Enter 键即可。段落格式具有"继承性"，结束一个段落按 Enter 键后，下一段落会自动"继承"上一段落的格式（标题样式除外）。因此，如果对文档各个段落的格式修饰风格不同时，最好在整个文档输入完后再进行格式修饰。

（5）"标题"样式

文档中的正文通常用"正文"样式。如果文档中有多级标题，最好按标题的级别从大到小依次选择"标题1""标题2"等标题样式。选择方法是将光标定位在标题文字所在的行或段落，在"开始"选项卡的"样式"列表框中选择一个标题样式即可。有关"样式"的修改等操作见后面有关"样式"的介绍。

（6）文档中红色与绿色波浪形下划线的含义

如果没有在文本中设置下划线格式，却在文本的下面出现了下划线，可能是以下原因：当Word处在检查"拼写和语法"状态时，Word用红色波形下划线表示可能是拼写错误，用绿色波形下划线表示可能是语法错误。

（7）文档中蓝色与紫色下划线的含义

Word系统默认蓝色下划线的文本为超级链接，紫色下划线的文本表示使用过的超级链接。

（8）注意保存文档

正在输入的内容通常在内存中，如果不小心退出、死机或断电，输入的内容会丢失。最好经常做存盘操作，或者用前面介绍的设置自动保存时间间隔的方式由计算机自动保存。

7. 文本的编辑

（1）文字的选定

对文字的操作设置，经常需要先将文字选中后进行，这里介绍几种鼠标拖曳选定文字之外的方法。

把鼠标光标移动到左边文字以外的空白部分，鼠标光标就变成了一个斜向右上方的箭头，单击鼠标左键就可以选中这一行；连击两次，可以选中这个段落；连击3次，就可以选中整个文档了。

在段落中任意位置3击鼠标左键也可以选中该段。

按住Ctrl键，单击光标所在的句子，就会选中整个句子。

（2）文字的复制与粘贴

复制是Word中最基本的功能，顾名思义，复制是指将选定的文本复制一份，从而得到两个或多个一样的文本内容。

利用剪贴板复制的具体操作步骤如下：

选择需要复制的文本，在"开始"选项卡中的"剪贴板"选项组里，单击"复制"按钮，或者使用Ctrl+C组合键，将选择的文本复制到剪贴板中。

定位插入点到目标位置，在"开始"选项卡中的"剪贴板"选项组里，单击"粘贴"按钮，或者使用Ctrl+V组合键，将剪贴板中的内容复制到插入点处。

（3）文字的移动

如果需要将文本中的某些内容移动到该文本的另一位置，方法和复制类似。具体操作如下：

选择需要移动的文本，单击"开始"选项卡"剪贴板"选项组中的"剪切"按钮，或者单击Ctrl+X组合键，将选择的文本剪切到剪贴板中。

定位插入点到目标位置，在"开始"选项卡中的"剪贴板"选项组里，单击"粘贴"按钮，或者使用Ctrl+V组合键，将选择的文本移动到光标插入点处。

8. 光标的定位和删除文本

（1）光标的定位

如果要把光标移动到一篇文档的末尾，可以通过下面几种方法来实现。

按住向右方向键，一直到末尾（这是最慢的方法）。实际操作中我们可以这样：按住键盘上的Ctrl键再按End键，光标就到了文档的末尾。

将光标定位到一行的中间位置，按Home键，可以使光标迅速定位到这一行的开头，按End键可以使光标迅速定位到这一行的末尾。

可以用键盘来翻页，按Page Down键，文档翻到了下一页，光标也向下移动了差不多一页，再按

Page Up 键，又向上翻了一页。

Word 2010 还提供了"即点即输"的功能，在编辑区域的任意位置双击鼠标左键，光标就定位在那里，这样就可以输入内容了。

（2）删除文本

要删除文档中一些无用的内容，可以用下面两种方法。

选定要删除的文字，然后按 Delete 键进行删除。该方法只能删除光标后面的文字，而且通常只是在删除数目不多的文字时使用。如果删除的文字很多，比如要删除整个一段的内容，就应当先用鼠标把整个段落选中，然后按一下 Delete 键，选中的文字即可全部删除。

使用 Backspace 键也可以进行文字删除，它的作用是删除光标前面的字符。对于输入的错字可以用它来直接删除。

相对光标位置而言，Delete 键删除光标后面的字符，而 Backspace 键是删除光标前面的字符。

9. 字体设置

（1）"字体"选项组

如图 3-1-11 所示，"字体"选项组中包含"字体"和"字号"文本框，以及"加粗""倾斜""下划线""删除线""下标""上标""增大字号""减小字号""更改大小写""清除格式""拼音指南""字符边框""文本效果""突出显示""字体颜色""字符底纹"和"带圈字符"17 个功能按钮。

图 3-1-11 "字体"选项组

"字体"下拉列表框中会显示"字体库"中安装的所有字体，单击后修改字体。

"字号"下拉列表框中有中文字号和数值两种字号模式，单击后修改字号。也可以直接在文本框中输入列表中没有的数值进行字号更改。

"增大字号"和"减小字号"按钮，也可以改变字号大小。

"加粗""倾斜"按钮，可改变字形。

"下划线"按钮可为文字添加默认的下划线，即单根直线。单击"下划线"按钮右侧的下拉小按钮，将弹出下拉列表。其中包含"下划线线型"列表框和"下划线颜色"命令，"下划线线型"列表可用于更换下划线线型；"下划线颜色"命令有一个下级"颜色"列表框，可用于更改下划线的颜色。

"删除线""下标"和"上标"按钮，可将选中的文字设置为对应的文字效果。

"拼音指南""字符边框""带圈字符""字符底纹"和"突出显示"按钮，可改变选中文本的文字效果。

"字体颜色"按钮的下拉列表中包含"主题颜色""标准色""其他颜色"和"渐变"选项，选择一种颜色，即可得到所设置的效果。

（2）"字体"对话框

字体的设置除了能在"字体"选项组中完成，也能通过"字体"对话框来完成。"字体"对话框的常用调取方式有：在功能区"字体"选项组的最右下角，单击对话框触发按钮；选中需要设置的文本，在选定的区域单击鼠标右键，在弹出的快捷菜单当中，单击"字体"选项。

① "字体"选项卡（见图 3-1-12）

"中/西文字体"：指定选中文本的字体。在该框中，选择一种字体名称。选择的字体效果会在"预览"框中显示。

"字形"：列出字形，例如"加粗"和"倾斜"。选择的字形效果会在"预览"框中显示。

"字号"：列出字号，用于设置文字大小，选择的字号效果会在"预览"框中显示。

"字体颜色"：指定选中文本的颜色。在该框中，选择一种颜色。单击"自动"则应用"Microsoft Windows 控制面板"中定义的颜色。在默认情况下，该颜色为黑色，除非对其进行了更改。在 80% 或更多的部分带有底纹的段落中，单击"自动"会将文本更改为白色。选择的字体颜色效果会在"预览"框中显示。

"下划线线型"：指定选中文本是否带有下划线及其下划线样式。单击"无"将取消下划线。

"下划线颜色"：指定下划线的颜色。该选项仅在应用了下划线样式后可用。

"着重号"：单击可设置要添至选中字符串的着重号的类型。

"删除线"：画一条穿越选中文本的直线。

"双删除线"：画一条穿越选中文本的双线。

"上标"：将选中文本提升到基线以上，并将该文本更改为更小的字号（如果有更小的字号可用）。

"下标"：将选中文本降低到基线以下，并将该文本更改为更小的字号（如果有更小的字号可用）。

"小型大写字母"：将选中的小写文字设置为大写字母并减小其字号。"小型大写字母"格式对数字、标点符号、非字母字符或大写字母不起作用。

"全部大写字母"：将小写字母设置为大写字母。"全部大写字母"格式对数字、标点符号、非字母字符和大写字母不起作用。

"隐藏"：禁止显示选中文本。

"预览"：在"预览"框显示指定效果。

② "高级"选项卡（见图 3-1-13）

"缩放"：按其当前尺寸的百分比垂直和水平地拉伸或者是压缩文本。

"间距"：增加或减少字符之间的距离。在"磅值"框中键入或选择数值。

"位置"：基于基线提升或降低选中文本。在"磅值"框中键入或选择数值。

"为字体调整字间距"：自动调整特定字符组合间的距离，以便整个单词看上去间距更为均匀。

"预览"：在"预览"框显示指定效果。

图 3-1-12　"字体"对话框的"字体"选项卡

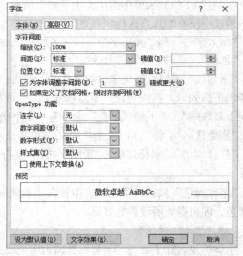

图 3-1-13　"字体"对话框的"高级"选项卡

③ "设置文本效果格式"对话框

在"字体"对话框中单击"文字效果"按钮，打开"设置文本效果格式"对话框，如图 3-1-14 所示，其中包含文本填充、文本边框、轮廓样式、阴影、映像、发光和柔化边缘、三维格式等内容。

10. 段落设置

（1）"段落"选项组

如图 3-1-15 所示，"段落"选项组中包含"项目符号""编号""多级列表""减少缩进量""增加缩进量""中文版式""排序""显示/隐藏编辑标记""左对齐""居中""右对齐""两端对齐""分散对齐""行和段落间距""底纹"和"边框"16 个功能按钮。

"项目符号""编号""多级列表""减少缩进量"和"增加缩进量"的功能我们将在第四个案例中详

细介绍。

图 3-1-14 "设置文本效果格式"对话框

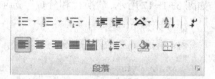

图 3-1-15 "段落"选项组

"中文版式"：包含"纵横混排""合并字符""双行合一""调整宽度"和"字符缩放"等命令。前 4 项均能调出对应的对话框进行相应设置，最后一项"字符缩放"会直接跳转到"字体"对话框的"高级"选项卡。

"排序"：用于按字母顺序排列所选文字或对数值数据排序，排序的相关操作我们将在第三个案例中详细介绍。

"显示/隐藏编辑标记"：用于切换是否显示段落标记和其他隐藏的格式符号。

"左对齐"：是指所选的文本向左边对齐。

"居中"：主要是指文档的标题以"行"中心线为对称点对称分布的方式。若用于文档的段落中，则只对段落中不满一行的字进行"居中"对齐。

"右对齐"：是指所选的文本向右边对齐。

"两端对齐"：是指将所选段落的两端（末行除外）同时对齐或缩进。Word 默认的对齐方式就是两端对齐。

"分散对齐"：是指通过调整空格，使所选段落的各行文字间等距。

"行和段落间距"：包含 1 组从 1.0 到 3.0 的内置行距，以及"行距选项""增加段前间距"和"增加段后间距" 3 个选项。其中，单击"行距选项"能调出"段落"对话框。

"底纹"：用于设置所选文字或段落的背景色，该下拉列表中包含"主题颜色""标准色""无颜色"等内置项和"其他颜色"选项。单击"其他颜色"选项会弹出"颜色"对话框，进行自定义颜色设置。

"边框"：用于设置所选文字、段落或单元格的边框。其下拉列表中包括"下框线""上框线""左框线""右框线""无框线""所有框线""外侧框线""内部框线""内部横框线""内部竖框线""斜下框线"和"斜上框线" 12 种固定边框类型，以及"横线""绘制表格""查看网格线"与"边框和底纹"等选项。其中"横线"用于插入一根水平线，"绘制表格""查看网格线"与"边框和底纹"我们在第三个案例中再做详细介绍。

（2）"段落"对话框

段落的相关设置除了能在"段落"选项组中完成，也能通过"段落"对话框完成。"段落"对话框的常用调取方式有：在功能区"段落"选项组的最右下角，单击对话框触发按钮；或者选中需要设置的文本，在选定的区域单击鼠标右键，在弹出的快捷菜单当中，单击"段落"选项。

① "缩进和间距"选项卡

如图 3-1-16 所示，"缩进和间距"选项卡中包括"常规""缩进""间距"以及"预览"区域。

"常规"：设置文字的对齐方式和大纲级别。

"缩进"：可进行左、右缩进和特殊格式（首行缩进和悬挂缩进）设置。

"间距"：可进行段落的段前、段后和行间距设置。

"预览"：对当前设置效果进行预览。

②"换行和分页"选项卡

如图 3-1-17 所示，"换行和分页"选项卡中包括"分页"以及"预览"区域。

图 3-1-16　"段落"对话框的"缩进和间距"选项卡

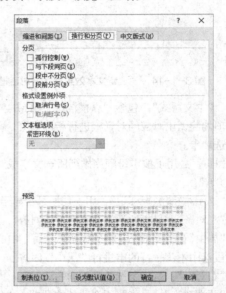

图 3-1-17　"段落"对话框的"换行和分页"选项卡

"分页"：可进行段落分页、格式设置例外项等设置。

"预览"：对当前设置效果进行预览。

③"中文版式"选项卡

如图 3-1-18 所示，"中文版式"选项卡中包括"换行""字符间距""文本对齐方式"以及"预览"区域。

"换行"：中文、西文和标点的换行设置。

"字符间距"：可进行首标点、中文与西文、中文与数字的字符间距设置。

"文本对齐方式"：可设置文本在垂直方向上的对齐方式。

"预览"：对当前设置效果进行预览。

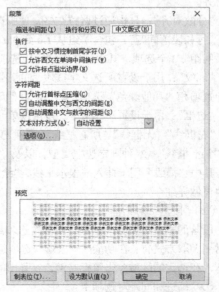

图 3-1-18　"段落"对话框的"中文版式"选项卡

3.1.2 巩固练习
——招生简章的制作（一）

通过招生简章的制作（一），进一步巩固在 Word 2010 中输入和编辑文本等操作。招生简章的制作（一）包括学校概况、学校简介等信息，完成效果如图 3-1-19 所示。（说明：本次巩固练习仅制作预览图中的文字部分的录入和编辑排版）

图 3-1-19　招生简章的制作（一）效果图

【案例 3.2】协会招新海报的制作

◇学习目标

通过本案例学习，我们将巩固创建、保存和修改 Word 文档的方法，字体和段落格式设置的基本操作，掌握插入图片、艺术字、文本框，设置页面背景以及绘图工具的使用等丰富并美化文档的技巧。

◇案例分析

本案例根据学习目标的需要设置，让学习者设计制作一份海报，力图通过本案例，使学习者在对 Word 文档基本操作的基础上，掌握插入图片、艺术字、文本框，设计背景以及绘图工具的使用等丰富并美化文档的技巧。协会招新海报的实例效果如图 3-2-1 所示。

◇操作步骤
1.创建一个 Word 文档

通过双击桌面 Word 2010 快捷图标或通过"开始"→"程序"→"Microsoft Office 2010"→"Microsoft Word 2010"，启动 Word 2010 应用程序，打开 Word 文档的工作窗口并新建一个 Word 文档。

2.页面设置的调整

打开"页面布局"选项卡，单击"页面设置"右下角的对话框触发器按钮，在弹出的"页面设置"对话框的"页边距"标签当中，将"页边距"选项中的"上""下""左""右"均设置为 0 厘米，如图 3-2-2 所示。

图 3-2-1 协会招新海报效果图

3. 协会招新海报的设计制作

STEP 1 打开"页面布局"功能区，选择"页面颜色"下拉按钮，如图 3-2-3 所示，在弹出的下拉
列表中，选择"填充效果"。

图 3-2-2 "页面设置"对话框的"页边距"选项卡

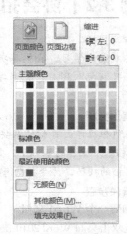

图 3-2-3 "页面颜色"下拉列表

STEP 2 在弹出的"填充效果"对话框中，如图 3-2-4 所示，选择"图片"标签，单击"选择图片"
按钮。

STEP 3 如图 3-2-5 所示，在弹出的"选择图片"对话框中，选择插入对象"蓝天背景.jpg"图片，
单击"插入"按钮，在返回的"填充效果"对话框中也单击"确定"按钮。

图3-2-4 "填充效果"对话框的"图片"选项卡

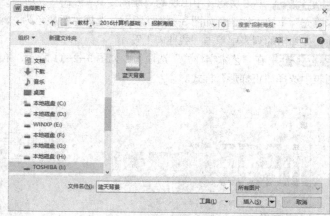

图 3-2-5 "选择图片"对话框

STEP 4 单击"插入"选项卡"文本"选项组中的"艺术字"按钮,如图 3-2-6 所示,在弹出的"艺术字"列表中,选择"填充–橙色,强调文字颜色 6,暖色粗糙棱台"。

STEP 5 如图 3-2-7 所示,将在页面形成艺术字方框,直接在方框中输入文本内容"××职业大学",并设置字体为"华文行楷",字号"38 磅",加粗,完成后效果如图 3-2-8 所示。

图 3-2-6 "艺术字"列表

图 3-2-7 编辑前的艺术字文字

STEP 6 插入如图 3-2-9 所示的艺术字,文字内容输入"计算机协会",设置字体为"黑体",字号"72 磅",加粗。

图 3-2-8 编辑后的艺术字文字

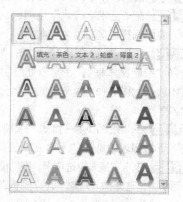

图 3-2-9 "艺术字"列表

STEP 7 单击功能区中出现的"绘图工具-格式"选项卡，找到"艺术字样式"选项组，单击"文本填充"下拉小按钮，如图 3-2-10 所示，选择主题颜色为"深蓝，文字 2，淡色 80%"，单击"渐变"项，在弹出的列表中单击"线性向上"。

STEP 8 在"艺术字样式"选项组，如图 3-2-11 所示，单击"文本效果"下拉小按钮，在"转换"列表中选择"正梯形"样式。

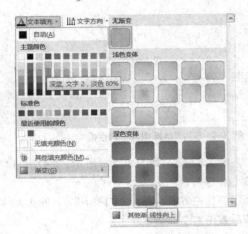

图 3-2-10 "文本填充"列表

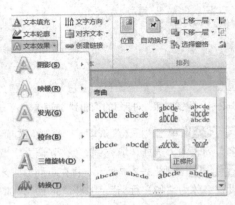

图 3-2-11 "文本效果"列表

STEP 9 在"大小"选项组中，如图 3-2-12 所示，将"高度"设置为"4 厘米"和"宽度"设置为"18 厘米"，按 Enter 键确定。

STEP 10 调节艺术字边框上的红色调节句柄，将艺术字调节为如图 3-2-13 所示的效果。

图 3-2-12 "大小"选项组

图 3-2-13 艺术字效果

STEP 11 单击"插入"功能区"文本"选项组中的"艺术字"按钮，在"艺术字"列表中，选择"填充-蓝色，强调文字颜色 1，金属棱台，映像"（最后一排，最后一种样式）。

STEP 12 输入艺术字的文字内容"招新啦！"，设置字体为"黑体"，字号"58 磅"，加粗。

STEP 13 在"艺术字样式"选项组，如图 3-2-14 所示，单击"文本效果"下拉小按钮，在"三维旋转"列表中选择"离轴 2 左"样式。

STEP 14 打开"插入"选项卡，在"文本"选项组中单击"文本框"下拉小按钮，在弹出的下拉列表中选择"绘制文本框"，在空白处绘制一个文本框，设置文本框的高和宽均为"10.2 厘米"，并在文本框当中输入如图 3-2-15 所示的文字。设置字体为"宋体"，字号"16 磅"，加粗；段落设置为首行缩进"2 字符"。

STEP 15 在"绘图工具-格式"选项卡中，找到如图 3-2-16 所示的"形状样式"选项组，在"形状填充"下拉列表中选择"无填充颜色"，"形状轮廓"下拉列表中选择"无轮廓"。

STEP 16 单击"插入"选项卡，在功能区中找到"插图"选项组，单击"图片"按钮，在弹出的"插入图片"对话框中，选择插入对象"计算机.jpg"图片，单击"插入"按钮，如图 3-2-17 所示。

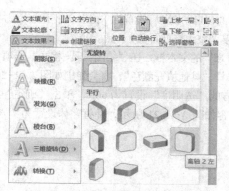

图 3-2-14　设置艺术字样式

图 3-2-15　在文本框内输入内容

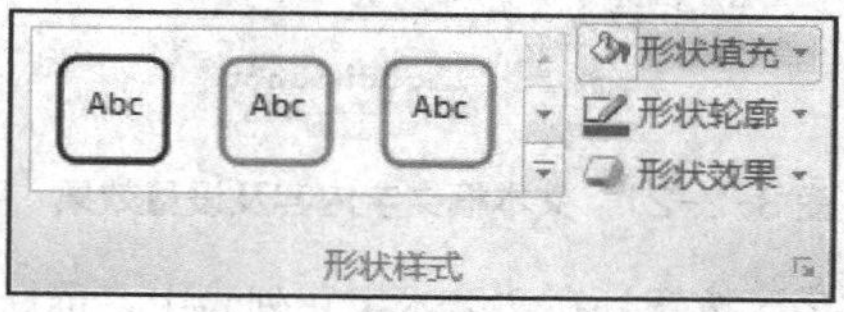

图 3-2-16　"形状样式"选项组

图 3-2-17　"插入图片"对话框

STEP 17 单击功能区中出现的"图片工具-格式"选项卡，找到"排列"选项组。如图 3-2-18 所示，单击"自动换行"按钮，在弹出的列表中单击"浮于文字上方"。

STEP 18 用之前介绍的方法，在图片"大小"选项组中，将宽度设置为"10 厘米"。

STEP 19 插入文本框，输入"我们的课程"，设置字体为"华文行楷"，字号"36 磅"，并设置文本框"形状填充"为"无填充颜色"，"形状轮廓"为"无轮廓"。

STEP 20 插入图片"小图标"，将"排列"选项组中的"自动换行"设置为"浮于文字上方"，在图片"大小"选项组中，将宽度设置为"14.5 厘米"，并调整位置，移至"我们的课程"文本框右侧，效果如图 3-2-19 所示。

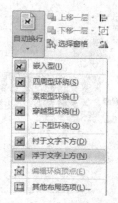

图 3-2-18　"自动换行"列表

图 3-2-19　局部效果图

STEP 21 插入图片"二进制"，将"排列"选项组中的"自动换行"设置为"衬于文字下方"，并将图片移到底部，用鼠标拖动图片边框线上的圆形句柄，将宽度调整为与页面宽度一致。

STEP 22 插入一个高度"8.1 厘米"，宽度"9.8 厘米"的文本框，在"绘图工具-格式"选项卡中找到"形状样式"选项组，在"形状填充"下拉列表中选择"其他填充颜色"，将会弹出如图 3-2-20 所示的"颜色"对话框，在颜色区域选择白色，并将最下方的"透明度"设置为 60%，单击"确定"按钮。

STEP 23 在设置好的文本框中输入文字，文字内容如图 3-2-21 所示，并将字体设置为"宋体"，字号"22 磅"，加粗。

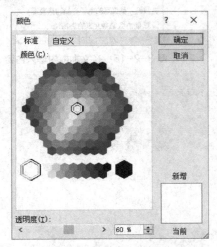

图 3-2-20 "颜色"对话框

图 3-2-21 文本框文字内容及设置效果

STEP 24 单击"插入"功能区"文本"选项组中的"艺术字"按钮，在"艺术字"列表中，选择"填充-无，轮廓-强调文字颜色 2"（第一排，第二种样式）。

STEP 25 输入艺术字的文字内容"普及电脑知识，推进职大信息化发展"，设置字体为"宋体"，字号"32 磅"，加粗。

STEP 26 单击功能区中出现的"绘图工具-格式"选项卡，找到"艺术字样式"选项组，单击"文本填充"下拉小按钮，单击"渐变"项，在弹出的列表中单击最下方的"其他渐变"。

STEP 27 在弹出的"设置文本效果格式"对话框中，如图 3-2-22 所示，单击"渐变填充"，并在"预设颜色"列表中选择"彩虹出岫"；如图 3-2-23 所示，在"方向"列表中，选择"线性向右"。

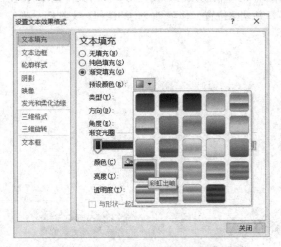

图 3-2-22 文本填充的"预设颜色"选项

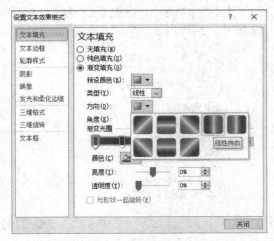

图 3-2-23 文本填充的"方向"选项

4. 保存并关闭 Word 文档

最后，检查一遍制作好的协会招新海报，确认无误后，单击快速访问工具栏中的"保存"按钮（或按 Ctrl+S 组合键），如图 3-2-24 所示，在弹出的"另存为"对话框中，选择保存路径，并在"文件名"文本框中输入"社团招新海报"，单击"保存"按钮。

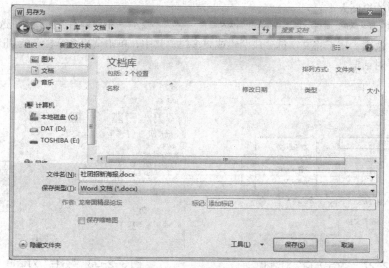

图 3-2-24 "另存为"对话框

3.2.1 相关知识

1. 页面布局

"页面布局"选项卡中包含"主题""页面设置""页面背景""段落"和"排列"5 个选项组。

（1）"主题"选项组

如图 3-2-25 所示，"主题"选项组包含"主题""颜色""字体"和"效果"4 个按钮。

"主题"按钮的下拉列表中包含一个"内置主题列表"，以及"浏览主题"和"保存当前主题"等选项，用于更改整个文档的总体设计，包括颜色、字体和效果。

"颜色"按钮，用于更改当前主题的颜色。

"字体"按钮，用于更改当前主题的字体。

"效果"按钮，用于更改当前主题的效果。

（2）"页面设置"选项组

如图 3-2-26 所示，在"页面设置"选项组中包含"文字方向""页边距""纸张方向""纸张大小""分栏""分隔符""行号"和"断字"8 个按钮。

图 3-2-25 "主题"选项组   图 3-2-26 "页面设置"选项组

"文字方向"按钮的下拉列表中包含 5 种预设文字方向样式，以及单独的"文字方向选项"，用于自定义文本或所选文本框中的文字方向。其中，单击"文字方向选项"能调出如图 3-2-27 所示的"文字方向"对话框。

"页边距"按钮下拉列表中包含 5 种预设页边距样式，以及单独的"自定义边距"选项，用于设置整个文档或当前节的边距大小。

"纸张方向"按钮下拉列表中包含"纵向"和"横向"2 个选项，用于切换页面的纵向布局和横向布局。

"纸张大小"按钮下拉列表中包含 106 种预设纸张大小样式，以及单独的"其他页面大小"选项，用于设置当前节的页面大小。

"分栏"按钮下拉列表中包含"一栏""两栏""三栏""偏左"和"偏右"5 个预设选项，以及单独的"更多分栏"选项，用于将文字拆分成两栏或更多栏。其中，单击"更多分栏"能调出如图 3-2-28 所示的"分栏"对话框。

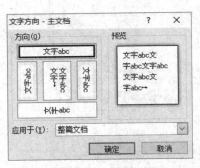

图 3-2-27 "文字方向"对话框

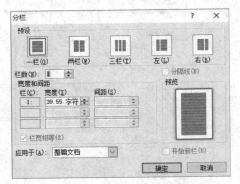

图 3-2-28 "分栏"对话框

"分隔符"按钮的下拉列表中包含 3 种分页符和 4 种分节符，用于在文档中添加分页符、分节符或分栏符。

"行号"按钮，用于在文档每一行旁边的边距中添加行号。

"断字"按钮，启用断字功能以便 Word 能在单词音节间添加断字符。

（3）"页面背景"选项组

如图 3-2-29 所示，在"页面背景"选项组中包含"水印""页面颜色"和"页面边框"3 个按钮。

"水印"按钮下拉列表中包含"机密"和"紧急"2 组列表，以及"其他水印""自定义水印"和"删除水印"选项，用于在页面内容后面插入虚影文字。其中，"自定义水印"可调出如图 3-2-30 所示的"水印"对话框。

图 3-2-29 "页面背景"选项组

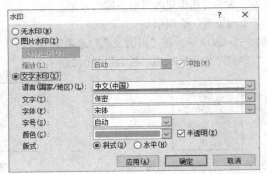

图 3-2-30 "水印"对话框

"页面颜色"按钮下拉列表中包含"主题颜色""标准色""无颜色""其他颜色"和"填充效果"等选项，用于选择页面的背景色。

"页面边框"按钮单击后能调出如图 3-2-31 所示的"边框和底纹"对话框，用于添加或更改页面周围的边框。"页面边框"选项卡中包含"设置""样式""颜色""宽度""艺术型"和"应用于"等列表，"预览"区的预览图和边框线按钮。

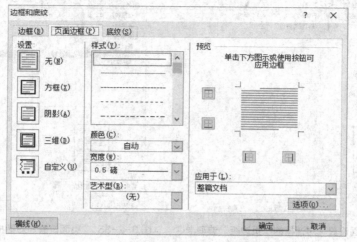

图 3-2-31 "边框和底纹"对话框的"页面边框"选项卡

（4）"段落"选项组

如图 3-2-32 所示，在"段落"选项组中包含"缩进"和"间距"2 组功能，这些功能在前一案例中已经介绍过，在这里就不再重复说明。

（5）"排列"选项组

如图 3-2-33 所示，在"排列"选项组中包含"位置""自动换行""上移一层""下移一层""选择窗格""对齐""组合"和"旋转"等按钮。

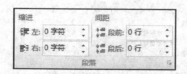

图 3-2-32 "段落"选项组

图 3-2-33 "排列"选项组

这些功能在后面的"图片工具-格式"选项组里一并介绍。

（6）"页面设置"对话框

单击"页面设置"选项组右下角的对话框触发按钮，可以调取"页面设置"对话框，"页面设置"选项组的功能也能通过该对话框来实现。

在"页面设置"对话框中包含"页边距""纸张""版式"和"文档网格"4 个选项卡。

①"页边距"选项卡（见图 3-2-34）

"页边距"：包括"上""下""左""右"4 个方向页边距和"装订线"设置。

"纸张方向"：选定"横向"和"纵向"按钮，表示打印纸张的方向。

"页码范围"：包括普通、对称页边距、拼页、书籍折页和反向书籍折页。

"预览"：其中的"应用于"可指定所作用的文档范围。

另外，页边距的设置也可以通过标尺上的边距标志来完成。

②"纸张"选项卡（见图 3-2-25）

"纸张大小"：选定纸张的大小，也可以自定义纸张大小。

"纸张来源"：包括"默认纸盒"和"自动选择"两个选项。

"预览"：其中的"应用于"可指定所作用的文档范围。

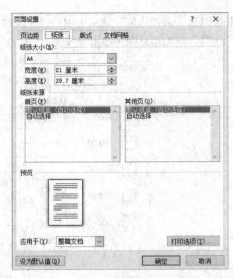

图3-2-34 "页面设置"对话框的"页边距"选项卡　　**图3-2-35 "页面设置"对话框的"纸张"选项卡**

③"版式"选项卡（见图3-2-36）

"节"：设置节的起始位置，不同节可以进行不同页面设置。

"页眉和页脚"：有奇偶不同和首页不同选项，也可设置页眉和页脚的距边界值。

"页面"：用于设置垂直方向上的对齐方式。

"预览"：其中的"应用于"可指定所作用的文档范围。

④"文档网格"选项卡（见图3-2-37）

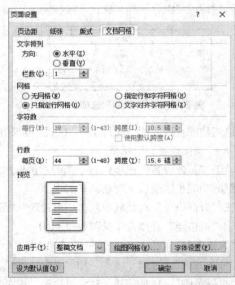

图3-2-36 "页面设置"对话框的"版式"选项卡　　**图3-2-37 "页面设置"对话框的"文档网格"选项卡**

"文字排列"：设置文字的排列方向是水平还是垂直，以及分栏数。

"网格"：有无网格、只指定行网格、指定行和字符网格、文字对齐字符网格选项。

"字符数"：设置每行字符数以及字符跨度的磅值。

"行数"：设置每页的行数以及行距跨度的磅值。

"预览"：其中的"应用于"可指定所作用的文档范围。

2. 插入图片

（1）插入剪贴画

Office 提供了一个剪辑库，它包含了大量的剪贴画、图片，以扩展名.wmf 部分存放在 Clipart 子文件夹下。剪贴画是用计算机软件绘制的，图片是用照片扫描进去的。

插入时首先定位插入点，在"插入"选项卡中找到"插图"选项组，单击"剪贴画"按钮，在右边任务窗格将出现"剪贴画"工具。输入搜索文字，单击"搜索"按钮就可以将该类别图片搜索并在列表中显示出来，在列表中选择剪贴画，单击"插入"按钮，将其插入到文档中。

（2）插入图形文件

在 Word 中，可以直接插入的常用图形文件有：.bmp（位图）、.wmf（图元）、.jpg（JPEG 静态图片交换格式）等。

插入图形文件的步骤如下：定位插入点，在"插入"选项卡的"插图"选项组中，单击"图片"按钮，在"插入图片"对话框中选择图形文件所在的文件夹、文件类型和文件名后，单击"插入"按钮就将图形插入到当前文档中。

3. 图片工具-格式

对插入的图片可进行调整、图片样式、排列和大小等图片格式设置。这些设置可以使用"图片工具-格式"选项卡完成；也可通过鼠标指针指向图片时单击右键，选择快捷菜单中的"设置图片格式"命令来完成。

"图片工具-格式"选项卡中包含"调整""图片样式""排列"和"大小"4 个选项组。

（1）"图片样式"选项组

如图 3-2-38 所示，"图片样式"选项组中包含多种图片样式，以及"图片边框""图片效果"和"图片版式"等按钮。

图 3-2-38 "图片样式"选项组

"图片样式"：包含多种预设的样式。

"图片边框"：包含颜色、粗细和线型设置。

"图片效果"：包含"预设""阴影""映像""发光""柔化边缘""棱台"和"三维旋转"等效果设置。

"图片版式"中包含多种 SmartArt 图形。

（2）"调整"选项组

如图 3-2-39 所示，"调整"选项组中包含"删除背景""更正""颜色""艺术效果"等功能按钮。

"删除背景"：可以将图片的背景颜色删除，即背景透明。

"更正"：可以对图片的"锐化/柔化"以及"亮度/对比度"进行设置。

"颜色"：可以对图片的"颜色饱和度"和"色调"进行设置，还能进行"重新着色"。

"艺术效果"：包含多种艺术效果，可直接应用在图片上。

如果对图片的调整不满意，还可以单击"重设图片"进行重置还原。

（3）"排列"选项组

如图 3-2-40 所示，"排列"选项组中包含"位置""自动换行""对齐""组合"和"旋转"等按钮。

图 3-2-39 "调整"选项组

图 3-2-40 "排列"选项组

"位置"：包含"嵌入文本行中"和"文字环绕"。

"自动换行"：其中的位置有两大类型，浮动式和嵌入式。嵌入式图片直接放置在文本中的插入点处，占据了文本的位置，包括嵌入和环绕两类；浮动式图片插入在图形层，可在页面上自由移动，不影响文字排版，包括"浮于文字上方"和"衬于文字下方"两种。

"对齐"：主要用于设置图片在页面中的对齐方式。

"组合"：可以将多个图像文件进行组合形成一个新的整体文件。

"旋转"：可以将图片进行左、右、水平、垂直等方向旋转。

（4）"大小"选项组

如图 3-2-41 所示，"大小"选项组中包含"裁剪"按钮，"高度"和"宽度"微调框。

单击"裁剪"按钮，在裁剪标记上按住鼠标左键，向图片内部移动，就裁剪掉相应部分。

"高度"和"宽度"微调框可以输入具体数值确定图片的调整大小。

在图片中任意位置单击，图片四周出现有 8 个方向的句柄，拖动这些句柄可进行相应方向的图片调整操作。

4. 艺术字

（1）艺术字的插入

单击"插入"选项卡的"文本"选项组中的"艺术字"按钮，在显示的列表中选择所需的艺术字样式，即可插入相应样式的艺术字，在"艺术字"文本框中输入文字，也可以对其进行字体格式的设置。

（2）艺术字图形编辑

若要对艺术字进行编辑，则单击该艺术字，功能区将出现"绘图工具-格式"选项卡，可利用其中的工具按钮对艺术字进行设置。

（3）"艺术字样式"选项组

如图 3-2-42 所示，"艺术字样式"选项组中包含"艺术字样式"列表，"文本填充""文本轮廓"和"文本效果"按钮。

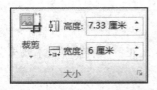

图 3-2-41 "大小"选项组

图 3-2-42 "艺术字样式"选项组

"艺术字样式"：列表中包含了 30 种预设样式。

"文本填充"：包括"主题颜色""标准色""无填充颜色""其他填充颜色"和"渐变"，可以对艺术字进行文字颜色设置。

"文本轮廓"：包括"主题颜色""标准色""无轮廓""其他轮廓颜色""粗细"和"虚线"，可以对艺术字进行轮廓线条的颜色、粗细和线型设置。

"文本效果"：包括"阴影""映像""发光""棱台""三维旋转"和"转换"等效果设置。

5. 形状

（1）形状绘制

Word 提供了现成的基本图形，可以在 Word 文档中方便地使用这些图形，并可对这些图形进行组合、编辑等。绘制形状的操作如下：

在"插入"选项卡中的"插图"选项组，单击"形状"按钮，在下拉列表框中选择所需形状单击，这时鼠标指针会变成"十"字形，将鼠标指针移到要插入形状的位置，拖曳鼠标即可在文档中绘制出相应形状（如果要保持图形的高度和宽度成比例，在拖曳时按住 Shift 键）。

（2）在形状中添加文字

可以在绘制的形状中（线条类型除外）添加文字，并可以进行字符格式的设置，这些文字也随着形状的移动而移动。

添加文字的操作如下：用右键单击要添加文字的形状，从快捷菜单中选择"添加文字"命令，Word 自动在图形对象上显示文本框，然后进行文字的输入即可。

（3）设置形状格式

通常，我们绘制的形状轮廓和填充都是蓝色。为了美化形状，也可对图形进行填充、边线设置等格式操作，设置方法与设置艺术字格式相似，在"形状样式"选项组中完成相应操作即可。

（4）"形状样式"选项组

如图 3-2-43 所示，"形状样式"选项组中包含"形状样式"列表，"形状填充""形状轮廓"和"形状效果"按钮。

图 3-2-43　"形状样式"选项组

"形状样式"：列表中包含了 42 种预设样式。

"形状填充"：包括"主题颜色""标准色""无填充颜色""其他填充颜色""图片""渐变"和"纹理"，可以对形状的填充颜色进行设置。

"形状轮廓"：包括"主题颜色""标准色""无轮廓""其他轮廓颜色""粗细""虚线"和"箭头"，可以对形状进行轮廓线条的颜色、粗细和线型设置。

"形状效果"：包括"预设""阴影""映像""发光""柔化边缘""棱台"和"三维旋转"等效果设置。

6. 文本框

文本框是文字、表格、图形精确定位的有力工具。它如同容器，任何文档中的内容，不论是一段文字、一个表格、一幅图形，还是它们的混合物，只要被装进这个方框，就如同被装进了一个容器，可以随时用鼠标带到页面的任何地方并"占据地盘"，还可让正文从它的四周围绕而过。它们还可以很方便地进行缩小、放大等编辑操作。

在对文本框进行编排时，应在页面显示模式下工作，才能看到效果。

（1）插入文本框

① 插入预设样式的文本框

单击"插入"选项卡的"文本"选项组中的"文本框"按钮，在显示的列表中选择所需的样式，即可插入相应样式的文本框，在文本框中输入文字即可。

② 插入空白文本框

单击"插入"选项卡的"文本"选项组中的"文本框"按钮，在显示的列表中选择"绘制文本框"选项，这时鼠标指针会变成"十"字形，将鼠标指针移到要插入形状的位置，按住左键拖曳鼠标即可在文档中绘制出相应大小的文本框。

（2）编辑文本框

文本框具有形状的属性，所以对文本框的编辑操作与形状的格式设置操作相同，也可以利用"形状样式"选项组中的工具进行填充、轮廓和效果等设置。

3.2.2 巩固练习

——招生简章的制作（二）

通过招生简章的制作（二），进一步巩固学习在 Word 2010 中插入图片、修改图片格式、插入文本框等操作。招生简章的制作（二）包括校园环境、联系方式、二维码等信息。完成效果如图 3-2-44 所示。

图 3-2-44　招生简章的制作（二）效果图

【案例 3.3】个人简历的制作

◇**学习目标**

通过本案例学习，我们将了解行、列和单元格等基本概念，掌握绘制表格、插入表格，在表格当中选择、插入和删除的基本方法，表格的格式设置、表格的自动调整及表格边框和底纹的设置等技巧。

◇**案例分析**

本案例根据学习目标的需要设置，让学习者设计制作一份个人简历表格，力图通过本案例，使学习者在了解行、列和单元格等基本概念的基础上，掌握绘制表格、插入表格、表格的行高及列宽设置、合并及拆分单元格、表格内文本的对齐方式、表格的自动调整、边框和底纹的设置等丰富美化表格的制作技巧。个人简历的效果参见图 3-3-1。

◇**操作步骤**

1. 创建一个 Word 文档

通过双击桌面 Word 2010 快捷图标或通过"开始"→"程序"→"Microsoft Office 2010"→"Microsoft Word 2010"，启动 Word 2010 应用程序，打开 Word 文档的工

图 3-3-1　个人简历效果图

作窗口并新建一个 Word 文档。

2. 页面设置

打开"页面布局"选项卡，单击"页面设置"右下角的对话框触发器按钮，在弹出的"页面设置"对话框当中，如图 3-3-2 所示，将"页边距"标签中，页边距的"上""下"设置为 2.54 厘米，"左""右"设置为 2 厘米，单击"确定"按钮。

3. 制作个人简历

STEP 1 在光标处输入"个人简历"，选中文本，将字体设置为"宋体"，字号为"二号"，加粗，设置对齐方式为"居中"。如图 3-3-3 所示，将字符间距设置为"加宽"5 磅。

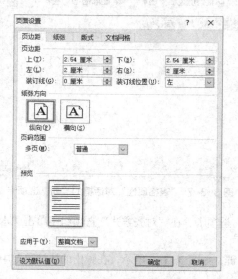

图 3-3-2 "页面设置"对话框的"页边距"选项卡　　图 3-3-3 "字体"对话框的"高级"选项卡

STEP 2 在"插入"选项卡中，单击"表格"按钮，如图 3-3-4 所示，在弹出的列表中，单击"插入表格"按钮。

STEP 3 在弹出的"插入表格"对话框中，如图 3-3-5 所示，将"表格尺寸"中的"列数"设置为 7，"行数"设置为 17，单击"确定"。

图 3-3-4 "表格"列表中的"插入表格"选项　　图 3-3-5 "插入表格"对话框

STEP 4 单击表格左边顶端的十字光标，选中整个表格，单击鼠标右键，在弹出的快捷菜单中单击

"表格属性"，在弹出的"表格属性"对话框中，如图 3-3-6 所示，将"行"选项卡中的"行高值是"设置为"固定值"，"指定高度"设置为 1.1 厘米。

STEP 5 如图 3-3-7 所示，打开"列"选项卡，通过下方的"前一列"和"后一列"按钮进行列的定位，将 1~6 列的"指定宽度"设置为 2 厘米，将第 7 列的"指定宽度"设置为 3 厘米。

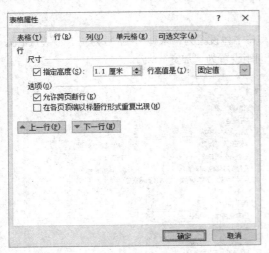

图 3-3-6 "表格属性"对话框的"行"选项卡

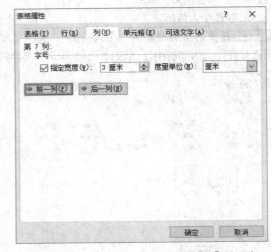

图 3-3-7 "表格属性"对话框的"列"选项卡

STEP 6 如图 3-3-8 所示，打开"表格工具-布局"选项卡，在"对齐方式"选项组中单击"水平居中"按钮。

STEP 7 选中表格中的 G1:G4 单元格，单击鼠标右键，如图 3-3-9 所示，在弹出的快捷菜单中选择"合并单元格"菜单项。

图 3-3-8 "对齐方式"选项组

图 3-3-9 选择"合并单元格"

STEP 8 参照图 3-3-10，按照上述方法完成所有的合并单元格操作。

STEP 9 单击表格左边顶端出现的十字光标，选中整个表格，打开"表格工具-设计"选项卡，在"绘图边框"选项组中，单击"笔样式"按钮，如图 3-3-11 所示，选定第 9 种样式（上粗下细的双线）。

个人简历

						G1: G4
	B3: C3			E3: F3		
	B4: C4			E4: F4		
A5: G5						
	B6: C6			E6: G6		
B7: G7						
B8: G8						
B9: G9						
A10: G10						
A11: B11		C11: D11		E11: G11		
A12: B12		C12: D12		E12: G12		
A13: B13		C13: D13		E13: G13		
A14: B14		C14: D14		E14: G14		
A15: B15		C15: D15		E15: G15		
A16: G16						
A17: G17						

图 3-3-10　单元格合并后的表格效果

STEP 10 在"表格工具-设计"选项卡的"表格样式"组中，单击"边框"按钮，如图 3-3-12 所示，在下拉列表中选择"外侧框线"。

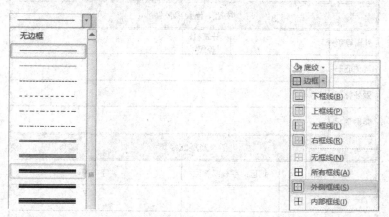

图 3-3-11　"笔样式"下拉列表　　　　　　　　**图 3-3-12　"边框"下拉列表**

STEP 11 按住 Ctrl 键，选中 A5:G5，A10:G10，A16:G16 三组合并形成的单元格，在"表格工具-设计"选项卡的"表格样式"组中，单击"底纹"按钮，如图 3-3-13 所示，在下拉列表中，选择"白色，背景 1，深色 15%"。

STEP 12 按住 Ctrl 键，选中 A5:G5，A10:G10，A16:G16 三组合并形成的单元格，单击鼠标右键，在快捷菜单中选择"边框与底纹"，在弹出的"边框和底纹"对话框的"边框"选项卡中，如图 3-3-14 所示，将"样式"设置为双线，"设置"选自定义，在右侧预览区域，单击上、下横线按钮。

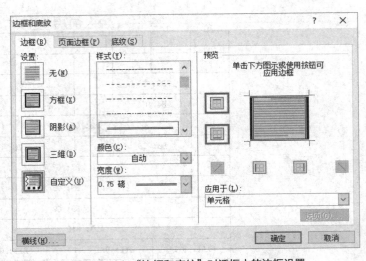

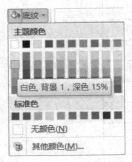

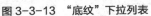

图 3-3-13 "底纹"下拉列表   图 3-3-14 "边框和底纹"对话框中的边框设置

STEP 13 选中整个表格，将字体设置为"宋体"，字号为"五号"，并按照图 3-3-15 所示，输入每个单元格的文字内容。其中带有底纹的单元格，文字的字体"加粗"。

个人简历

姓　名	↵	性　别	↵	民　族	↵	↵
出生年月	↵	政治面貌		最高学历	↵	↵
毕业学校	↵	专　业		↵		
E-mail	↵	联系电话		↵		
技能、特长或爱好						↵
外语等级	↵	计算机等级		↵		↵
其他证书	↵					↵
爱好特长	↵					↵
奖励情况	↵					↵
学习及实践经历						↵
时　间	↵	地区、学校或单位	↵	经　历	↵	↵
↵		↵		↵		↵
↵		↵		↵		↵
↵		↵		↵		↵
↵		↵		↵		↵
自我评价						↵

图 3-3-15 表格中的文字

STEP 14 选中表格最后一行，在"表格工具-布局"选项卡的"单元格大小"组中，如图3-3-16所示，将"高度"设置为"5厘米"。

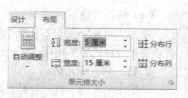

4.保存并关闭 Word 文档

最后，检查一遍制作的个人简历，确认无误后，单击快速访问工具栏中的"保存"按钮（或按 Ctrl+S 组合键），如图3-3-17所示，在弹出的"另存为"对话框中，选择保存路径，并在"文件名"文本框中输入"个人简历"，单击"保存"按钮。

图 3-3-16　在"单元格大小"
选项组中设置"高度"

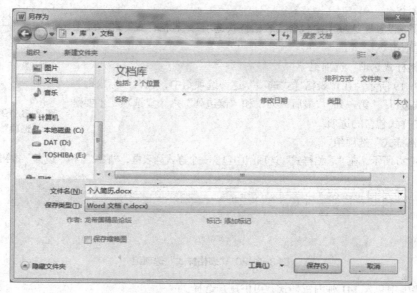

图 3-3-17　"另存为"对话框

3.3.1　相关知识

1.插入表格

在"插入"选项卡的"表格"选项组中，单击"表格"按钮即可方便地插入一个空表。

（1）插入表格

将插入点定位在需插入表格的位置，单击"插入"选项卡中的"表格"按钮，在下拉列表的最上方，有一个示意框，直接移动鼠标到适当位置单击，即可生成指定行数和列数的表格，但该方法生成的表格最多10列8行。

（2）"插入表格"对话框

将光标定位在需插入表格的位置，单击"插入"选项卡中的"表格"按钮，在下拉列表中单击"插入表格"命令，即可弹出如图3-3-18所示的"插入表格"对话框。在对话框中可以定义行列数，也可以定义列宽。

（3）绘制表格

上述两种方法建立的是有规律表格，在 Word 中我们也可以直接绘制表格。单击"插入"选项卡中的"表格"按钮，在下拉列表中单击"绘制表格"命令，鼠标将变成"铅笔"状，在空白处直接拖曳鼠标生成表格外边框，此时功能区会自动出现"表格工具-设计"选项卡，利用其中的"绘制表格"按钮和"擦除"按钮，可以使用户如同拿了笔和橡皮在屏幕上方便自如地绘制自由表格。

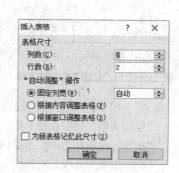

图 3-3-18　"插入表格"对话框

（4）快速表格

单击"插入"选项卡中的"表格"按钮，在下拉列表中单击"快速表格"命令，在它的下级列表中有多种预设样式可供使用。

2.行、列、单元格

表格由水平的"行"与垂直的"列"组成，表格中的每一格称为"单元格"，在单元格内可以输入数字、文字、图形，甚至又是一个表格。建立表格时，一般先指定行数、列数，生成一个空表，然后再输入单元格中的内容。

3.表格设计

"表格工具-设计"选项卡中包含"表格样式选项""表格样式"和"绘图边框"三个选项组。

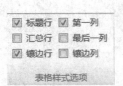

图 3-3-19 "表格样式选项"选项组

（1）"表格样式选项"选项组

如图 3-3-19 所示，在"表格样式选项"这一选项组中，包含"标题行""汇总行""镶边行""第一列""最后一列"和"镶边列"六个复选项，主要是用来设置表格样式包含的选项。

（2）"表格样式"选项组

如图 3-3-20 所示，在"表格样式"选项组中包含一个样式列表框，"底纹"和"边框"按钮。

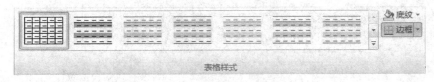

图 3-3-20 "表格样式"选项组

样式列表框中包含 141 种内置样式，可供用户选择。

"底纹"按钮的下拉列表中包含"主题颜色""标准色""无颜色"和"其他颜色"，可以对表格进行底纹的设置（也可以设置文字和段落的底纹）。

"边框"按钮的下拉列表中包含"下框线""上框线""左框线""右框线""无框线""所有框线""外侧框线""内部框线""内部横框线""内部竖框线""斜下框线""斜上框线""横线""绘制表格""查看网格线"和"边框和底纹"等选项，主要对于表格的边框线进行各类设置（也可以为文字和段落设置边框）。

（3）"绘图边框"选项组

如图 3-3-21 所示，在"绘图边框"选项组中包含"笔样式"和"笔划粗细"两个下拉列表，及"笔颜色""绘制表格"和"擦除"按钮。

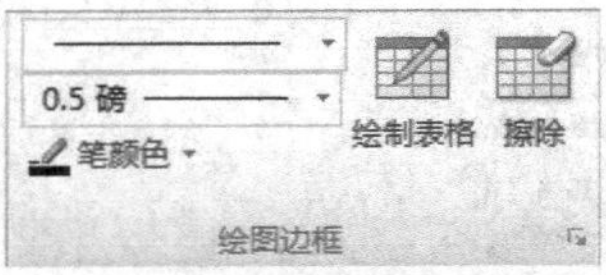

"笔样式"列表框中包含 24 种内置样式，用于设置绘制边框的线型。

"笔划粗细"下拉列表中包含若干个不同磅值的笔划粗细选项，不同笔样式对应磅值稍有不同，用于更改绘制边框线条的宽度。

图 3-3-21 "绘图边框"选项组

"笔颜色"按钮的下拉列表中包含"主题颜色""标准色"和"其他颜色"，用于更改笔的颜色（边框线的颜色）。

"绘制表格"按钮在单击后，鼠标变为铅笔状，用于绘制表格边框。

"擦除"按钮在单击后，鼠标变为橡皮状，用于擦除表格边框。

（4）"边框和底纹"对话框

边框和底纹除了在"表格工具-设计"选项卡中设置外，还可以在"边框和底纹"对话框中进行。调出"边框和底纹"对话框有 3 种常用方法：选定表格或单元格后单击鼠标右键，在快捷菜单中选择"边框和底纹"；在"边框"按钮的下拉列表中单击"边框和底纹"；单击"绘图边框"选项组右下角的对话框触发按钮。

在"边框和底纹"对话框中包含"边框""页面边框"和"底纹"3 个选项卡。其中"页面边框"选项卡之前已经介绍过，在这就不重复介绍了。

如图 3-3-22 所示，"边框"选项卡中包含"设置""样式""颜色""宽度"和"应用于"等列表，以及"预览"区的预览图和边框线按钮。

如图 3-3-23 所示，"底纹"选项卡中包含"填充""样式""颜色"和"应用于"等列表，以及"预览"区的预览图。

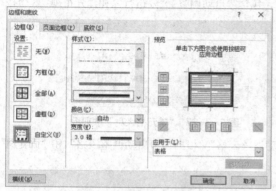
图 3-3-22 "边框和底纹"对话框的"边框"选项卡

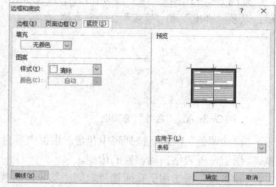
图 3-3-23 "边框和底纹"对话框的"底纹"选项卡

4. 表格布局

"表格工具–布局"选项卡中包含"表""行和列""合并""单元格大小""对齐方式"和"数据"6个选项组。

（1）"表"选项组

如图 3-3-24 所示，在"表"选项组中，包含"选择""查看网格线"和"属性"3 个按钮。

"选择"按钮的下拉列表中包含"选择单元格""选择列""选择行"和"选择表格"4 项，主要用于编辑过程中选择当前单元格、行、列或整个表格。

"查看网格线"按钮主要用于显示或隐藏表格内的虚框。

"属性"按钮主要用于调取"表格属性"对话框。

（2）"行和列"选项组

如图 3-3-25 所示，在"行和列"选项组中，包含"删除""在上方插入""在下方插入""在左侧插入"和"在右侧插入"5 个按钮。

图 3-3-24 "表"选项组

图 3-3-25 "行和列"选项组

"删除"按钮的下拉列表中包含"删除单元格""删除列""删除行"和"删除表格"4 项，主要用于删除当前行、列、单元格或整个表格。

"在上方插入"按钮用于直接在所选行上方添加新行。

"在下方插入"按钮用于直接在所选行下方添加新行。

"在左侧插入"按钮用于直接在所选列左侧添加新列。

"在右侧插入"按钮用于直接在所选列右侧添加新列。

（3）"合并"选项组

如图3-3-26所示，在"合并"选项组中，包含"合并单元格""拆分单元格"和"拆分表格"3个按钮。

"合并单元格"按钮用于将所选单元格合并为一个单元格。

"拆分单元格"按钮用于将所选单元格拆分为多个新单元格。

"拆分表格"按钮用于将表格拆分为两个表格，选中的行将成为新表格的首行。

（4）"单元格大小"选项组

如图3-3-27所示，在"单元格大小"选项组中，包含"自动调整""分布行"和"分布列"3个按钮，以及"高度"和"宽度"2个文本框。

图3-3-26 "合并"选项组

图3-3-27 "单元格大小"选项组

"自动调整"按钮下拉列表中包含"根据内容自动调整表格""根据窗口自动调整表格"和"固定列宽，"用于设置表格自动调整的依据。

"分布行"按钮用于在所选行之间平均分布高度。

"分布列"按钮用于在所选列之间平均分布宽度。

"高度"文本框用于设置所选单元格的高度。

"宽度"文本框用于设置所选单元格的宽度。

（5）"对齐方式"选项组

如图3-3-28所示，在"对齐方式"选项组中，包含1组"单元格对齐方式"按钮，以及"文字方向"和"单元格边距"。

"单元格对齐方式"按钮包含9种，"靠上两端对齐""靠上居中对齐""靠上右对齐""中部两端对齐""水平居中""中部右对齐""靠下两端对齐""靠下居中对齐"和"靠下右对齐"。

"文字方向"按钮用于更改所选单元格内文字的方向，多次单击按钮可切换各个可用的方向。

"单元格边距"按钮用于设置单元格边距和间距。

（6）"数据"选项组

如图3-3-29所示，在"数据"选项组中，包含"排序""重复标题行""转换为文本"和"公式"4个按钮。

图3-3-28 "对齐方式"选项组

图3-3-29 "数据"选项组

"排序"按钮可调出如图3-3-30所示的"排序"对话框，按字母顺序排列所选文字或对数值数据排序。

"重复标题行"按钮用于在每一页上重复标题行，此选项仅对跨页表格有效。

"转换为文本"按钮用于将表格转换为常规文字，可以选择用于分隔列的文本字符。

"公式"按钮可调出如图3-3-31所示的"公式"对话框，在单元格中添加一个公式，用于执行简单的计算，如SUM、AVERAGE或COUNT。

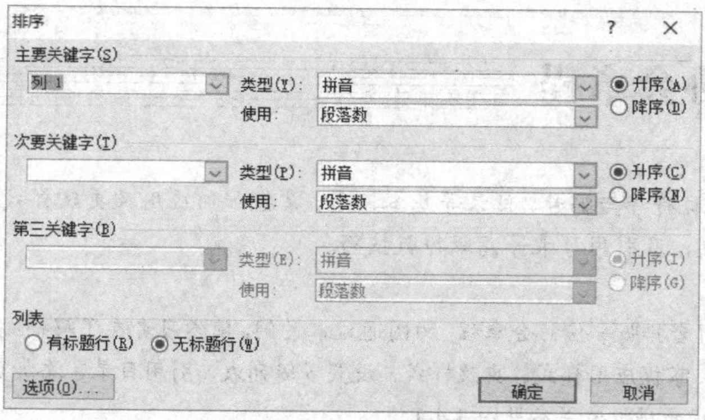

排序 对话框

排序

主要关键字(S)
列 1 | 类型(Y): 拼音 | ⊙ 升序(A)
使用: 段落数 | ○ 降序(D)

次要关键字(T)
类型(P): 拼音 | ⊙ 升序(C)
使用: 段落数 | ○ 降序(N)

第三关键字(B)
类型(E): 拼音 | ⊙ 升序(I)
使用: 段落数 | ○ 降序(G)

列表
○ 有标题行(R) ⊙ 无标题行(W)

选项(O)... 　确定　取消

图 3-3-30 "排序"对话框

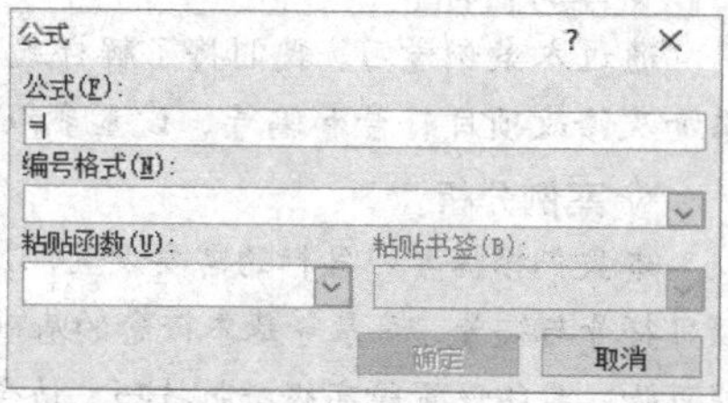

公式

公式(F): =
编号格式(N):
粘贴函数(U):　粘贴书签(B):

确定　取消

图 3-3-31 "公式"对话框

131

第三章　Word 2010 文字处理

3.3.2　巩固练习

——招生简章的制作（三）

通过招生简章的制作（三），进一步巩固学习在 Word 2010 中插入表格、修改表格格式、表格文本录入等操作。招生简章的制作（三）包括招生专业、招生省份等信息，完成效果如图 3-3-32 所示。（说明：本次巩固练习制作预览图中表格部分的插入、信息录入和编辑排版）

图 3-3-32　招生简章的制作（三）效果图

【案例 3.4】排版和打印协会章程

◇**学习目标**

通过本案例学习，我们将了解样式、项目符号与编号、目录等基本概念，掌握如何应用及更改样式、添加及修改项目符号和编号、设置多级列表，及引用目录等高级排版技巧。

◇**案例分析**

本案例根据学习目标的需要设置，让学习者排版一份协会章程，力图通过本案例，使学习者在了解样式、项目符号与编号、目录等基本概念的基础上，掌握应用样式、更改样式、设置多级列表、引用目录、添加页眉页脚、打印设置等高级排版技巧。协会章程的排版效果参见图3-4-1。

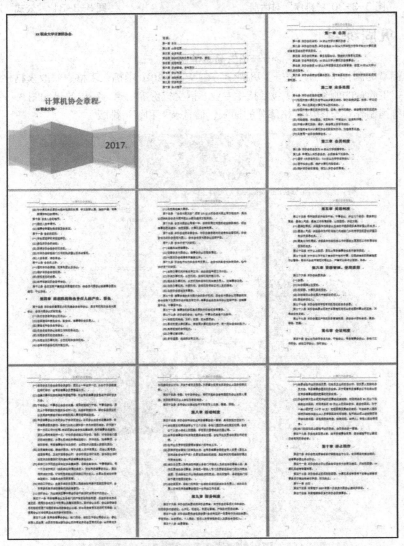

图 3-4-1　协会章程排版效果图

◇**操作步骤**

1. 打开 Word 文档

双击"××职业大学计算机协会章程.docx"Word 文档，打开 Word 文档的工作窗口。

2. 排版协会章程

STEP 1 将光标定位到整个文档的最前面（第一行，第一列），在"插入"选项卡中，单击"封面"按钮，在如图 3-4-2 所示的列表中，选择"小室型"。

STEP 2 在生成的封面中的"公司"一栏输入"XX 职业大学计算机协会"，"标题"栏中输入"计算机协会章程"，"副标题"中输入"XX 职业大学"，"年份"中选择当前日期。

STEP 3 将光标定位到整个文档的最前面，在"页面布局"选项卡的"页面设置"选项组中单击"分隔符"按钮，如图 3-4-3 所示，在下拉列表中单击"下一页"选项。此时，第 2 页将变成空白（该页的位置留待后面进行目录生成），所有的文字在第 3 页及之后的页面里。

图 3-4-2 "封面"下拉列表

图 3-4-3 "分隔符"下拉列表

STEP 4 选中"第一章 总则"文本，如图 3-4-4 所示，在"样式"中选择"标题 1"，并在"标题 1"选项上单击鼠标右键，在菜单中选择"修改"命令。

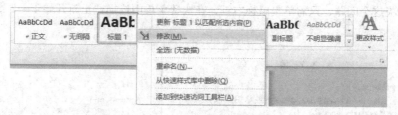

图 3-4-4 "样式"选项组

STEP 5 在弹出的如图 3-4-5 所示的"修改样式"对话框中，单击左下角的"格式"按钮，下方有"字体""段落""边框""编号"等格式选项，单击这些选项可以打开对应的对话框，在对话框中可以对相应的格式进行修改。

STEP 6 在"字体"对话框中修改"字号"为三号。在"段落"对话框中，修改"对齐方式"为居中，"段前"和"段后"间距均设置为 10 磅，"行距"设置为 1.5 倍。返回"修改样式"对话框，单击"确定"按钮。

STEP 7 选中"第一章"下方的"第一条"至"第六条"的所有文本，在"样式"中选择"正文"，并用上面的方法，将样式修改为："字号"小四，"行距"1.5 倍，"缩进"的"特殊格式"为首行缩进 2 字符。

STEP 8 选中"第二章"文本，在"样式"中选择"标题 1"；选中"第七条"文本，在"样式"

中选择"标题1"，之前设置的样式就可以直接应用了。

STEP 9 选中"第七条"下面，没有前缀说明的文字（既没有第几章，也没有第几条的文字），在"开始"选项卡的"段落"选项组中单击"编号"按钮，如图3-4-6所示，在下拉列表中选择第三行第二列样式。

图3-4-5　"修改样式"对话框 图3-4-6　"编号"下拉列表

STEP 10 以"第二章"为例，第二章、第七条、其他文字等3个级别的文字的排版效果如图3-4-7所示。

STEP 11 将所有文字按照前面介绍的3个级别样式进行排版。其中，使用编号的时候，后续的编号是延续之前的，即第七条的下一级文字编号为（一）至（六），第三章第九条的下级文字的编号是从（七）开始的。要解决这个问题，只需单击鼠标右键，在快捷菜单中选择"重新开始于一"，如图3-4-8所示。

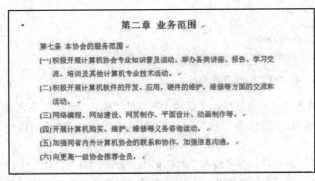

图3-4-7　"第二章"排版效果图

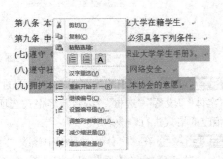

图3-4-8　编号修改

STEP 12 将所有文字排版后，回到之前留白的第2页，在"引用"选项卡中单击"目录"按钮，如图3-4-9所示，在列表中选择"自动目录1"，Word将在光标处自动生成目录。

STEP 13 在"插入"选项卡的"页眉和页脚"选项组中，单击"页眉"按钮，如图3-4-10所示，在下拉列表框中选择"边线型"，在页面上方将出现页眉，并自动生成"标题"内容。

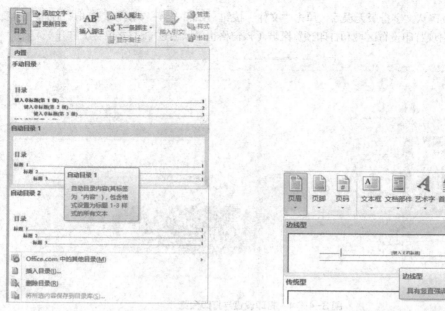

图 3-4-9　"目录"下拉列表

图 3-4-10　在"页眉"列表中选"边线型"

STEP 14 页眉和页脚处于编辑状态时，功能区会出现"页眉和页脚工具–设计"选项卡，勾选"首页不同"。此时，如图 3-4-11 所示，封面和目录页的页眉为一条黑线。

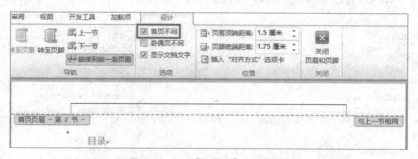

图 3-4-11　"边线型"页眉效果

STEP 15 在"开始"选项卡的"段落"选项组中，如图 3-4-12 所示，单击"边框"按钮，并在下拉列表中单击"无框线"，就可以取消页眉中的那条黑线了。

STEP 16 在"页眉和页脚工具–设计"选项卡的"页眉和页脚"选项组中，单击"页码"按钮，如图 3-4-13 所示，鼠标指向"页面底端"，在下级列表框中选择"普通数字 1"，在页面底端将出现页码（页码的位置可以在"开始"选项卡中用段落对齐方式调整，如"居中"）。

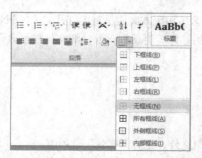

图 3-4-12　在"边框"列表中选"无框线"

图 3-4-13　"页码"下拉列表中的选项

STEP 17 检查确认文字排版无误后，单击"文件"按钮，如图 3-4-14 所示，单击"打印"选项，右边窗格里就会出现打印设置区域和打印预览区域（该窗格也可以通过 Ctrl+P 组合键打开）。

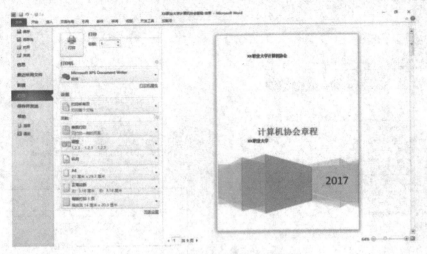

图 3-4-14　打印设置与打印预览

STEP 18 在打印设置的"打印"区域将"份数"设置为 10；在"设置"区域，如图 3-4-15 所示，设置"页数"为 1-2，"单面打印"，单击"打印"按钮打印封面和目录；如图 3-4-16 所示，设置"页数"为 3-9，"手动双面打印"，单击"打印"按钮打印其他页面。

图 3-4-15　封面和目录打印设置

图 3-4-16　其他页面打印设置

3. 保存并关闭 Word 文档

最后，单击工具栏中的"保存"按钮，将所有的设置保存下来（由于本案例是直接打开"××职业大学计算机协会章程.docx"文档进行的修改，因此不会出现"另存为"对话框，而是源文件被修改保存），单击"关闭"按钮将文档关闭。

3.4.1　相关知识

1. 样式

（1）"样式"选项组

在"开始"选项卡中除了"字体""段落"等格式设置选项组之外，还有"样式"选项组。

如图 3-4-17 所示，在"样式"选项组中，包含一个"样式列表"和一个"更改样式"按钮。

图 3-4-17 "样式"选项组

样式列表框中包含 17 种（安装版本不同数量会略有不同）内置样式，可供用户选择。

"更改样式"按钮的下拉列表中包含"样式集""颜色""字体""段落间距"和"设为默认值"，用于更改文档中使用的样式集、颜色、字体以及段落间距。

（2）"修改样式"对话框

如果想要修改内置的样式，只要在需要修改的样式上单击鼠标右键，选择"修改"选项，即可打开"修改样式"对话框进行调整，"修改样式"对话框如图 3-4-18 所示。

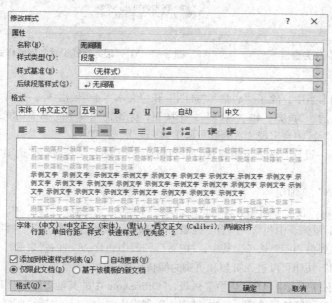

图 3-4-18 "修改样式"对话框

在"修改样式"对话框中包含"属性""格式"和"预览"3 个区域。

"属性"区域中包含当前样式的"名称""样式类型""样式基准"和"后续段落样式"。

"格式"区域中包含"字体""字号""字形""对齐方式""行距"和"缩进"。

"预览"区域中包含一个预览框和一个说明框。

如果想对"样式"进行更细致的修改，只需要单击"格式"按钮，在下拉列表中可以选择"字体""段落""边框""编号""文字效果"等选项，每个选项能打开对应的对话框，在各个对话框中可以进行更为细致的修改。

（3）"样式"任务窗格

如图 3-4-19 所示，单击"样式"右下角的对话框触发器按钮，会弹出"样式"任务窗格，在该窗格中可以看到所有的样式，可对其进行管理。

（4）"根据格式设置创建新样式"对话框

如果想自己创建样式，可以在"样式"任务窗格左下角单击"新建样式"按钮，如图 3-4-20 所示，就可以打开"根据格式设置创建新样式"对话框进行创建设置了。该对话框的功能和布局与"修改样式"对话框一致，这里就不重复介绍了。

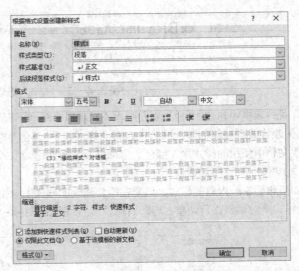

图 3-4-19　"样式"任务窗格 　　　　　图 3-4-20　"根据格式设置创建新样式"对话框

2. 页眉和页脚

在"插入"选项卡当中，除了"表格""插图"和"文本"选项组之外，还有"页眉和页脚"选项组，该组中包含"页眉""页脚"和"页码"3 个按钮，无论使用其中的哪个功能，都会进入页眉和页脚编辑状态，并且功能区中会出现"页眉和页脚工具-设计"选项卡。

"页眉和页脚工具-设计"选项卡中包含"页眉和页脚""插入""导航""选项""位置"和"关闭"6 个选项组。

（1）"页眉和页脚"选项组

如图 3-4-21 所示，在"页眉和页脚"这一选项组中包含"页眉""页脚"和"页码"3 个按钮。

"页眉"按钮的下拉列表中包含"内置"列表、"Office.com 中的其他页眉""编辑页眉""删除页眉"和"将所选内容保存到页眉库"选项。其中，"内置"列表中包含 28 种内置页眉样式（不同版本数量略有不同），"编辑页眉"按钮可以进入页眉和页脚的编辑状态。

"页脚"按钮的下拉列表中包含"内置"列表、"Office.com 中的其他页脚""编辑页脚""删除页脚"和"将所选内容保存到页脚库"选项。其中，"内置"列表中包含 27 种内置页脚样式（不同版本数量略有不同），"编辑页脚"按钮可以进入页眉和页脚的编辑状态。

"页码"按钮的下拉列表中包含"页面顶端""页面底端""页边距""当前位置""设置页码格式"和"删除页码"选项。其中，前四项的列表中包含对应的多种内置样式（不同版本数量略有不同），"设置页码格式"按钮可以调出"页码格式"对话框。

如图 3-4-22 所示，在"页码格式"对话框中可以进行"编号格式""包含章节号""章节起始样式""使用分隔符"，以及页码编号是否"续前节"或指定"起始页码"等设置。

图 3-4-21　"页眉和页脚"选项组

图 3-4-22　"页码格式"对话框

（2）"插入"选项组

如图 3-4-23 所示，在"插入"选项组中包含"日期和时间""文档部件""图片"和"剪贴画"按钮。

单击"日期和时间"按钮，如图 3-4-24 所示，会出现"日期和时间"对话框，用于设置插入的日期和时间的样式。

图 3-4-23 "插入"选项组　　　　　　图 3-4-24 "日期和时间"对话框

"文档部件"按钮的下拉列表中包含"自动图文集""文档属性"和"域"等选项，用于插入可重复使用的内容片断，包括域、文档属性（如标题和作者）或任何创建的预设格式片断。

"图片"和"剪贴画"按钮的功能之前已经介绍过，这里就不再重复说明。

（3）"导航"选项组

如图 3-4-25 所示，在"导航"选项组中包含"转至页眉""转至页脚""上一节""下一节"和"链接到前一条页眉"按钮。

"转至页眉"按钮，用于激活此页的页眉使其可编辑。

"转至页脚"按钮，用于激活此页的页脚使其可编辑。

"上一节"按钮，用于导航至上一个页眉或页脚。

"下一节"按钮，用于导航至下一个页眉或页脚。

"链接到前一条页眉"按钮，用于链接到上一节，使当前节与上一节的页眉和页脚内容相同。

（4）"选项"选项组

如图 3-4-26 所示，在"选项"选项组中包含"首页不同""奇偶页不同"和"显示文档文字"3 个复选框。

图 3-4-25 "导航"选项组　　　　　　图 3-4-26 "选项"选项组

"首页不同"复选框，用于为文档首页指定特有的页眉和页脚。

"奇偶页不同"复选框，用于指定奇数页与偶数页使用不同的页眉和页脚。

"显示文档文字"复选框，用于显示页眉和页脚以外的文档内容。

（5）"位置"选项组

如图 3-4-27 所示，在"位置"选项组中包含"页眉顶端距离"和"页脚底端距离"2 个文本框，以及"插入'对齐方式'选项卡"按钮。

"页眉顶端距离"文本框，用于指定页面区域的高度。

"页脚底端距离"文本框，用于指定页脚区域的高度。

如图 3-4-28 所示，单击"插入'对齐方式'选项卡"按钮，可调取"对齐制表位"对话框，通过插入制表位，以帮助对齐页眉或页脚中的内容。

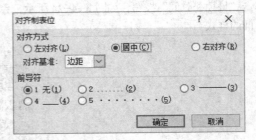

图 3-4-27 "位置"选项组　　　　　　**图 3-4-28 "对齐制表位"对话框**

（6）"关闭"选项组

如图 3-4-29 所示，在"关闭"选项组中只有 1 个"关闭页眉和页脚"按钮，用于关闭页眉和页脚工具。

3. 引用

在"引用"选项卡当中，包含"目录""脚注""引文与书目""题注""索引"和"引文目录"6 个选项组。

（1）"目录"选项组

如图 3-4-30 所示，在"目录"选项组中包含"目录""添加文字"和"更新目录"3 个按钮。

图 3-4-29 "位置"选项组　　　　　　**图 3-4-30 "目录"选项组**

"目录"按钮的下拉列表中包含"内置"列表、"Office.com 中的其他目录""插入目录""删除目录"和"将所选内容保存到目录库"选项。其中，"内置"列表中包含 3 种内置目录样式（不同版本数量略有不同）；单击"插入目录"按钮则可以打开"目录"对话框，如图 3-4-31 所示，可以在对话框中对目录的样式进行设置。

"添加文字"按钮的下拉列表中包含"不在目录中显示""1 级""2 级"和"3 级"4 个选项，用于设置当前段落添加为目录的条目。

"更新目录"按钮则是用于更新目录，使所有条目都指向正确的页码。

（2）"脚注"选项组

如图 3-4-32 所示，在"脚注"选项组中包含"插入脚注""插入尾注""下一条脚注"和"显示备注"按钮。

"插入脚注"按钮，用于在文档中添加脚注，如果在文档中移动了文本，将自动对脚注进行重新编号。

"插入尾注"按钮，用于在文档中添加尾注，尾注位于文档的结尾处。

"下一条脚注"按钮的列表中包含"下一条脚注""上一条脚注""下一条尾注"和"上一条尾注"4 个选项，用于定位到文档的上一条或下一条脚注或尾注。

"显示备注"按钮的功能为滚动文本，显示脚注和尾注所处的位置。

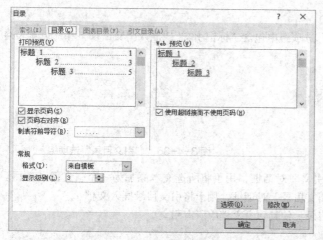

图 3-4-31 "目录"对话框

图 3-4-32 "脚注"选项组

（3）"引文与书目"选项组

如图 3-4-33 所示，在"引文与书目"选项组中包含"插入引文""管理源""样式"和"书目"选项。

"插入引文"按钮，用于引用书籍、期刊论文或其他杂志，作为文档中某条信息的来源。

"管理源"按钮，用于查看文档引用的所有源的列表。

"样式"列表，用于选择要在文档中使用的引用样式。

"书目"按钮，用于添加书目，列出文档中的所有引用源。

（4）"题注"选项组

如图 3-4-34 所示，"题注"选项组中包含"插入题注""插入表目录""更新表格"和"交叉引用"4 个按钮。

图 3-4-33 "引文与书目"选项组

图 3-4-34 "题注"选项组

"插入题注"按钮，用于为图片或其他图像添加题注。

"插入表目录"按钮，用于将图表目录插入文档。

"更新表格"按钮，用于更新图表目录，使其包含文档中所有条目。

"交叉引用"按钮，用于通过插入交叉引用，引用标题、图表和表格之类的项目。

（5）"索引"选项组

如图 3-4-35 所示，在"索引"选项组中包含"标记索引项""插入索引"和"更新索引"3 个按钮。

"标记索引项"按钮，可调出"标记索引项"对话框，用于将所选文本加入文档索引。

"插入索引"按钮，可调出"索引"对话框用于将索引插入文档。

"更新索引"按钮，用于更新索引，使所有条目都指向正确页码。

说明

索引是文档中的关键字以及这些关键字所在页页码的列表。

（6）"引文目录"选项组

如图 3-4-36 所示，在"引文目录"选项组中包含"标记引文""插入引文目录"和"更新表格"3个按钮。

图 3-4-35 "索引"选项组   图 3-4-36 "引文目录"选项组

"标记引文"按钮，可调出"标记引文"对话框，用于将所选文本添加为一个引文目录条目。

"插入引文目录"按钮，可调出"引文目录"对话框，用于将引文目录插入文档。

"更新表格"按钮，用于更新引文目录，使其包含文档中所有引文。

说明   引文目录列出文档中引用的案例、法规和其他引文。

4. 打印预览及打印

如图 3-4-37 所示，执行"文件"→"打印"命令，即可在右侧窗格中出现"打印"区域和"打印预览"区域（该界面也可以通过 Ctrl+P 组合键调出）。

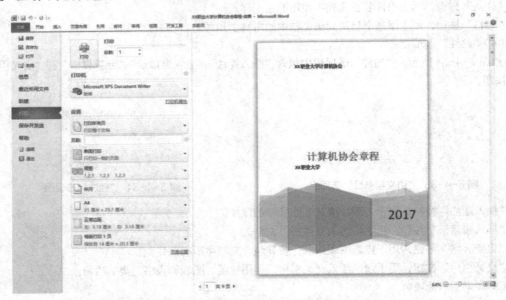

图 3-4-37 "打印"区域和"打印预览"区域

（1）打印预览

"打印预览"区域包含预览图，页码按钮和"显示比例"工具。

预览图可以预览指定页面的打印效果。

页码按钮包括"上一页"和"下一页"按钮，以及页数标签和"当前页面"文本框。其中，页数标签用于显示文档共有多少页，在"当前页面"文本框中可以输入页码进行跳转。

（2）打印

包含"打印"区域、"打印机"区域和"设置"区域。

①"打印"区域

"打印"区域包括"打印"按钮和"份数"文本框，分别用于确认打印和打印份数。

②"打印机"区域

"打印机"区域包含"打印机"按钮和"打印机属性"链接。

③"设置"区域

"设置"区域包含"打印范围"按钮和"页数"文本框、"单面打印""调整""纸张方向""纸张大小""页边距""每版打印"按钮。

"打印范围"按钮列表中包括"打印所有页""打印当前页面""打印所选内容"和"自定义打印范围"。其中，"自定义打印范围"就是打印在"页数"文本框中键入的页面。

"单面打印"按钮列表中包括"单面打印"和"手动双面打印"2 个选项。

"调整"按钮列表中包括"调整"和"取消排序"2 个选项。

"纸张方向""纸张大小"和"页边距"按钮列表中的选项和"页面布局"选项卡中的对应按钮相同，这里就不重复介绍了。

"每版打印"按钮列表中包括每版 1 页至每版 16 页多个选项。

3.4.2　巩固练习

——宣传手册排版及打印

通过宣传手册的排版及打印，进一步巩固学习在 Word 2010 中对长文档的编辑及打印操作。本次宣传手册的排版主要完成封面、样式、项目符号与编号、目录引用等操作。宣传手册的最终排版效果如图 3-4-38 所示。

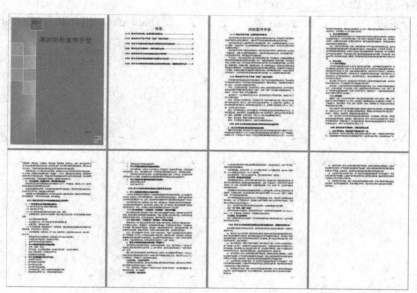

图 3-4-38　宣传手册排版效果图

思考与练习

1. Word 2010 文档的扩展名是_____。

  A．DOCX   B．DOTX   C．WORD   D．TXT

2. 页眉和页脚在_____视图下才能显示。

  A．普通   B．页面   C．大纲   D．全屏

3. 在替换操作中，查找到对象之后，若单击"查找下一个"按钮，则_____。

    A. 向下全部替换   B. 向上全部替换

    C. 替换，继续查找   D. 不替换，继续查找

4. 在 Word 的编辑状态中，要设置精准的缩进量，应该使用_____方式。

    A. 标尺   B. 样式   C. 段落格式   D. 页面设置

5. 在 Word 的编辑状态中打开了一个文档，对文档作了修改，进行"关闭"文档的操作后_____。

    A. 文档被关闭，并自动保存修改后的内容

    B. 文档不能关闭，并提示出错

    C. 文档被关闭，修改后的内容不能保存

    D. 弹出对话框，并询问是否保存对文档的修改

6. 在 Word 的段落对齐方式中，分散对齐和两端对齐的区别表现在_____。

    A. 整个段落   B. 首行   C. 第二行   D. 最后一行

7. 关于文档打印说法中不正确的是_____。

    A. 可以打印当前页   B. 可以打印一页或多页

    C. 只能打印连续页码   D. 可以打印指定的页码

8. 在 Word 的"字体"对话框中不能设定文字的_____。

    A. 缩进   B. 颜色   C. 字符间距   D. 下划线线型

9. 在 Word 编辑状态中，当用滚动条改变文本在屏幕上的显示位置时，插入点的位置_____。

    A. 向上移动   B. 向下移动   C. 不动   D. 与鼠标同步

10. 段落标记是在输入_____之后产生的。

    A. 分页符   B. Enter 键   C. Shift+Enter 组合键   D. 句号

CHAPTER 4 第四章
Excel 2010 电子表格制作

本章要点

　　Excel 2010 是 Microsoft 公司推出的电子表格软件。它继承了 Windows 友好的图形界面，可方便地进行表格操作、绘图和数据统计分析。通过对本章的学习，用户应能够熟悉 Excel 2010 的环境，掌握工作簿、工作表相关的基本操作，公式、函数、图表的使用，以及数据管理功能的使用。本章主要介绍：

- 工作簿、工作表和单元格的概念
- 工作簿、工作表的建立和保存
- 创建和修改电子表格内容
- 工作表的编辑和格式化
- 在工作表中利用公式和函数进行数据计算
- 工作表数据清单的建立、排序、筛选和分类汇总等操作
- 图表的创建及编辑

【案例 4.1】创建学生成绩表

◇学习目标

　　工作簿是 Excel 中的基本概念，用 Excel 制作出的文档就是工作簿，用户对数据的所有操作都在工作簿中进行。通过本案例，我们将学习 Excel 2010 的启动和退出，并熟悉 Excel 2010 的工作界面、新建工作簿的方法、各种数据的输入方法，以及对工作簿的基本操作，使表格更加直观和美观。

◇案例分析

　　本案例根据学习目标的需要设置，让学习者创建"学生成绩表"，通过详细介绍了电子表格的创建、数据的输入、数据填充、简单的计算等创建表格的一般步骤，能够使学生掌握电子表格的创建过程。

◇操作步骤

1. 创建一个 Excel 文档

　　双击桌面上的 Excel 快捷方式图标，系统将自动新建如图 4-1-1 所示的工作簿 Book1。

2. 创建"学生成绩表"

STEP 1　启动 Excel 2010 后，选择"文件"中的"保存"命令，或者单击快速启动工具栏中的"保存"按钮，弹出如图 4-1-2 所示的"另存为"对话框，在"保存位置"下拉列表框中选择具体位置，在"文件名"文本框输入相应的文件名为"学生成绩表"，单击"保存"按钮完成新建工作簿保存操作。

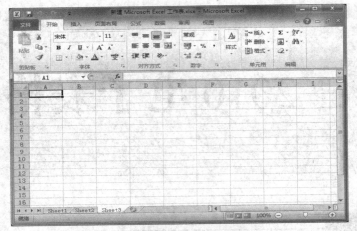

图 4-1-1　Excel 应用程序窗口

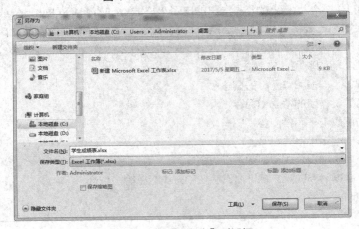

图 4-1-2　"另存为"对话框

STEP 2　按 Ctrl+Shift 组合键启用输入法，单击 A1 单元格，输入标题"学生成绩表"，输入的内容会同时显示在编辑栏中。若发现输入错误，可按 Backspace 键删除。

STEP 3　按 Enter 键，或单击编辑栏的"√"按钮，或按 Tab 键确认输入。选中 A2 单元格，输入表格的第一个字段名"学号"，再用方向键或者鼠标移到 B2 单元格，输入第二个字段名"姓名"。重复上述操作，完成 A2:I2 的内容，如图 4-1-3 所示。

图 4-1-3　输入字段名

STEP 4　将光标移动到 A3 单元格，输入第一个学生的学号"991021"，按 Enter 键，将光标移到 A4 单元格，输入第二个学生的学号"991022"，依此类推，将"姓名""性别""计算机基础"等数据输入到表格相应的单元格中。

STEP 5　选中 D3 单元格输入"14级"，将光标移至 D3 单元格右下角，当其变成实心十字架时，往下拖动鼠标直到 D15 单元格，效果如图 4-1-4 所示。

	学生成绩表							
学号	姓名	性别	年级	计算机基础	高等数学	大学英语	体育	总分
991021	李新	男	14级	75	99	73	68	
991022	王文辉	男	14级	87	79	62	83	
991023	张双	男	14级	65	81	84	78	
991024	王力	男	14级	86	62	57	83	
991025	张在训	男	14级	60	64	95	67	
991026	黄鹂	女	14级	91	77	72	70	
991027	王储小	女	14级	77	73	81	67	
991028	张雨涵	女	14级	73	67	64	78	
991029	金翔	男	14级	90	82	49	89	
991030	孙英	男	14级	85	74	74	65	
991031	饶林	男	14级	78	69	69	78	
991032	张磊	男	14级	69	63	78	67	
991033	王芳芳	女	14级	89	65	57	69	

图 4-1-4　输入单元格内容

STEP 6 计算学生的总成绩"总分"。先将光标定位在第一个学生总分的单元格 I3 上，单击工具栏上的 *f* 按钮弹出如图 4-1-5 所示的对话框，选择 SUM 函数，当看到如图 4-1-6 所示的"函数参数"对话框，输入公式"E3:H3"，再单击"确定"按钮。这样，第一个学生的总分就计算好了。

图 4-1-5　求和函数

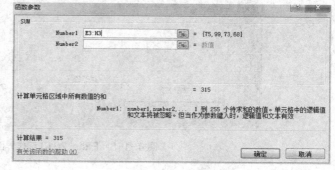

图 4-1-6　输入公式

STEP 7 再将光标放在 I3 单元格的右下方，当鼠标箭头变成"+"时，按下鼠标左键并向下拖动，直到最后一个学生的 I15 单元格止，如图 4-1-7 所示，所有学生的总分就计算完成了。

	学生成绩表							
学号	姓名	性别	年级	计算机基础	高等数学	大学英语	体育	总分
991021	李新	男	14级	75	99	73	68	315
991022	王文辉	男	14级	87	79	62	83	311
991023	张双	男	14级	65	81	84	78	308
991024	王力	男	14级	86	62	57	83	288
991025	张在训	男	14级	60	64	95	67	286
991026	黄鹂	女	14级	91	77	72	70	310
991027	王储小	女	14级	77	73	81	67	298
991028	张雨涵	女	14级	73	67	64	78	282
991029	金翔	男	14级	90	82	49	89	310
991030	孙英	男	14级	85	74	74	65	298
991031	饶林	男	14级	78	69	69	78	294
991032	张磊	男	14级	69	63	78	67	277
991033	王芳芳	女	14级	89	65	57	69	280

图 4-1-7　计算总分

4.1.1　相关知识

1. Excel 2010 的启动和退出

可通过以下方法启动程序：

- "开始"→"所有程序"→"Microsoft Office"→"Microsoft Excel 2010"。
- 双击桌面上的 Excel 快捷方式图标。
- 双击 Excel 文件图标。

可通过以下方法退出程序：

- 单击 Excel 2010 窗口右上角控制按钮组中的"关闭"按钮。
- 在 Excel 2010 的工作界面中按"Alt+F4"组合键。
- 在 Excel 2010 工作界面中，单击"文件"→"退出"。

2. Excel 2010 的工作界面

Excel 2010 的工作界面如图 4-1-8 所示。

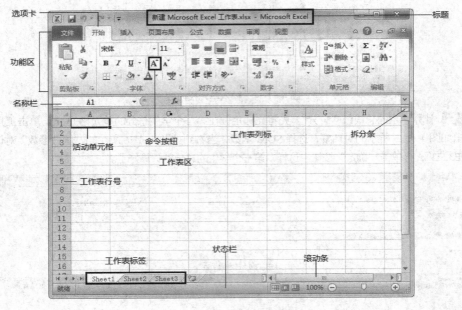

图 4-1-8　Excel 2010 工作界面

（1）工作簿

工作簿是 Excel 用来保存表格内容的文件，其扩展名为".xlsx"。启动 Excel 2010 后，系统自动生成一个工作簿。

（2）工作表

工作表包含在工作簿中，由单元格、行号、列标及工作表标签组成。行号显示在工作表的左侧，依次用数字 1，2，…，1048576 表示；列标显示在工作表上方，依次用字母 A，B，…，XFD 表示。默认情况下，一个工作簿包含 3 个工作表，分别以 Sheet1，Sheet2，Sheet3 命名。

（3）单元格

工作表中行与列相交形成的长方形区域称为单元格，它是用来存储数据和公式的基本单位，Excel 用列号和行号表示某个单元格。在工作表中正在使用的单元格周围有一个黑色方框，该单元格被称为当前单元格或者活动单元格，用户当前进行的操作都是针对活动单元格的。

3. 创建和管理工作簿

单击"文件"按钮，打开"文件"选项卡，可以完成"新建""打开""保存"和"打印"等操作。

（1）创建工作簿

在"文件"选项卡中选择"新建"命令来创建。

（2）打开工作簿

单击"文件"选项卡，从弹出的选项卡中选择"打开"命令。

（3）保存工作簿

● 默认"保存类型"：Excel 工作簿（*.xlsx）。

● 如果需要在较低版本的 Excel 中使用，选择：Excel 97~2003 工作簿（*.xls）。

4. 工作表的基本操作

（1）选择工作表

选择一个工作表，只要单击工作表对应的标签名即可。

（2）插入工作表

默认情况下，工作簿包含了 3 个工作表，若工作表不能满足需要，可单击工作表标签中的"插入工作表"按钮；单击右键，选择"插入"命令；单击功能区中的"开始"→"单元格"→"插入"→"插入工作表"命令。

（3）工作表的重命名

双击工作表的标签名；单击右键，选择"重命名"命令；先选中要重命名的工作表，打开"开始"→"单元格"→"格式"按钮，从弹出的列表中选择"重命名工作表"命令。

（4）移动工作表

要在同一个工作簿中移动工作表，可单击要移动的工作表，然后按住鼠标左键不放，将其拖动到所需位置即可移动工作表。

（5）复制工作表

复制工作表和移动操作类似，用鼠标拖动要复制的工作表标签，同时按下 Ctrl 键，拖到目标位置。

（6）删除工作表

右击工作表标签，在弹出的菜单中选择"删除"命令。

5. 数据输入

在工作表中只能输入两种数据，即常量和公式，两者区别仅在于单元格内容是否以等号"="开头。

（1）数据类型

Excel 常使用的数据类型有文本型数据、数值型数据、时间和日期数据等。

- 文本型数据：是指字母、汉字，或者由任何字母、汉字、数字和其他符号组成的字符串，如"数学""A001"。
- 数值型数据：它用来表示某个数值或者币值等，一般由数字 0~9、"+""−"".""/"等组成。
- 时间和日期数据：它属于数值型数据，用来表示一个日期或时间。日期格式为"mm/dd/yy"或者"mm−dd−yy"；时间格式为"hh:mm"。

（2）输入数据常用方法

数据可由汉字、字母、数字、特殊符号、空格等组合而成。文本数据的特点是可以进行字符串运算，不能进行算术运算（除数字串以外）。

① 文本输入

在当前单元格输入文本后，按 Enter 键或移动光标到其他单元格，或单击编辑栏的"√"按钮，或按 Tab 键，即可完成该单元格的文本输入。文本数据默认的对齐方式是单元格内靠左对齐。按 Enter 键，活动单元格下移一格；按 Shift+Enter 组合键，活动单元格上移一格；按 Tab 键，活动单元格右移一格；按 Shift+Tab 组合键，活动单元格左移一格。

注意

如果输入的内容有数字和汉字或字符，或者它们的组合，例如：输入"100 元"，默认为是文本数据。

如果文本数据出现在公式中，文本数据需用英文的双引号括起来。

如果输入职工号、邮政编码、电话号码等无需计算的数字串，在数字串前面加一个英文单引号"'"，Excel 按文本数据处理，当然也可以直接输入，按数值数据处理。

如果文本长度超过单元格宽度，当右侧单元格为空时，超出部分延伸到右侧单元格；当右侧单元格有内容时，超出部分隐藏，只要增加列宽或以自动换行的方式格式化该单元格就可以看到全部内容（可以通过双击列标的右边框线或选择"格式/列/最合适的列宽"；或用 Alt+Enter 组合键强制断行，实现在一个单元格内输入几行数据）。

② 数值输入

数值数据的输入方法与文本的输入方法相同，数值数据默认的对齐方式是单元格右对齐。数值只可为下列字符或字符的合法组合：

数字字符：0　1　2　3　4　5　6　7　8　9

特殊字符：+　−　(　)　,　.　¥　$　%　/　E　e

数值数据的特点是可以进行算术运算。输入数值时，默认形式为常规表示法，如输入"38""112.67"等。当数值长度超过单元格宽度时，自动转换成科学表示法：<整数或实数>e±<整数>或者<整数或实数>E±<整数>。如输入"1234567891234"，则可显示为"1.23457E+12"。

　　　　　如果单元格中数字被"######"代替，说明单元格的宽度不够，增加单元格的宽度即可。

数字前输入的正号被忽略。

在负数前加上一个减号"−"或者用圆括号"( )"括起来，如输入"−32"和输入"(32)"都可以在单元格中得到−32。

如果在单元格中输入分数，如1/5，应该先输入"0"和一个空格，然后再输入"1/5"。否则，Excel会把该数据作为日期格式处理。输入假分数时将单元格数字格式设置为"自定义"类型"#?/?"。

单元格中显示的数值称为显示值，单元格中存储的值在编辑栏显示时称为原值，单元格中显示的数字位数取决于该列宽度和使用的显示格式。无论显示的数字位数如何，Excel都只保留15位的数字精度，如果数字长度超过了15位，则Excel会将多余的数字位转换为0（零）。

③ 日期输入

在单元格中输入Excel可识别的日期或时间数据时，单元格的格式自动转换为相应的"日期"或"时间"格式，而不需要去设定该单元格为"日期"或"时间"格式，输入的日期和时间在单元格内默认为右对齐方式。

一般情况下，日期分隔符使用"/"或"−"，输入日期（如2017年3月18日）可以采用的形式有：2017/03/18或2017-03-18或18-Mar-12。如果只输入月和日，Excel就取计算机内部时钟的年份作为默认值，例如，在当前单元格中输入"3-18"，按Enter键后显示"3月18日"，当再把刚才的单元格变为当前单元格时，在编辑栏中显示"2017/3/18"（假设当前是2017年）。

时间分隔符一般使用冒号"："，如16点10分15秒可输入"16:10:15"或"4:10:15 PM"；可以只输入时和分，也可以只输入小时数和冒号。如果要基于12小时制输入时间，则在时间（不包括只有小时数和冒号的时间数据）后输入一个空格（缺少空格将作为字符数据处理），然后输入AM或PM（也可以是A或P），用来表示上午或下午。若不输入AM或PM，则认为是使用24小时制。

输入当前日期可按Ctrl+；组合键；输入当前时间可按Ctrl+Shift+；组合键。

如果输入日期与时间组合（如2017年3月8日16点10分）可以采用的形式有：2017/03/8 16:10（日期和时间之间用空格分隔）。

　　　　　如果不能识别输入的日期或时间格式，输入的内容将被视为文本，并在单元格中左对齐。

　　　　　如果单元格首次输入的是日期，则该单元格就格式化为日期格式，再输入数值仍然换算成日期。如首次输入"2012/03/8"，再重新输入"53"，将显示为1900-2-22（1900年2月22日）。

要设置日期和时间的显示格式，可以在"设置单元格格式"对话框中的"数字"选项卡中进行相应设置，如图 4-1-9 所示。

（3）数据有效性

使用数据有效性可以控制单元格可接受数据的类型和范围。具体操作是利用"数据"→"有效性"命令。

选择需要设置数据有效性的单元格区域，选择"数据"→"有效性"命令，打开"数据有效性"对话框，单击"设置"标签，在"设置"选项卡中输入"有效性条件"各项（见图 4-1-10）。

单击"输入信息"标签，在"标题"文本框中输入"籍贯"，在"输入信息"文本框中输入"请从下拉列表中选择输入籍贯"，如图 4-1-11 所示，单击"确定"按钮。

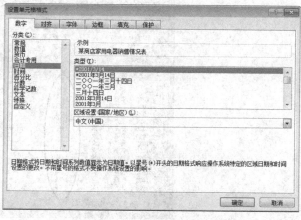

图 4-1-9 设置日期显示格式

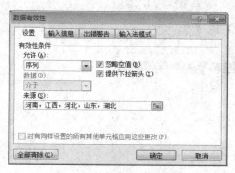

图 4-1-10 "设置"选项卡

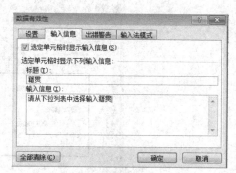

图 4-1-11 "输入信息"选项卡

6. 数据填充

在 Excel 2010 中，如果用户输入的数据是有规律的，就可以使用 Excel 2010 的自动填充功能。下面来介绍 Excel 表格中的数据自动填充功能的使用。

（1）相同数据内容填充

① 在连续的单元格中输入相同的数据

在第一个数据的单元格 D3 中输入需要重复的数据"14 级"，然后将光标定位到该单元格右下角，光标会变成十字形状"+"，按住鼠标左键不放，向下拖曳至连续单元格结束的位置，拖曳过后的单元格都会出现与第一个单元格中相同的数据，如图 4-1-12 所示。

② 对于不连续的单元格输入相同的数据

首先按住 Ctrl 键逐一选取准备输入的单元格，然后在最后一个单元格键入要输入的数字或者其他字符，确定的时候用 Ctrl+Enter 组合键，就能在这些不连续的单元格中键入相同的内容了，效果如图 4-1-13 所示。

（2）等差序列的填充

使用填充序列方法完成如图 4-1-14 所示的"等差序列练习"工作表中 B 列数据的输入。

STEP 1 在单元格 B2 中输入数字"1"。

STEP 2 选中单元格区域 B2:B10。

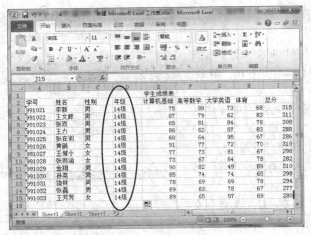

图 4-1-12 相同数据填充

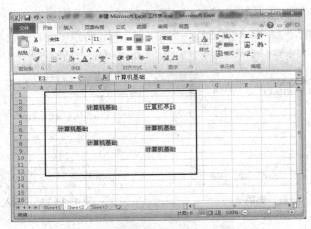

图 4-1-13 在不连续单元格输入相同内容

STEP 3 在功能区中选择"开始"选项卡上"填充"下拉按钮中的"序列"命令，弹出如图 4-1-15 所示的"序列"对话框。

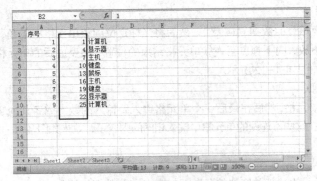

图 4-1-14 "等差序列练习"工作表内容

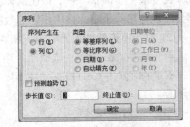

图 4-1-15 "序列"对话框

STEP 4 在对话框的"步长值"文本框中输入数值"3"，单击"确定"按钮，就可完成序列的输入。单击快速访问工具栏中的"保存"按钮，完成工作簿的保存操作。

（3）等比序列的填充

使用填充序列方法完成"等比序列练习"工作表中 B 列数据的输入。

STEP 1 在单元格 B2 中输入数字“1”，如图 4-1-16 所示。

	A	B	C
1	序号		
2	1	1	理科一
3	2		理科二
4	3		理科三
5	4		文科一
6	5		文科二
7	6		文科三
8	7		文科四

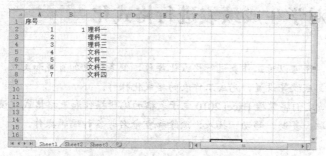

图 4-1-16 等比序列练习

STEP 2 选中单元格区域 B2:B8。

STEP 3 选择“开始”选项卡上的“填充”下拉按钮中的“序列”命令，弹出如图 4-1-17 所示的“序列”对话框。设置“序列产生在”为“列”，“类型”为“等比序列”，“步长值”即公比为“2”，“终止值”为“64”，单击“确定”按钮即可。结果如图 4-1-18 所示。

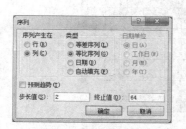

图 4-1-17 等比序列填充

	A	B	C
1	序号		
2	1	1	理科一
3	2	2	理科二
4	3	4	理科三
5	4	8	文科一
6	5	16	文科二
7	6	32	文科三
8	7	64	文科四

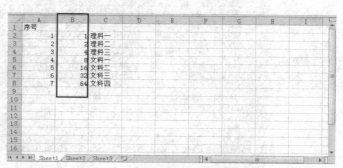

图 4-1-18 预定义的等比填充

4.1.2 巩固练习

——建立职大澳购网商品销售表

通过制作商品销售表，进一步巩固学习在工作表中输入和编辑数据等操作。商品销售表一般包括订单编号、商品编号、商品名称、数量、单价、销售员等信息。商品销售表完成效果如图 4-1-19 所示。

	A	B	C	D	E	F	G	H
1	商品销售表							
2	订单编号	商品名称	商品编号	商品分类	销售员	数量	单价	交易总额
3	100001	德运奶粉	AG1001	母婴	刘大力	43	120	
4	100002	OK金牌深海角鲨烯（188粒）	AG1009	保健品	刘大力	101	300	
5	100003	OK鲨鱼精（180粒）	AG1010	保健品	刘大力	77	132	
6	100004	OK金牌奥美嘉鱼油加VE（400	AG1011	保健品	刘大力	62	192	
7	100005	OK虾青素软胶囊（100粒）	AG1012	保健品	刘大力	73	216	
8	100006	OK金牌蜂皇乳胶囊（366粒）	AG1013	保健品	刘大力	49	348	
9	100007	LO护肝片（7000mg,100粒）	AG1014	保健品	刘大力	114	132	
10	100008	护肝片（120粒）/(60粒）	AG1015	保健品	刘大力	45	138	
11	100009	A2婴儿奶粉	AG1002	母婴	刘大力	87	230	
12	100010	爱他美金装	AG1003	母婴	刘大力	77	190	
13	100011	德运奶粉	AG1001	母婴	刘凤凤	62	120	
14	100012	A2婴儿奶粉	AG1002	母婴	刘凤凤	73	230	
15	100013	爱他美金装	AG1003	母婴	刘凤凤	49	190	
16	100014	德运奶粉	AG1001	母婴	马简明	114	120	
17	100015	A2婴儿奶粉	AG1002	母婴	马简明	45	230	
18	100016	爱他美金装	AG1003	母婴	马简明	87	190	
19	100017	德运奶粉	AG1001	母婴	彭英	61	120	
20	100018	A2婴儿奶粉	AG1002	母婴	彭英	129	230	
21	100019	爱他美金装	AG1003	母婴	彭英	120	190	
22	100020	德运奶粉	AG1001	母婴	孙海亭	69	120	
23	100021	A2婴儿奶粉	AG1002	母婴	孙海亭	65	230	
24	100022	爱他美金装	AG1003	母婴	孙海亭	67	190	
25	100023	德运奶粉	AG1001	母婴	王才	120	120	
26	100024	A2婴儿奶粉	AG1002	母婴	王才	116	230	
27	100025	爱他美金装	AG1003	母婴	王才	90	190	

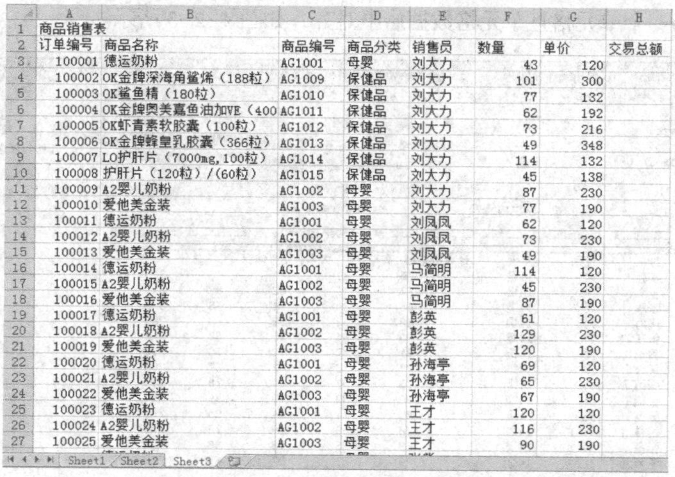

图 4-1-19 职大澳购网商品销售表

【案例 4.2】对学生成绩表进行格式化

◇学习目标

工作表建立以后，还可以对工作表进行格式化操作，使表格更加直观和美观。Excel 利用对表格字体、对齐方式和边框、底纹等设置，完成工作表的格式化操作。

通过本案例学习，我们将掌握 Excel 2010 电子表格的编辑操作和表格格式化设置，根据用户的需要可以对工作表进行选取、复制、移动、插入、删除和重命名等各种编辑操作。

◇案例分析

本案例根据学习目标的需要设置，让学习者将"学生成绩表"进行格式化，了解格式化的一般步骤，掌握如设置标题格式、设置行高与列宽、设置表格中的数据格式、给表格添加边框线等基本操作。"学生成绩表"格式化效果参见图 4-2-1。

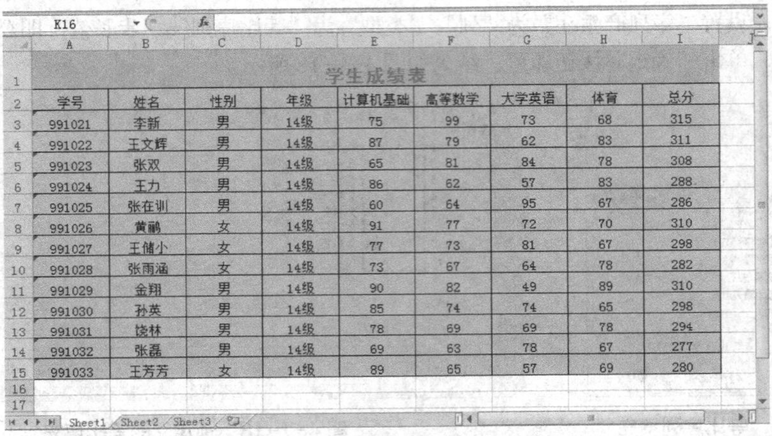

图 4-2-1 "学生成绩表"效果图

◇操作步骤

1.设置字符格式和对齐方式

STEP 1 选择 A1:I1 单元格。单击"开始"选项卡上的"对齐方式"选项组中的"合并后居中"按钮；或者单击该按钮右侧的下拉按钮，在展开的列表中选择"合并后居中"选项，如图 4-2-2 所示，即可将该单元格区域合并为一个单元格且单元格数据居中对齐，如图 4-2-3 所示。

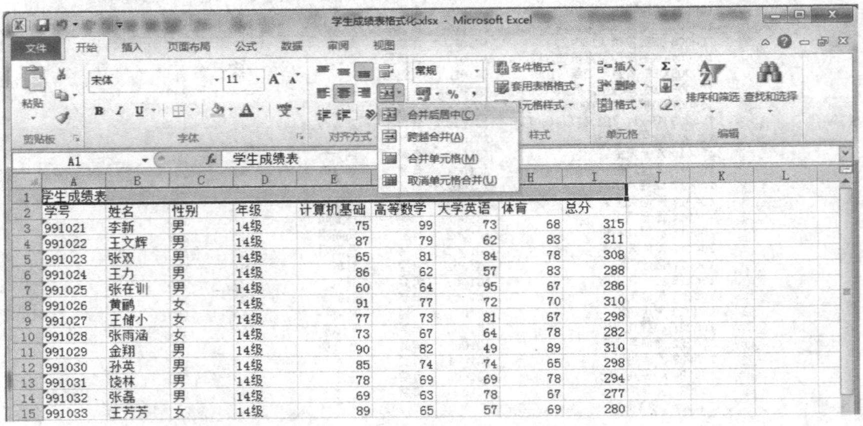

图 4-2-2 合并单元格选项

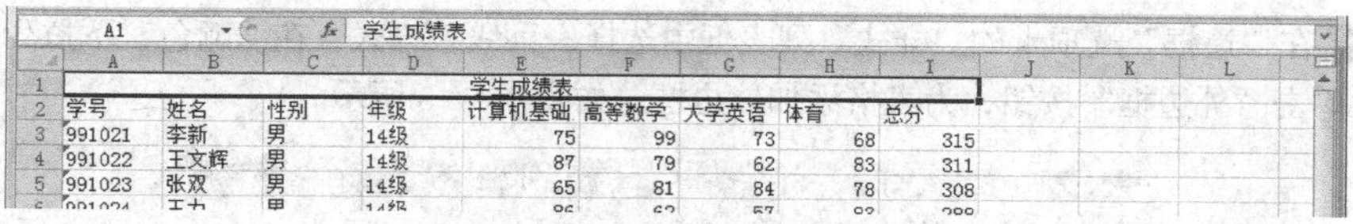

图 4-2-3　合并单元格

STEP 2 选中 A1 单元格，在"开始"选项卡上"字体"选项组中选择"字体"为"华文中宋"，"字号"为"24"。效果如图 4-2-4 所示。

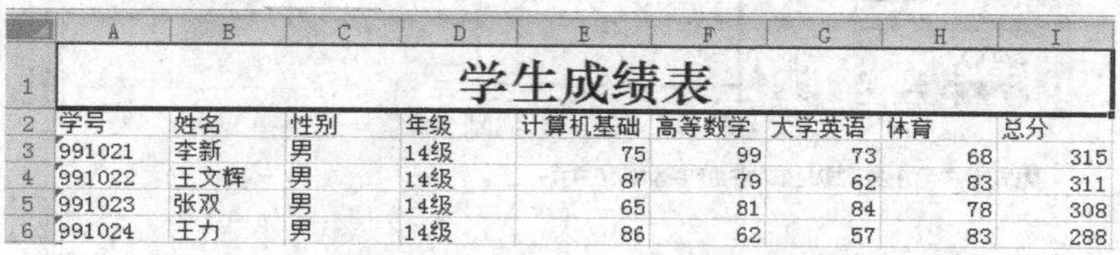

图 4-2-4　设置单元格字符格式

2. 设置行高和列宽

STEP 1 单击第 2 行行号，按住鼠标左键不放拖动到行 12，此时选取了第 2 行到第 12 行。

STEP 2 单击"开始"选项卡上"单元格"组中的"格式"按钮，在展开的列表中选择"行高"选项，在打开的"行高"对话框中输入行高值"18"，单击"确定"按钮，如图 4-2-5 所示。

图 4-2-5　设置行高

STEP 3 单击鼠标选择 A 列，按住鼠标左键拖动到 G 列，此时选取了 A 到 G 列。单击"开始"选项卡上"单元格"组中的"格式"按钮，在展开的列表中选择"列宽"选项，在弹出的格式对话框中输入"10"，单击"确定"按钮，如图 4-2-6 所示。

图 4-2-6　设置列宽

3. 设置数字格式

STEP 1 选择要设置格式的单元格区域，如选择成绩表的 I3:I15 单元格区域，然后单击"开始"选项卡上"数字"组右下角的对话框触发器按钮 。

STEP 2 弹出"设置单元格格式"对话框的"数字"选项卡，在"分类"列表中选择数字类型，如"数值"等，单击"确定"按钮，如图 4-2-7 所示。

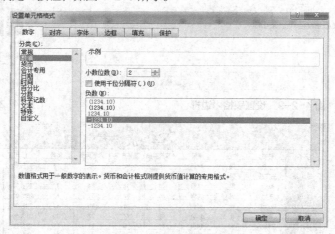

图 4-2-7　使用对话框设置数字格式

4. 设置边框和底纹

STEP 1 选定要添加边框的单元格区域 A1:I15，然后单击"开始"选项卡"字体"组右下角的对话框触发器按钮，打开"设置单元格格式"对话框。

STEP 2 在"边框"选项卡的"样式"列表框中选择一种线条样式，在"颜色"下拉列表框中选择红色，然后单击"外边框"按钮，为表格添加外边框，如图4-2-8所示。

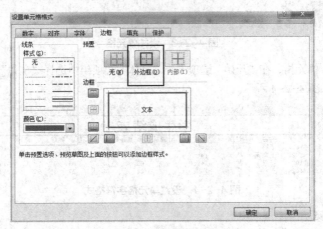

图4-2-8 设置表格外边框

STEP 3 选择一种细线条，然后单击"内部"按钮，为表格添加内边框，如图4-2-9所示，然后单击"确定"按钮。

STEP 4 选中A1:I15以及A3:B15单元格区域，然后单击"开始"选项卡上"字体"组中"填充颜色"按钮右侧的下拉按钮，在展开的列表中选择"浅绿"，如图4-2-10所示。添加边框和底纹后的工作表效果如图4-2-11所示。

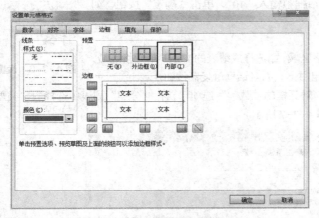

图4-2-9 设置表格内边框

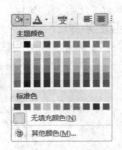

图4-2-10 填充颜色

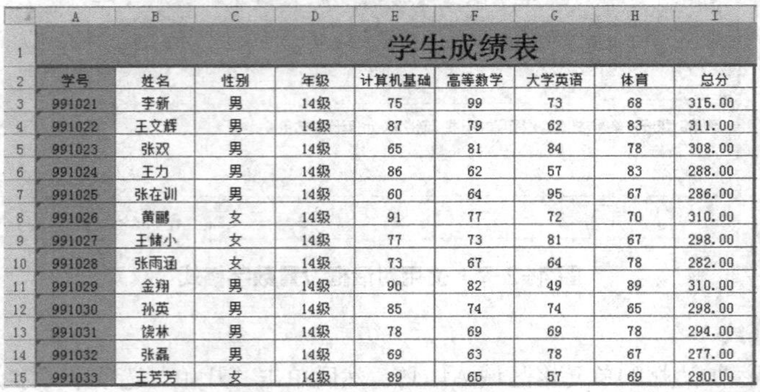

学生成绩表								
学号	姓名	性别	年级	计算机基础	高等数学	大学英语	体育	总分
991021	李新	男	14级	75	99	73	68	315.00
991022	王文辉	男	14级	87	79	62	83	311.00
991023	张欢	男	14级	65	81	84	78	308.00
991024	王力	男	14级	86	62	57	83	288.00
991025	张在训	男	14级	60	64	95	67	286.00
991026	黄鹏	女	14级	91	77	72	70	310.00
991027	王储小	女	14级	77	73	81	67	298.00
991028	张雨函	女	14级	73	67	64	78	282.00
991029	金翔	男	14级	90	82	49	89	310.00
991030	补英	男	14级	85	74	74	65	298.00
991031	饶林	男	14级	78	69	69	78	294.00
991032	张磊	男	14级	69	63	78	67	277.00
991033	王芳芳	女	14级	89	65	57	69	280.00

图4-2-11 填充底纹及边框效果

4.2.1 相关知识

工作表建立后，还可以对表格进行格式化操作，使表格更加直观和美观。Excel 包含对表格字体、对齐方式和数据格式等进行设置的按钮，可以完成大部分的格式设置。此外，还可以利用"格式"组中的"单元格""行""列""自动套用格式""条件格式"和"样式"等命令进行格式化设置。

1. 设置字符格式

选中要编辑的单元格后单击鼠标右键，选择"设置单元格格式"命令，在"设置单元格格式"对话框中选中"字体"选项卡，如图 4-2-12 所示，在"字体"列表中选择"华文新魏"，在"字号"列表选择"20"，在"颜色"下拉列表中选择"紫罗兰"颜色，完成单元格字体的设置。

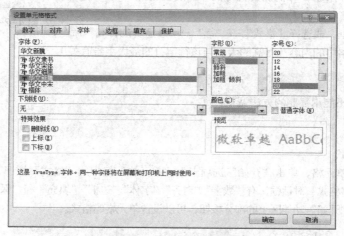

图 4-2-12 "字体"选项卡

（1）用"开始"选项卡上的"字体"组设置字体

"字体"组中包括字体、字号、加粗、倾斜、下划线、字体颜色等按钮。用户根据需要单击相应按钮即可。

（2）用"设置单元格格式"对话框设置字体

利用"设置单元格格式"对话框中的"字体"选项卡，可以设置单元格内的字体、颜色、字号、下划线和特殊效果等，完成设置后，可在"预览"框预览当前选定的字体及其格式样式。

如果在工作中经常用某种字体，可以将其设定为默认字体和大小。

2. 设置行高和列宽

（1）设置列宽

方法一：使用鼠标粗略设置列宽

将鼠标指针指向要改变列宽的列标右边框上，鼠标指针变成水平双向箭头形状，按住鼠标左键并拖动鼠标，直至将列宽调整到合适宽度，放开鼠标即可。

方法二：使用"列宽"命令精确设置列宽

选定需要调整列宽的区域，选择"格式"→"列"→"列宽"命令；或右键单击列标，在下拉列表中选择"列宽"命令，弹出"列宽"对话框，如图 4-2-13 所示，可精确设置列宽（只能设置为 0～255 之间的数字）。

双击列标右边框，或选择"格式"→"列"→"最适合的列宽"命令，可使列宽适合单元格中的内容（即与单元格中的内容宽度一致）。

复制列宽，如果要将某一列的宽度复制到其他列中，则先复制该列，再选定目标列，选择"编辑/选择性粘贴"命令，然后单击"列宽"单选按钮。

（2）设置行高

方法一：使用鼠标粗略设置行高

将鼠标指针指向要改变行高的行号下边框上，鼠标指针变成垂直双向箭头形状，按住鼠标左键并拖动鼠标，直至将行高调整到合适高度，放开鼠标即可。

图 4-2-13 "列宽"对话框

方法二：使用"行高"命令精确设置行高

选定需要调整行高的区域，选择"格式"→"行"→"行高"命令，或右键单击行号，在下拉列表中选择"行高"命令，弹出"行高"对话框，如图 4-2-14 所示，可精确设置行高（只能设置为 0 ~ 409 之间的数字）。

图 4-2-14 "行高"对话框

双击行号下边框，或选择"格式"→"行"→"最适合的行高"命令，可使行高适合单元格中的内容（行高的大小与该行字符的最大字号有关）。

注意

不能用复制的方法调整行高。

3. 设置对齐方式

选中要编辑的单元格，单击"开始"选项卡上"单元格"组中的"格式"按钮，弹出如图 4-2-15 所示的"设置单元格格式"对话框，有"数字""对齐""字体""边框""填充"和"保护"共 6 个选项卡，利用这些选项卡和"开始"功能区上的部分按钮，可以设置单元格的格式。

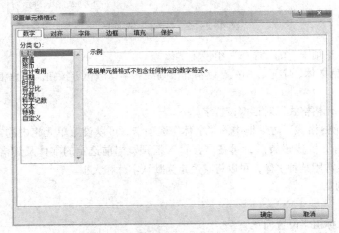

图 4-2-15 设置"单元格格式"对话框

在"设置单元格格式"对话框中切换选项卡，选择"对齐"选项卡，在"文本对齐方式"中的"水平对齐"下拉列表框中选中"居中"，同样在"垂直对齐"下拉列表框中选择"居中"，如图 4-2-16 所示，设置完成后单击"确定"按钮。

默认情况下，文本左对齐，数字右对齐，通过以下操作可以设置对齐方式。

（1）用"对齐方式"组中的按钮设置对齐方式

"对齐方式"组中有四个常用的单元格对齐方式：左对齐、居中、右对齐、合并后居中。用户根据需要单击相应按钮即可。

（2）用"设置单元格格式"对话框设置对齐方式

利用"设置单元格格式"对话框中的"对齐"选项卡，如图 4-2-16 所示，可以设置单元格中内容的水平对齐、垂直对齐和文本方向，还可以完成相邻单元格的合并，合并后只有选定区域左上角的内容放到合并后的单元格中。如果要取消合并单元格，则选定已合并的单元格，清除"对齐"选项卡中的"合并单元格"复选框即可（或单击功能区中的"合并后居中"按钮）。还可以设置文本自动换行显示和缩小字体填充。

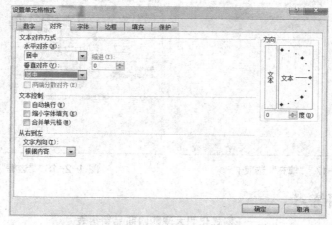

图 4-2-16 "对齐"选项卡

"水平对齐"列表框：包括常规、靠左（缩进）、居中、靠右（缩进）、填充、两端对齐、分散对齐、跨列居中几个选项。

"垂直对齐"列表框：包括靠上、居中、靠下、两端对齐、分散对齐几个选项。

"自动换行"：对输入的内容根据单元格列宽自动换行。

"缩小字体填充"：减小单元格中的字符大小，使数据的宽度与列宽相同。

"合并单元格"：将多个单元格合并为一个单元格，与"对齐方式"组中的"合并后居中"按钮功能相同。

"方向"：用来改变单元格中数据的旋转方向，角度范围为 - 90° ~90° 。

注意　　　有时用户所输入的数据放在同一个单元格内，为了使上下两行能够对齐，除了设置"自动换行"，还可以执行"强制换行"，方法为将鼠标指针定位在需要换行的位置，然后按下 Alt+Enter 组合键。

4. 设置边框和底纹

选中要编辑的单元格，选中"填充"选项卡，将单元格颜色选择为"浅绿色"，完成单元格填充的设置。默认情况下，单元格既无颜色也无图案，用户可以根据需要为单元格设置不同的颜色和底纹，可以增强数据的直观性，使表格中的重要信息更醒目。

（1）用"字体"组设置填充颜色

在"字体"组上单击"填充颜色"按钮右侧的下拉按钮，弹出"填充颜色"下拉列表，在列表上单击要使用的颜色即可。如果要取消已经填充的颜色，可单击"无填充颜色"选项，就可以恢复无填充颜色状态。

（2）用"设置单元格格式"对话框设置颜色和图案

利用"设置单元格格式"对话框中的"填充"选项卡，如图 4-2-17 所示，除了可以为单元格填充颜色外，还可以填充各种不同的图案。单击"填充"选项卡，在"图案样式"中选择图案的样式，在"图案颜色"中选择图案的颜色。

选中要编辑的单元格，在"设置单元格格式"对话框中选择"边框"选项卡，如图 4-2-18 所示，在线条"样式"列表框中选择粗线型，在"颜色"下拉列表中选择"深蓝"色，单击"外边框"，完成外边框的设置。

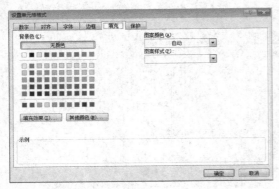

图 4-2-17 "填充"选项卡

图 4-2-18 "边框"选项卡

4.2.2 巩固练习
——格式化职大澳购网商品销售表

将商品销售表相关信息输入完成后，为了美观和显示清晰，我们需要对其进行一些格式设置。完成后效果如图 4-2-19 所示。

订单编号	商品名称	商品编号	商品分类	销售员	数量	单价	交易总额
			商品销售表				
100001	德运奶粉	AG1001	母婴	刘大力	43	120	
100002	OK金牌深海角鲨烯（188粒）	AG1009	保健品	刘大力	101	300	
100003	OK鲨鱼精（180粒）	AG1010	保健品	刘大力	77	132	
100004	OK金牌奥美嘉鱼油DVE（400粒）	AG1011	保健品	刘大力	62	192	
100005	OK虾青素软胶囊（100粒）	AG1012	保健品	刘大力	73	216	
100006	OK金牌蜂皇乳胶囊（366粒）	AG1013	保健品	刘大力	49	348	
100007	L0护肝片（7000mg,100粒）	AG1014	保健品	刘大力	114	132	
100008	护肝片（120粒）/（60粒）	AG1015	保健品	刘大力	45	138	
100009	A2婴儿奶粉	AG1002	母婴	刘大力	87	230	
100010	爱他美金装	AG1003	母婴	刘大力	77	190	
100011	德运奶粉	AG1001	母婴	刘凤凤	62	120	
100012	A2婴儿奶粉	AG1002	母婴	刘凤凤	73	230	
100013	爱他美金装	AG1003	母婴	刘凤凤	49	190	
100014	德运奶粉	AG1001	母婴	马简明	114	120	
100015	A2婴儿奶粉	AG1002	母婴	马简明	45	230	
100016	爱他美金装	AG1003	母婴	马简明	87	190	
100017	德运奶粉	AG1001	母婴	彭英	61	120	
100018	A2婴儿奶粉	AG1002	母婴	彭英	129	230	
100019	爱他美金装	AG1003	母婴	彭英	120	190	
100020	德运奶粉	AG1001	母婴	孙海亭	69	120	
100021	A2婴儿奶粉	AG1002	母婴	孙海亭	65	230	

图 4-2-19 格式化职大澳购网商品销售表

【案例 4.3】计算学生成绩表

◇学习目标
Excel 电子表格最强大的功能就是它的计算功能，利用它能够完成各种复杂的自定义公式的计算和函数处理。下面通过对学生成绩表计算平均分、排名等，来学习公式和函数的使用方法。

◇案例分析
本案例根据学习目标的需要设置，让学习者对"学生成绩表"进行计算，力图通过本案例，使学习者掌握 Excel 电子表格的计算功能。实例效果参见图 4-3-1。

图 4-3-1　计算学生成绩表效果图

❖操作步骤

1.计算每个学生的总分

STEP 1　单击要输入公式的单元格，然后输入"="。

STEP 2　输入要参与运算的单元格和"+"，如图 4-3-2 所示。

图 4-3-2　输入公式

STEP 3　单击编辑栏中的"输入"按钮✔结束公式编辑，得到计算结果，第一个学生的总分计算完毕，如图 4-3-3 所示。

图 4-3-3　计算出第一个学生总分

STEP 4　选中含有公式的单元格，然后将鼠标指针移动到该单元格右下角的填充柄处，当鼠标指针变成实心十字架时，按住鼠标左键不放向下拖曳，直到目标位置释放鼠标左键，计算结果如图 4-3-4 所示。

图 4-3-4　计算总分

2. 使用函数计算每个学生的平均分

STEP 1 在列 I 右侧添加"平均分"和"排名"两列，效果如图 4-3-5 所示。

	A	B	C	D	E	F	G	H	I	J	K
1					学生成绩表						
2	学号	姓名	性别	年级	计算机基础	高等数学	大学英语	体育	总分	平均分	排名
3	991021	李新	男	14级	75	99	73	68	315.00		
4	991022	王文辉	男	14级	87	79	62	83	311.00		
5	991023	张双	男	14级	65	81	84	78	308.00		
6	991024	王力	男	14级	86	62	57	83	288.00		
7	991025	张在训	男	14级	60	64	95	67	286.00		
8	991026	黄鹂	女	14级	91	77	72	70	310.00		
9	991027	王储小	女	14级	77	73	81	67	298.00		
10	991028	张雨涵	女	14级	73	67	64	78	282.00		

图 4-3-5　添加两列

STEP 2 单击 J3 单元格，然后单击"ƒₓ"弹出"插入函数"对话框，在列表中选择"AVERAGE"函数，如图 4-3-6 所示。单击"确定"按钮，弹出如图 4-3-7 所示的"函数参数"对话框，选择计算区域 E3:H3。

图 4-3-6　"插入函数"对话框

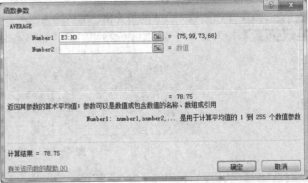

图 4-3-7　"函数参数"对话框

STEP 3 按 Enter 键求出 E3:H3 单元格区域数据的平均值，即求出了第一个学生的平均分。再选择此 J3 单元格，并将鼠标指针移动到该单元格右下角的填充柄处，当鼠标指针变成实心十字架时，即"+"，按下鼠标左键不放向下拖曳，直到目标位置（J15 单元格）释放鼠标即可，计算结果如图 4-3-8 所示。同样也可以向上、向左或向右拖动填充。

A	B	C	D	E	F	G	H	I	J	K
				学生成绩表						
学号	姓名	性别	年级	计算机基础	高等数学	大学英语	体育	总分	平均分	排名
991021	李新	男	14级	75	99	73	68	315.00	78.75	
991022	王文辉	男	14级	87	79	62	83	311.00	77.75	
991023	张双	男	14级	65	81	84	78	308.00	77	
991024	王力	男	14级	86	62	57	83	288.00	72	
991025	张在训	男	14级	60	64	95	67	286.00	71.5	
991026	黄鹂	女	14级	91	77	72	70	310.00	77.5	
991027	王储小	女	14级	77	73	81	67	298.00	74.5	
991028	张雨涵	女	14级	73	67	64	78	282.00	70.5	
991029	金翔	男	14级	90	82	49	89	310.00	77.5	
991030	孙英	男	14级	85	74	74	65	298.00	74.5	
991031	饶林	男	14级	78	69	69	78	294.00	73.5	
991032	张磊	男	14级	69	63	78	67	277.00	69.25	
991033	王芳芳	女	14级	89	65	57	69	280.00	70	

图 4-3-8　计算平均分

3. 使用函数计算每个学生的排名

STEP 1 单击 K3 单元格，然后单击"ƒₓ"弹出"插入函数"对话框，选择类别"统计"，再选择"RANK.EQ"函数，单击"确定"按钮，如图 4-3-9 所示。

STEP 2 弹出如图 4-3-10 所示的"函数参数"对话框。单击第一个参数右侧的 按钮，弹出压缩的"函数参数"对话框，在工作表中选择要排位的单元格 I3，如图 4-3-11 所示，然后单击 按钮，重新展开"函数参数"对话框。

图 4-3-9 插入函数

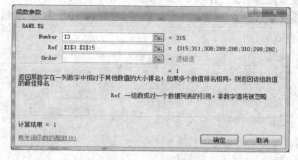

图 4-3-10 RANK 函数参数

图 4-3-11 选择要排位的单元格

STEP 3 单击"函数参数"对话框中第二个参数右侧的 ▦ 按钮，然后在工作表中拖动鼠标选择参与排位的单元格区域，如 I3:I15。

STEP 4 在"函数参数"对话框引用的单元格区域的行号和列号前加上"$"符号，表示使用绝对引用单元格地址，这样可以让复制格式时，公式内容不变。

STEP 5 单击"确定"按钮，计算出第一个学生的排名情况。拖动 K3 单元格的填充柄到单元格 K15，计算出其他学生的排名，结果如图 4-3-12 所示。

学生成绩表

学号	姓名	性别	年级	计算机基础	高等数学	大学英语	体育	总分	平均分	排名
991021	李新	男	14级	75	99	73	68	315.00	78.75	1
991022	王文辉	男	14级	87	79	62	83	311.00	77.75	2
991023	张双	男	14级	65	81	84	78	308.00	77	5
991024	王力	男	14级	86	62	57	83	288.00	72	9
991025	张在训	男	14级	60	64	95	67	286.00	71.5	10
991026	黄鹂	女	14级	91	77	72	70	310.00	77.5	3
991027	王铺小	女	14级	77	73	81	67	298.00	74.5	6
991028	张雨涵	女	14级	73	67	64	78	282.00	70.5	11
991029	金翔	男	14级	90	82	49	89	310.00	77.5	3
991030	孙英	男	14级	85	74	74	65	298.00	74.5	6
991031	饶林	男	14级	78	69	69	78	294.00	73.5	8
991032	张磊	男	14级	69	63	78	67	277.00	69.25	13
991033	王芳芳	女	14级	89	55	57	69	280.00	70	12

图 4-3-12 计算学生排名

4. 条件格式化

STEP 1 选中"计算机基础""高等数学""大学英语""体育"这四门成绩所在的列，如图 4-3-13 所示。

学生成绩表

学号	姓名	性别	年级	计算机基础	高等数学	大学英语	体育	总分	平均分	排名
991021	李新	男	14级	75	99	73	68	315.00	78.75	1
991022	王文辉	男	14级	87	79	62	83	311.00	77.75	2
991023	张双	男	14级	65	81	84	78	308.00	77	5
991024	王力	男	14级	86	62	57	83	288.00	72	9
991025	张在训	男	14级	60	64	95	67	286.00	71.5	10
991026	黄鹂	女	14级	91	77	72	70	310.00	77.5	3
991027	王铺小	女	14级	77	73	81	67	298.00	74.5	6
991028	张雨涵	女	14级	73	67	64	78	282.00	70.5	11
991029	金翔	男	14级	90	82	49	89	310.00	77.5	3
991030	孙英	男	14级	85	74	74	65	298.00	74.5	6
991031	饶林	男	14级	78	69	69	78	294.00	73.5	8
991032	张磊	男	14级	69	63	78	67	277.00	69.25	13
991033	王芳芳	女	14级	89	55	57	69	280.00	70	12

图 4-3-13 选中成绩列

STEP 2 选择"开始"选项卡下"样式"组中的"条件格式"命令,弹出如图 4-3-14 所示的选项。

STEP 3 选择"小于"选项,弹出"小于"对话框,按照图 4-3-15 所示设置"小于"对话框中的参数。

图 4-3-14 "条件格式"下拉列表

图 4-3-15 条件格式设置

STEP 4 单击"确定"按钮,此时,成绩小于 60 的单元格,显示为背景色黄色,字体颜色为红色。效果如图 4-3-16 所示。

	A	B	C	D	E	F	G	H	I
1				学生成绩表					
2	学号	姓名	性别	年级	计算机基础	高等数学	大学英语	体育	总分
3	991021	李新	男	14级	75	99	73	68	315.00
4	991022	王文辉	男	14级	87	79	62	83	311.00
5	991023	张双	男	14级	65	81	84	78	308.00
6	991024	王力	男	14级	86	62	57	83	288.00
7	991025	张在训	男	14级	60	64	95	67	286.00
8	991026	黄鹂	女	14级	91	77	72	70	310.00
9	991027	王储小	女	14级	77	73	81	67	298.00
10	991028	张雨涵	女	14级	73	67	64	78	282.00
11	991029	金翔	男	14级	90	82	49	89	310.00
12	991030	孙英	男	14级	85	74	74	65	298.00
13	991031	饶林	男	14级	78	69	69	78	294.00
14	991032	张磊	男	14级	69	63	78	67	277.00
15	991033	王芳芳	女	14级	89	65	57	69	280.00

图 4-3-16 设置条件格式后的效果

5. 对学生成绩表进行排序

STEP 1 单击"数据"选项卡上的"排序和筛选"组中的"排序"按钮,打开"排序"对话框,在该对话框中选择主要关键字,如"排名",并选择排序依据和排序次序,如图 4-3-17 所示,最后单击"确定"按钮。

图 4-3-17 "排序"对话框

STEP 2 排序结果如图 4-3-18 所示。

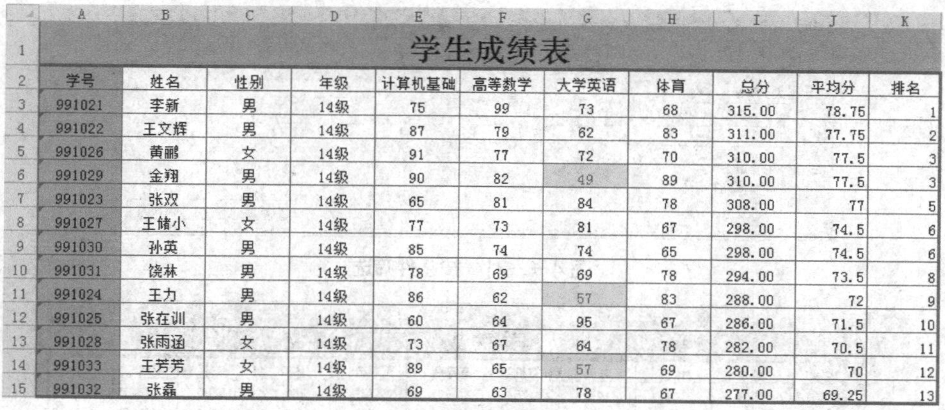

学生成绩表										
学号	姓名	性别	年级	计算机基础	高等数学	大学英语	体育	总分	平均分	排名
991021	李新	男	14级	75	99	73	68	315.00	78.75	1
991022	王文辉	男	14级	87	79	62	83	311.00	77.75	2
991026	黄鹏	女	14级	91	77	72	70	310.00	77.5	3
991029	金翔	男	14级	90	82	49	89	310.00	77.5	3
991023	张双	男	14级	65	81	84	78	308.00	77	5
991027	王储小	女	14级	77	73	81	67	298.00	74.5	6
991030	孙英	男	14级	85	74	74	65	298.00	74.5	6
991031	饶林	男	14级	78	69	69	78	294.00	73.5	8
991024	王力	男	14级	86	62	57	83	288.00	72	9
991025	张在训	男	14级	60	64	95	67	286.00	71.5	10
991028	张雨涵	女	14级	73	67	64	78	282.00	70.5	11
991033	王芳芳	女	14级	89	65	57	69	280.00	70	12
991032	张磊	男	14级	69	63	78	67	277.00	69.25	13

图 4-3-18　排序结果

6. 对学生成绩表进行数据筛选

STEP 1　打开"学生成绩表"，单击有数据的任意单元格，然后单击"数据"选项卡上的"排序和筛选"组中的"筛选"按钮（见图 4-3-19），此时标题行单元格的右侧出现三角形筛选按钮，如图 4-3-20 所示。

图 4-3-19　"筛选"按钮

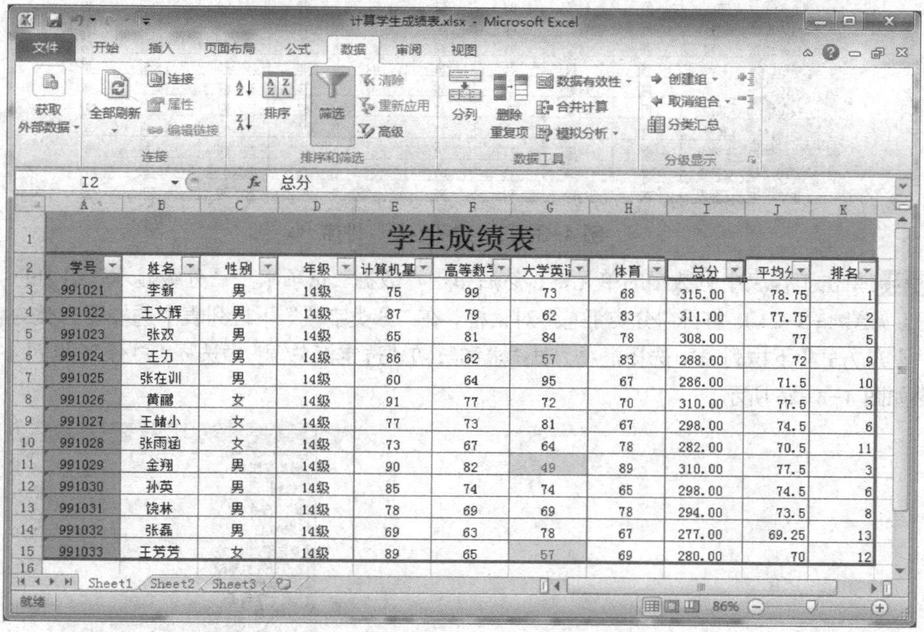

图 4-3-20　自动筛选

STEP 2　单击"总分"列右侧的三角形筛选按钮，在展开的列表中选择"数字筛选"，选择"大于或等于"，再打开"自定义自动筛选方式"对话框（见图 4-3-21）输入"300"，然后单击"确定"。此时总分大于或者等于 300 的数据将显示，其余数据被隐藏，如图 4-3-22 所示。

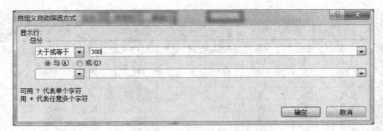

图 4-3-21 按条件筛选

	学生成绩表									
学号	姓名	性别	年级	计算机基	高等数	大学英语	体育	总分	平均分	排名
991021	李新	男	14级	75	99	73	68	315.00	78.75	1
991022	王文辉	男	14级	87	79	62	83	311.00	77.75	2
991023	张汉	男	14级	65	81	84	78	308.00	77	5
991026	黄鹏	女	14级	91	77	72	70	310.00	77.5	3
991029	金翔	男	14级	90	82	49	89	310.00	77.5	3

图 4-3-22 筛选结果

7. 对学生成绩表进行分类汇总

STEP 1 打开"学生成绩表"对"性别"列进行升序排序，效果如图 4-3-23 所示。

	学生成绩表									
学号	姓名	性别	年级	计算机基础	高等数学	大学英语	体育	总分	平均分	排名
991021	李新	男	14级	75	99	73	68	315.00	78.75	1
991022	王文辉	男	14级	87	79	62	83	311.00	77.75	2
991023	张汉	男	14级	65	81	84	78	308.00	77	5
991024	王力	男	14级	86	62	57	83	288.00	72	9
991025	张在训	男	14级	60	64	95	67	286.00	71.5	10
991029	金翔	男	14级	90	82	49	89	310.00	77.5	3
991030	孙英	男	14级	85	74	74	65	298.00	74.5	6
991031	饶林	男	14级	78	69	69	78	294.00	73.5	8
991032	张磊	男	14级	69	63	78	67	277.00	69.25	13
991026	黄鹏	女	14级	91	77	72	70	310.00	77.5	3
991027	王储小	女	14级	77	73	81	67	298.00	74.5	6
991028	张雨涵	女	14级	73	67	64	78	282.00	70.5	11
991033	王芳芳	女	14级	89	65	57	69	280.00		12

图 4-3-23 对"性别"排序

STEP 2 单击工作表中有数据的单元格，然后单击"数据"选项卡上"分级显示"组中的"分类汇总"按钮（见图 4-3-24），打开"分类汇总"对话框，在"分类字段"下拉列表中选择要分类的字段"性别"，在"汇总方式"下拉列表中选择汇总方式"求和"，在"选定汇总项"中选择"总分"（见图 4-3-25），汇总结果如图 4-3-26 所示。

图 4-3-24 "分类汇总"按钮

图 4-3-25 "分类汇总"对话框

学号	姓名	性别	年级	计算机基础	高等数学	大学英语	体育	总分	平均分	排名
					学生成绩表					
991021	李新	男	14级	75	99	73	68	315.00	78.75	2
991022	王文辉	男	14级	87	79	62	83	311.00	77.75	3
991023	张双	男	14级	65	81	84	78	308.00	77	6
991024	王力	男	14级	86	62	57	83	288.00	72	10
991025	张在训	男	14级	60	64	95	67	286.00	71.5	11
991029	金翔	男	14级	90	82	49	89	310.00	77.5	4
991030	孙英	男	14级	85	74	74	65	298.00	74.5	7
991031	饶林	男	14级	78	69	69	78	294.00	73.5	9
991032	张磊	男	14级	69	63	78	67	277.00	69.25	14
		男 汇总						2687.00		
991026	黄鹂	女	14级	91	77	72	70	310.00	77.5	4
991027	王储小	女	14级	77	73	81	67	298.00	74.5	7
991028	张雨涵	女	14级	73	67	64	78	282.00	70.5	12
991033	王芳芳	女	14级	89	65	57	69	280.00	70	13
		女 汇总						1170.00		
		总计						3857.00		

图 4-3-26　分类汇总结果

4.3.1　相关知识

1. 认识公式

公式是以"="开头的表达式，是对数据进行分析和计算的等式。使用公式可以对工作表中的数值进行加、减、乘、除等运算，它包括数值、运算符等。

公式的一般形式为：= <表达式>

表达式可以是算术表达式、关系表达式和字符串表达式等；表达式可由运算符、常量、单元格地址、函数及括号等组成，但不能含有空格；公式中<表达式>前面必须有"="。

2. 函数的引用

Excel 提供了很多常见的内置函数，这些函数实际上是一些已经定义好的公式，它包括财务函数、日期与时间函数、数学与三角函数、统计函数、查找与引用函数、数据库函数、文本函数、逻辑函数和信息函数等。用函数能方便地进行各种运算，使计算过程更简便，而且便于理解和维护。每个函数都由函数名和参数组成，其中函数名表示将执行的操作，参数表示函数将使用的值或单元格地址。

（1）函数形式

函数一般由函数名和参数组成，形式为：函数名称（参数 1，参数 2，…），其中：函数名由 Excel 提供，函数名中的大小写字母等价，函数名代表了该函数的功能；参数由用英文逗号分隔的参数 1，参数 2，…，参数 N 构成，参数可以是常数、文本、单元格地址、单元格区域、单元格区域名称、公式或函数等，不同的函数要求不同类型的参数。当函数以公式的形式出现时，则应在函数名称前面输入等号"="。

在建立函数公式时，注意以下语法规定：

- 函数是一种特殊的公式，因此必须以"="开头，例如"=SUM(A1:A10)"。
- 函数的参数用圆括号"( )"括起来。其中，左括号必须紧跟在函数名后，否则出现错误信息。个别函数（如 PI 等）虽然没有参数，也必须在函数名之后加上空括号，例如"=A3*PI()"。
- 函数的参数多于一个时，要用","号分隔。参数可以是数值、有数值的单元格或单元格区域，也可以是一个表达式。例如"=SUM(sin(A4*PI()), C2:C6, D6)"。
- 文本函数的参数可以是文本，这时，该文本要用英文的双引号括起来。例如"=TEXT(NOW()), "最佳成绩")"。
- 函数的参数可以是已定义的单元格名称或单元格区域名称。例如，若将单元格区域 C10:C30 命名为 Total，则公式"=SUM(Total)"是计算单元格区域 C10:C30 中的数值之和。

（2）函数的输入

函数可以在单元格中直接输入（和公式一样，必须以"="开头），适用于一些单变量的函数，或者一些简单的函数。对于参数较多或者比较复杂的函数，可使用"插入函数"对话框来进行输入。

（3）常用函数简介

Excel 函数一共有 11 类，分别是数据库函数、日期与时间函数、工程函数、财务函数、信息函数、逻辑函数、查询和引用函数、数学和三角函数、统计函数、文本函数以及用户自定义函数。下面介绍一些常用函数。

- SUM(参数 1，参数 2，…)：求和函数，求各参数的累加和。参数可以是数值或含有数值的单元格引用。
- AVERAGE(参数 1，参数 2，…)：算术平均值函数，求各参数的算术平均值。参数可以是数值或含有数值的单元格引用。
- MAX(参数 1，参数 2，…)：最大值函数，求各参数中的最大值。
- MIN(参数 1，参数 2，…)：最小值函数，求各参数中的最小值。
- COUNT(参数 1，参数 2，…)：求各参数中数值型参数和包含数值的单元格的个数。参数类型不限。

例如，如果 B1 = 3，B2 = a，B3 = C，则函数"= COUNT(2, B1:B3)"返回值为 2。

- 四舍五入函数 ROUND(数值型参数, n)：返回时对"数值型参数"进行四舍五入到第 n 位的近似值。

当 n>0 时，对数据的小数部分从左到右的第 n 位四舍五入。

当 n=0 时，对数据的小数部分最高位四舍五入取数据的整数部分。

当 n<0 时，对数据的整数部分从右到左的第 n 位四舍五入。

- 排名次函数 RANK(Number, Ref, Order)：计算某数值在数据区域内相对其他数值的大小排位。

参数说明：Number 为需要计算其排位的一个数字；Ref 为包含一组数字的数组或引用（其中的非数值型参数将被忽略）；Order 为一数字，指明排位的方式，如果为 0 或省略，则按降序排列的数据清单进行排位，如果不为 0，则按升序排列的数据清单进行排位。

注意   RANK（）对重复数值的排位相同，但重复数的存在将影响后续数值的排位。例如，在一列整数中，若整数 60 出现两次，其排位为 5，则 59 的排位为 7（没有排位为 6 的数值）。

- 日期与时间函数 TODAY()函数：日常工作中经常要在所制表格中显示制表日期，TODAY()函数可以快速完成此项工作。该函数不需要提供任何参数，直接返回系统的当前日期。NOW()函数：返回系统当前日期和时间。

Excel 的其他函数以及详细应用请查看 Excel 帮助信息。

3. 运算符

对公式中的元素进行运算时要用到的运算符包括四类：

（1）算术运算符

用于完成一些基本的数学运算。它们是+（加）、-（减）、*（乘）、/（除）、%（百分比）、^（脱字符，乘方运算）。

（2）比较（关系）运算符

按照系统内部的设置比较两个数值，并返回逻辑值 TRUE（真）或 FALSE（假）。它们是 =（等于）、>=（大于等于）、<=（小于等于）、>（大于）、<（小于）、<>（不等于）。

（3）文本（字符）运算符

将两个或多个文本连接起来，其值可以是带引号的字符，也可以是单元格地址。文本运算符只有一个，就是&（连接符，也叫连字符）。如 B3 单元格与 B4 单元格的值分别为"江西""九江"，要在 C4 单元格中显示"江西九江"，公式为"=B3&B4"。

（4）引用运算符

对工作表的一个或多个单元格进行标识，便于公式在运算时应该引用的单元格，包括区域、联合和交叉，分别以冒号、逗号和空格表示。它们的含义分别为："区域"运算符对包括两个引用在内的所有单元格进行引用，如 A1:A4 表示由 A1、A2、A3、A4 四个单元格组成的区域；"联合"运算符产生由两个引用合成的引用，如"SUM(A1, A2, A5)"表示对 A1、A2、A5 三个单元格中的数据求和；"交叉"运算符产生两个引用的交叉引用，如"B7:D7 C6:C8"表示这两个单元区域的共有单元格为 C7。

用运算符将常量、单元格地址、函数及括号等连接起来就组成了表达式。当多个运算符同时出现在公式中时，Excel 对运算符的优先级做了严格规定。从高到低：引用运算符、算术运算符（负号、百分比、乘方、乘除、加减）、文本运算符、关系运算符。优先级相同的，按从左到右的顺序计算。如果要更改运算的次序，就要使用"( )"把需要优先运算的部分括起来。

4. 单元格引用

在公式计算和函数引用时，对参数输入，除了直接输入数值外，使用最多的还是对单元格引用。通过单元格引用，可以使用一个公式，使用工作表不同部分的数据，或者在多个公式中使用一个单元格的数据。

（1）相对引用

相对引用是 Excel 默认的单元格引用方式，它直接使用单元格列标和行标表示单元格，例如 B6。

（2）绝对引用

绝对引用是在单元格的行、列号前面加上"$"符号，如"$B$5"。在公式复制时，无论将公式移动或者复制到什么位置，绝对引用的单元格地址都不会改变。

（3）混合引用

在行号前加"$"或者在列号前加"$"，例如"$B6"。不用$符号的元素随公式的复制而改变，而加了$符号的元素不发生改变。

5. 条件格式化

条件格式化是指对于达到某种条件后的单元格使用一种格式，其目的是使得这一单元格的数据突出显示。下面通过案例学习条件格式化的操作步骤。

（1）选择区域

选择要添加格式的单元格区域，此处选择 F3:F24（见图 4-3-27）。单击"开始"选项卡中的"样式"组中的"条件格式"，在展开的列表中包括突出显示单元格规则、项目选取规则、数据条、色阶、图标集等选项，此处我们选择"突出显示单元格规则"，选中后展开了下一级列表，有大于、小于、介于、等于等规则，这里我们选择"小于"规则，弹出如图 4-3-28 所示的对话框。

书店名称	图书编号	图书名称	销量（本）	定价	小计
		销售订单明细表			
博达书店	BK-83034	《操作系统原理》	41.00	42.00	1722.00
博达书店	BK-83033	《嵌入式系统开发技术》	5.00	41.00	205.00
博达书店	BK-83027	《MySQL数据库程序设计》	21.00	36.00	756.00
博达书店	BK-83030	《数据库技术》	1.00	43.00	43.00
博达书店	BK-83035	《计算机组成与接口》	43.00	39.00	1677.00
博达书店	BK-83033	《嵌入式系统开发技术》	33.00	41.00	1353.00
博达书店	BK-83027	《MySQL数据库程序设计》	22.00	36.00	792.00
博达书店	BK-83028	《MS Office高级应用》	38.00	32.00	1216.00
鼎盛书店	BK-83021	《计算机基础及MS Office应用》	12.00	42.00	504.00
鼎盛书店	BK-83028	《MS Office高级应用》	32.00	32.00	1024.00
鼎盛书店	BK-83029	《网络技术》	3.00	46.00	138.00
鼎盛书店	BK-83031	《软件测试技术》	3.00	48.00	144.00
鼎盛书店	BK-83023	《C语言程序设计》	31.00	36.00	1116.00
鼎盛书店	BK-83036	《数据库原理》	43.00	43.00	1849.00
鼎盛书店	BK-83025	《Java语言程序设计》	30.00	33.00	990.00
鼎盛书店	BK-83026	《Access数据库程序设计》	43.00	35.00	1505.00
鼎盛书店	BK-83037	《软件工程》	40.00	46.00	1840.00
鼎盛书店	BK-83021	《计算机基础及MS Office应用》	44.00	42.00	1848.00
鼎盛书店	BK-83034	《操作系统原理》	35.00	42.00	1470.00
隆华书店	BK-83022	《计算机基础及Photoshop应用》	22.00	44.00	968.00
隆华书店	BK-83032	《信息安全技术》	19.00	40.00	760.00
隆华书店	BK-83024	《VB语言程序设计》	39.00	29.00	1131.00

图 4-3-27　选择要添加条件格式的区域

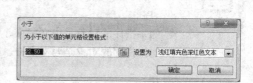

图 4-3-28　"小于"对话框

（2）设置"小于"对话框中的参数

选择"设置为"下拉列表中的"自定义格式"选项，弹出如图 4-3-29 所示的对话框，设置满足条件的格式显示为"填充色"为黄色，"文本颜色"为红色，设置完成后单击"确定"按钮，回到"小于"对话框将销量值设为 25（见图 4-3-30）。最后单击"确定"按钮，效果如图 4-3-31 所示。

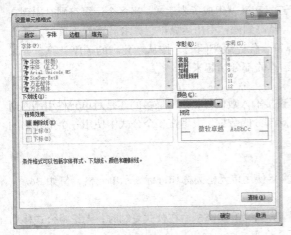

图 4-3-29　设置单元格格式

图 4-3-30　自定义格式

	A	B	C	D	E	F	G	H
1					销售订单明细表			
2	订单编号	日期	书店名称	图书编号	图书名称	销量（本）	定价	小计
3	BTW-08003	2011年1月4日	博达书店	BK-83034	《操作系统原理》	41.00	42.00	1722.00
4	BTW-08002	2011年1月4日	博达书店	BK-83033	《嵌入式系统开发技术》	5.00	41.00	205.00
5	BTW-08004	2011年1月5日	博达书店	BK-83027	《MySQL数据库程序设计》	21.00	36.00	756.00
6	BTW-08007	2011年1月9日	博达书店	BK-83030	《数据库技术》	1.00	43.00	43.00
7	BTW-08009	2011年1月10日	博达书店	BK-83035	《计算机组成与接口》	43.00	39.00	1677.00
8	BTW-08019	2011年1月18日	博达书店	BK-83033	《嵌入式系统开发技术》	33.00	41.00	1353.00
9	BTW-08021	2011年1月22日	博达书店	BK-83027	《MySQL数据库程序设计》	22.00	36.00	792.00
10	BTW-08022	2011年1月23日	博达书店	BK-83028	《MS Office高级应用》	38.00	32.00	1216.00
11	BTW-08001	2011年1月2日	鼎盛书店	BK-83021	《计算机基础及MS Office应用》	12.00	42.00	504.00
12	BTW-08005	2011年1月6日	鼎盛书店	BK-83028	《MS Office高级应用》	32.00	32.00	1024.00
13	BTW-08006	2011年1月9日	鼎盛书店	BK-83029	《网络技术》	3.00	46.00	138.00
14	BTW-08008	2011年1月10日	鼎盛书店	BK-83031	《软件测试技术》	3.00	48.00	144.00
15	BTW-08011	2011年1月11日	鼎盛书店	BK-83023	《C语言程序设计》	31.00	36.00	1116.00
16	BTW-08013	2011年1月12日	鼎盛书店	BK-83036	《数据库原理》	43.00	43.00	1849.00

图 4-3-31　设置条件格式后的效果

6. 数据排序

（1）快速排序

如果对学生成绩表按某列属性（如"总分"）进行排列，可以这样操作：选中"总分"列任意一个单元格（如 I3），然后单击"数据"选项卡上的"排序和筛选"组中的"升序"按钮即可（见图 4-3-32）。

图 4-3-32　"升序"按钮

注意

- 如果单击"数据"选项卡上的"排序和筛选"组中的"排序"按钮，则弹出"排序"对话框，在该对话框可以选择主要关键字，如"总分"，并选择排序依据和排序次序。
- 如果排序的对象是中文字符，则按"汉语拼音"顺序排序。
- 如果排序的对象是西文字符，则按"西文字母"顺序排序。

（2）多条件排序

如果我们需要按"总分、平均分"对数据进行排序，可以这样操作：选中数据表格中任意一个单元格，单击"数据"选项卡上的"排序和筛选"组中的"排序"按钮，打开"排序"对话框（见图4-3-33），将"主要关键字""次要关键字"分别设置为"总分""平均分"，并设置好排序方式（"升序"或"降序"），再单击"确定"按钮就行了。

图 4-3-33　排序

7. 数据筛选

为了可以在大量数据中找到想要的数据，Excel 提供了数据筛选功能。数据筛选功能将清单中的数据分成若干个子集，缩小要查找的范围。

（1）自动筛选

"自动筛选"一般用于简单的条件筛选，筛选时将不满足条件的数据暂时隐藏起来，只显示符合条件的数据。这种筛选方法可以轻松显示满足条件的记录。自动筛选包括三类：按列值、按格式或按条件筛选。

（2）高级筛选

"高级筛选"一般用于条件较复杂的筛选操作，其筛选的结果可显示在原数据表格中，不符合条件的记录被隐藏起来；也可以在新的位置显示筛选结果，不符合条件的记录同时保留在数据表中而不会被隐藏起来，这样就更加便于进行数据的比对了。

要使用筛选功能，按照下列步骤执行：

STEP 1　选中数据表中的任意单元格，单击"数据"选项卡上的"排序和筛选"组中的"筛选"按钮，"筛选"按钮为每个字段都创建了一个下拉列表按钮，如图4-3-34所示。

	A	B	C	D	E	F	G	H
1	销售订单明细表							
2	订单编号	日期	书店名	图书编	图书名称	销量	定价	小计
3	BTW-08003	2011年1月4日	博达书店	BK-83034	《操作系统原理》	41.00	42.00	1722.00
4	BTW-08002	2011年1月4日	博达书店	BK-83033	《嵌入式系统开发技术》	5.00	41.00	205.00
5	BTW-08004	2011年1月5日	博达书店	BK-83027	《MySQL数据库程序设计》	21.00	36.00	756.00
6	BTW-08007	2011年1月9日	博达书店	BK-83030	《数据库技术》	1.00	43.00	43.00
7	BTW-08009	2011年1月10日	博达书店	BK-83035	《计算机组成与接口》	43.00	39.00	1677.00
8	BTW-08019	2011年1月18日	博达书店	BK-83033	《嵌入式系统开发技术》	33.00	41.00	1353.00
9	BTW-08021	2011年1月22日	博达书店	BK-83027	《MySQL数据库程序设计》	22.00	36.00	792.00
10	BTW-08022	2011年1月23日	博达书店	BK-83028	《MS Office高级应用》	38.00	32.00	1216.00
11	BTW-08001	2011年1月2日	鼎盛书店	BK-83021	《计算机基础及MS Office应用》	12.00	42.00	504.00

图 4-3-34　"自动筛选"下拉列表按钮

STEP 2　在下拉列表中有升序和降序命令，还可以对列表中显示的数据进行调整。在展开的列表中选择"数字筛选"，在展开的子列表中选择"10个最大的值"命令（见图4-3-35），弹出如图4-3-36所示的对话框，在该对话框中可以设置显示数据是"最大"还是"最小"，显示单位是"项"还是"百分比"。

STEP 3　如果选择"自定义筛选"命令，弹出如图4-3-37所示的对话框。字段名已经显示在对话框中，筛选方式是令该字段的值满足某种条件。在条件下拉列表框中提供了等于、不等于、大于、大于或等于、小于等12种比较运算，从这些运算中选择一种运算。要在右边的值下拉列表中选择一个值，或者自己输入一个值，完成比较运算。在该对话框下面还有一个与其相同的比较运算，在筛选一定范围内经常使用它。两个运算通过对话框中部的逻辑运算"与"和"或"连接。完成上述操作后，单击"确定"按钮即可完成筛选操作。

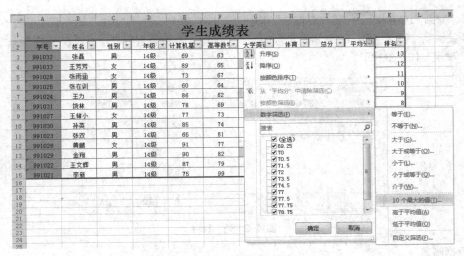

图 4-3-35　按条件筛选

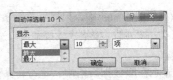

图 4-3-36　"自动筛选前 10 个"对话框　　　　图 4-3-37　"自定义自动筛选方式"对话框

8. 分类汇总

分类汇总是指以数据表中的某列数据作为分类字段进行汇总,分类汇总之前必须对作为分类的字段进行排序。下面通过"图书销售表"学习如何进行分类汇总。

（1）选择列并排序

STEP 1 选中需要分类汇总的列,这里选择"书店名称"。

STEP 2 选择"数据"选项卡上的"排序和筛选"组中的"排序"按钮,对"书店名称"字段进行升序排序,使得相同的值连在一起。排序结果如图 4-3-38 所示。

（2）分类汇总

STEP 1 选择"数据"选项卡上的"分级显示"组中的"分类汇总"按钮,弹出"分类汇总"对话框,如图 4-3-39 所示。

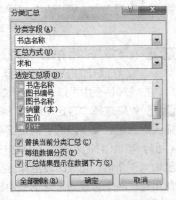

图 4-3-38　排序　　　　　　　　　　　　　　图 4-3-39　"分类汇总"对话框

STEP 2 在"分类汇总"对话框选择相应的项:"分类字段"选择要分类汇总的列名,这里选择"书店名称";"汇总方式"下拉列表框提供了一系列已经编辑好的函数,包括求和、平均值、最大值、最小值、计数等,用这些函数将分类汇总的结果插入数据表中,而且这些函数能够对分类汇总后不同类型的数据进行分析,这里选择"汇总方式"为"求和";"选定汇总项"中列出了各字段的列,通过前面的复选框选择要分类汇总的项,这些选择"销量"列。最后单击"确定"按钮,通过上述操作,此时 Excel 已对数据进行了汇总,结果如图 4-3-40 所示。

		A	B	C	D	E	F	G	H
	11			博达书店 汇总			204.00		
	23			鼎盛书店 汇总			316.00		
	24	BTW-08010	2011年1月11日	隆华书店	BK-83022	《计算机基础及Photoshop应用》	22.00	44.00	968.00
	25	BTW-08012	2011年1月12日	隆华书店	BK-83032	《信息安全技术》	19.00	40.00	760.00
	26	BTW-08014	2011年1月13日	隆华书店	BK-83024	《VB语言程序设计》	39.00	29.00	1131.00
	27			隆华书店 汇总			80.00		
	28			总计			600.00		

图 4-3-40　分类汇总结果

4.3.2　巩固练习

——计算商品销售表

本次任务是完成对"商品销售表"中销售额的计算。对销售额进行降序排列,判断销售最好的商品。汇总出同一类商品的销售总额,结果如图 4-3-41 所示。汇总出每一位销售员的销售金额,结果如图 4-3-42 所示。

		A	B	C	D	E	F	G	H
	1			商品销售表					
	2	订单编号	商品名称	商品编号	商品分类	销售员	数量	单价	交易总额
	3	100002	OK金牌深海角鲨烯(188粒)	AG1009	保健品	刘大力	101	300	30300
	4	100003	OK鲨鱼精(180粒)	AG1010	保健品	刘大力	77	132	10164
	5	100004	OK金牌奥美嘉鱼油加VE(400粒)	AG1011	保健品	刘大力	62	192	11904
	6	100005	OK虾青素软胶囊(100粒)	AG1012	保健品	刘大力	73	216	15768
	7	100006	OK金牌蜂皇乳胶囊(366粒)	AG1013	保健品	刘大力	49	348	17052
	8	100007	LO护肝片(7000mg,100粒)	AG1014	保健品	刘大力	114	132	15048
	9	100008	护肝片(120粒)/(60粒)	AG1015	保健品	刘大力	45	138	6210
	10	100032	OK金牌深海角鲨烯(188粒)	AG1009	保健品	张紫	120	300	36000
	11	100032	OK鲨鱼精(180粒)	AG1010	保健品	张紫	116	132	15312
	12	100032	OK金牌奥美嘉鱼油加VE(400粒)	AG1011	保健品	张紫	90	192	17280
	13	100032	OK虾青素软胶囊(100粒)	AG1012	保健品	张紫	51	216	11016
	14	100032	OK金牌蜂皇乳胶囊(366粒)	AG1013	保健品	张紫	46	348	16008
	15	100032	LO护肝片(7000mg,100粒)	AG1014	保健品	张紫	86	132	11352
	16	100032	护肝片(120粒)/(60粒)	AG1015	保健品	张紫	45	138	6210
	17				保健品 汇总				219624
	26				护肤品 汇总				11688
	48				母婴 汇总				300870
	49				总计				532182

图 4-3-41　职大澳购网销售表汇总结果——商品分类

		A	B	C	D	E	F	G	H
	1			商品销售表					
	2	订单编号	商品名称	商品编号	商品分类	销售员	数量	单价	交易总额
	10					刘大力 汇总			106446
	18					张紫 汇总			113178
	23					孙海亭 汇总			6288
	28					王才 汇总			5400
	32					刘大力 汇总			39800
	36					刘凤凤 汇总			33540
	40					马简明 汇总			40560
	44					彭英 汇总			59790
	45	100020	德运奶粉	AG1001	母婴	孙海亭	69	120	8280
	46	100021	A2婴儿奶粉	AG1002	母婴	孙海亭	65	230	14950
	47	100022	爱他美金装	AG1003	母婴	孙海亭	67	190	12730
	48					孙海亭 汇总			35960
	49	100023	德运奶粉	AG1001	母婴	王才	120	120	14400
	50	100024	A2婴儿奶粉	AG1002	母婴	王才	116	230	26680
	51	100025	爱他美金装	AG1003	母婴	王才	90	190	17100
	52					王才 汇总			58180
	53	100026	德运奶粉	AG1001	母婴	张紫	51	120	6120
	54	100027	A2婴儿奶粉	AG1002	母婴	张紫	46	230	10580
	55	100028	爱他美金装	AG1003	母婴	张紫	86	190	16340
	56					张紫 汇总			33040
	57					总计			532182

图 4-3-42　职大澳购网销售表汇总结果——销售员

【案例 4.4】图表和打印工作表

◇学习目标

通过制作图书销售表，利用图表向导，使学生能熟练掌握创建图书销售表的柱形图、饼图、折线图等，并能对图表进行适当的编辑。通过比较不同图表类型的用途及特点，体验使用图表表达数据的过程，理解图表显示分析结果的优势。此外，通过创建其数据透视表，还可以查看、汇总、分析各书店销售数据。

◇案例分析

本案例根据学习目标的需要设置，让学习者创建图书销售表，力图通过本案例，使学习者掌握创建图表和数据透视表的方法。实例效果参见图 4-4-1。

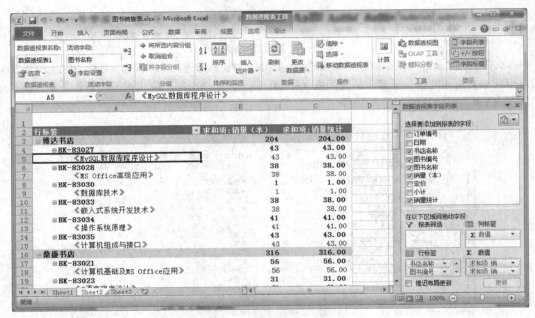

图 4-4-1　数据透视表效果图

◇操作步骤

1. 创建图表

STEP 1 新建一个 Excel 工作表，在工作表中插入相关的销售数据，其中"小计"中的数据通过公式计算得出。对工作表进行简单的格式设置，然后保存工作表为"图书销售表"。

STEP 2 打开"图书销售表"对"书店名称"列进行升序排序。然后，单击工作表中有数据的单元格，单击"数据"选项卡上"分级显示"组中的"分类汇总"按钮，打开"分类汇总"对话框。在"分类字段"下拉列表中选择要分类的字段"书店名称"；在"汇总方式"下拉列表中选择汇总方式"求和"；在"汇总项"中选择"小计"，汇总结果如图 4-4-2 所示。

STEP 3 "图书销售表"（按书店名称分类汇总），然后选中要创建图表的数据区域，本案例选择 C11、C23、C27、H11、H23、H27 单元格，如图 4-4-3 所示。

STEP 4 单击"插入"选项卡"图表"中的"柱形图"按钮，在展开的列表中选择"三维簇状柱形图"，如图 4-4-4 所示。插入的柱形图效果如图 4-4-5 所示。

1 2 3		A	B	C	D	E	F	G	H
	1					销售订单明细表			
	2	订单编号	日期	书店名称	图书编号	图书名称	销量（本）	定价	小计
	11			博达书店 汇总					7764.00
	12	BTW-08001	2011年1月2日	鼎盛书店	BK-83021	《计算机基础及MS Office应用》	12.00	42.00	504.00
	13	BTW-08005	2011年1月6日	鼎盛书店	BK-83028	《MS Office高级应用》	32.00	32.00	1024.00
	14	BTW-08006	2011年1月9日	鼎盛书店	BK-83029	《网络技术》	3.00	46.00	138.00
	15	BTW-08008	2011年1月10日	鼎盛书店	BK-83031	《软件测试技术》	3.00	48.00	144.00
	16	BTW-08011	2011年1月11日	鼎盛书店	BK-83033	《C语言程序设计》	31.00	36.00	1116.00
	17	BTW-08013	2011年1月14日	鼎盛书店	BK-83036	《数据库原理》	43.00	43.00	1849.00
	18	BTW-08015	2011年1月15日	鼎盛书店	BK-83025	《Java语言程序设计》	30.00	33.00	990.00
	19	BTW-08016	2011年1月16日	鼎盛书店	BK-83026	《Access数据库程序设计》	43.00	35.00	1505.00
	20	BTW-08017	2011年1月16日	鼎盛书店	BK-83037	《软件工程》	40.00	46.00	1840.00
	21	BTW-08018	2011年1月17日	鼎盛书店	BK-83021	《计算机基础及MS Office应用》	44.00	42.00	1848.00
	22	BTW-08020	2011年1月19日	鼎盛书店	BK-83034	《操作系统原理》	35.00	42.00	1470.00
	23			鼎盛书店 汇总					12428.00
	24	BTW-08010	2011年1月11日	隆华书店	BK-83022	《计算机基础及Photoshop应用》	22.00	44.00	968.00
	25	BTW-08012	2011年1月12日	隆华书店	BK-83032	《信息安全技术》	19.00	40.00	760.00
	26	BTW-08014	2011年1月13日	隆华书店	BK-83024	《VB语言程序设计》	39.00	29.00	1131.00
	27			隆华书店 汇总					2859.00
	28			总计					23051.00

图 4-4-2　分类汇总结果

1 2 3		A	B	C	D	E	F	G	H
	1					销售订单明细表			
	2	订单编号	日期	书店名称	图书编号	图书名称	销量（本）	定价	小计
	3	BTW-08003	2011年1月4日	博达书店	BK-83034	《操作系统原理》	41.00	42.00	1722.00
	4	BTW-08002	2011年1月4日	博达书店	BK-83033	《嵌入式系统开发技术》	5.00	41.00	205.00
	5	BTW-08004	2011年1月5日	博达书店	BK-83027	《MySQL数据库程序设计》	21.00	36.00	756.00
	6	BTW-08007	2011年1月9日	博达书店	BK-83030	《数据库技术》	1.00	43.00	43.00
	7	BTW-08009	2011年1月10日	博达书店	BK-83035	《计算机组成与接口》	43.00	39.00	1677.00
	8	BTW-08019	2011年1月18日	博达书店	BK-83033	《嵌入式系统开发技术》	33.00	41.00	1353.00
	9	BTW-08021	2011年1月22日	博达书店	BK-83027	《MySQL数据库程序设计》	22.00	36.00	792.00
	10	BTW-08022	2011年1月23日	博达书店	BK-83028	《MS Office高级应用》	38.00	32.00	1216.00
	11			博达书店 汇总					7764.00
	23			鼎盛书店 汇总					12428.00
	24	BTW-08010	2011年1月11日	隆华书店	BK-83022	《计算机基础及Photoshop应用》	22.00	44.00	968.00
	25	BTW-08012	2011年1月12日	隆华书店	BK-83032	《信息安全技术》	19.00	40.00	760.00
	26	BTW-08014	2011年1月13日	隆华书店	BK-83024	《VB语言程序设计》	39.00	29.00	1131.00
	27			隆华书店 汇总					2859.00
	28			总计					23051.00

图 4-4-3　选择数据区域

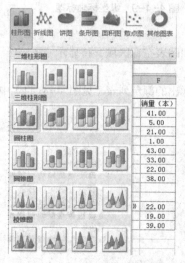

图 4-4-4　三维簇状柱形图

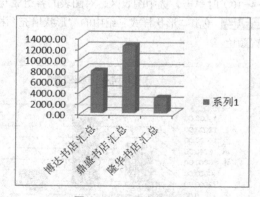

图 4-4-5　图表效果图

2.编辑图表

STEP 1 单击图表，在"布局"选项卡上"标签"组中单击"图表标题"按钮，在展开的列表中选择"图表上方"（见图 4-4-6），然后将图表标题修改为"图书销售图表"，如图 4-4-7 所示。

图 4-4-6 "图表标题" 按钮

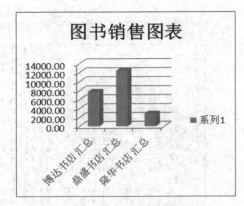

图 4-4-7 添加图表标题

STEP 2 在"布局"选项卡上"标签"组中单击"坐标轴标题"按钮，在展开的列表中选择"主要横坐标轴标题"，在展开的子列表中选择"坐标轴下方"选项，然后输入名称"书店名称"，如图 4-4-8 所示。

STEP 3 在"布局"选项卡上"标签"组中单击"坐标轴标题"按钮，在展开的列表中选择"主要纵坐标轴标题"，在展开的子列表中选择"竖排标题"选项，然后输入名称"小计"，如图 4-4-9 所示。

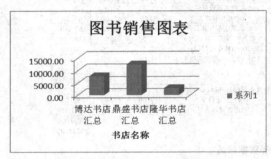

图 4-4-8 横坐标轴标题

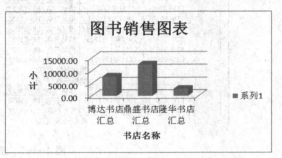

图 4-4-9 纵坐标轴标题

3. 美化图表

STEP 1 打开"图表工具-格式"选项卡，将鼠标指针移到图表空白区域，待显示"图表区"（见图 4-4-10）时单击，选中图表区，对图表的各组成元素进行设置。

STEP 2 单击"形状样式"组中的"形状填充"按钮，在弹出的颜色列表（见图 4-4-11）中为图表设置颜色。

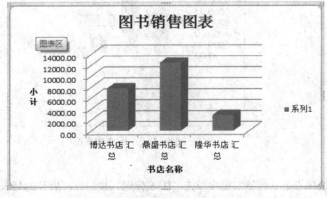

图 4-4-10 选中"图表区"

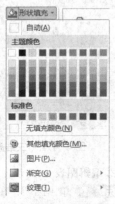

图 4-4-11 形状填充

STEP 3 调整坐标轴标题位置，最后保存工作表为"图书销售图表"，效果如图4-4-12所示。

图 4-4-12 图书销售图表效果图

4. 创建数据透视图表

STEP 1 打开"图书销售表"，单击任意单元格，单击"插入"选项卡上"表格"组中的"数据透视表"下拉按钮（见图4-4-13），在展开的列表中选择"数据透视表"命令。

	A	B	C	D	E	F	G	H	I
2	订单编号	日期	书店名称	图书编号	图书名称	销量（本）	定价	小计	
3	BTW-08001	2011年1月2日	鼎盛书店	BK-83021	《计算机基础及MS Office应用》	12.00	42.00	504.00	
4	BTW-08003	2011年1月4日	博达书店	BK-83034	《操作系统原理》	41.00	42.00	1722.00	
5	BTW-08002	2011年1月4日	博达书店	BK-83033	《嵌入式系统开发技术》	5.00	41.00	205.00	
6	BTW-08004	2011年1月5日	博达书店	BK-83027	《MySQL数据库程序设计》	21.00	36.00	756.00	
7	BTW-08005	2011年1月6日	鼎盛书店	BK-83028	《MS Office高级应用》	32.00	32.00	1024.00	
8	BTW-08007	2011年1月9日	博达书店	BK-83030	《数据库技术》	1.00	43.00	43.00	
9	BTW-08006	2011年1月9日	鼎盛书店	BK-83029	《网络技术》	3.00	46.00	138.00	
10	BTW-08009	2011年1月10日	博达书店	BK-83035	《计算机组成与接口》	43.00	39.00	1677.00	
11	BTW-08008	2011年1月10日	鼎盛书店	BK-83031	《软件测试技术》	3.00	48.00	144.00	
12	BTW-08011	2011年1月11日	鼎盛书店	BK-83023	《C语言程序设计》	31.00	36.00	1116.00	
13	BTW-08010	2011年1月11日	隆华书店	BK-83022	《计算机基础及Photoshop应用》	22.00	44.00	968.00	
14	BTW-08013	2011年1月12日	鼎盛书店	BK-83036	《数据库原理》	43.00	43.00	1849.00	
15	BTW-08012	2011年1月12日	隆华书店	BK-83032	《信息安全技术》	19.00	40.00	760.00	
16	BTW-08014	2011年1月13日	隆华书店	BK-83024	《VB语言程序设计》	39.00	29.00	1131.00	
17	BTW-08015	2011年1月15日	鼎盛书店	BK-83025	《Java语言程序设计》	30.00	33.00	990.00	
18	BTW-08016	2011年1月16日	鼎盛书店	BK-83026	《Access数据库程序设计》	43.00	35.00	1505.00	
19	BTW-08017	2011年1月16日	鼎盛书店	BK-83037	《软件工程》	40.00	46.00	1840.00	
20	BTW-08018	2011年1月17日	鼎盛书店	BK-83021	《计算机基础及MS Office应用》	44.00	42.00	1848.00	
21	BTW-08019	2011年1月18日	博达书店	BK-83033	《嵌入式系统开发技术》	33.00	41.00	1353.00	

图 4-4-13 "数据透视表"命令

STEP 2 在如图4-4-14所示的对话框中可以设置数据源区域，选中"现有工作表"选项，设置位置为"Sheet2!A2"，直接单击"确定"按钮。

STEP 3 经过上面的操作，可以看到创建好的空的数据透视表，我们还需要对其设置布局，如图4-4-15所示。

STEP 4 勾选"书店名称""图书编号""图书名称"和"销量"复选框，如图4-4-16所示。

图 4-4-14 创建数据透视表

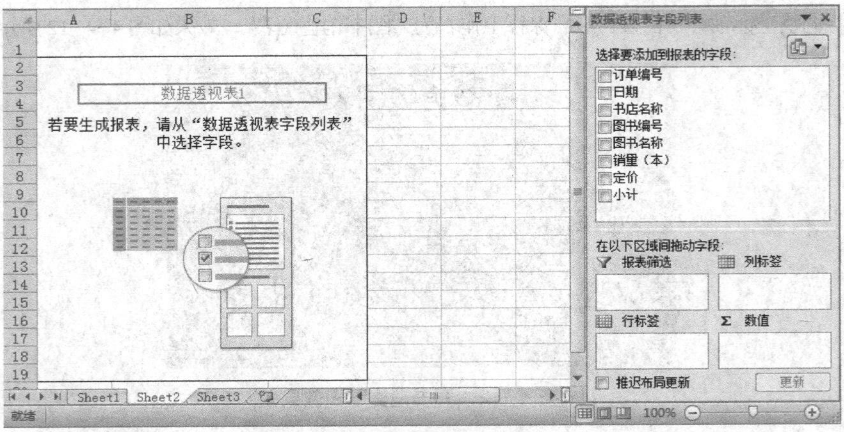

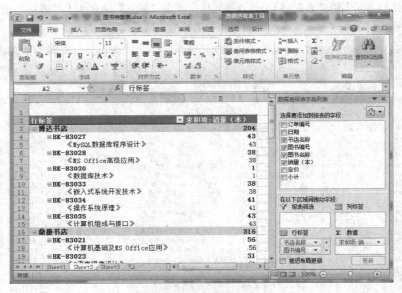

图 4-4-15　数据透视表

图 4-4-16　选择报表字段

STEP 5 选择数据透视表中任意单元格，单击"选项"选项卡上"计算"组中的"域、项目和集"下拉按钮，在展开的列表中选择"计算字段"命令，如图 4-4-17 所示。

STEP 6 弹出如图 4-4-18 所示的对话框，在"名称"中输入"销量统计"，在"公式"中输入"=sum（销量）"，单击"确定"按钮。

图 4-4-17　域、项目和集

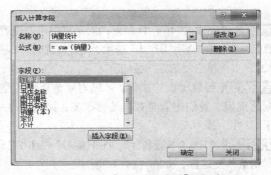

图 4-4-18　"插入计算字段"对话框

STEP 7 经过上面的操作，工作表中的数据透视表添加了"求和项：销量统计"字段（见图 4-4-19）。

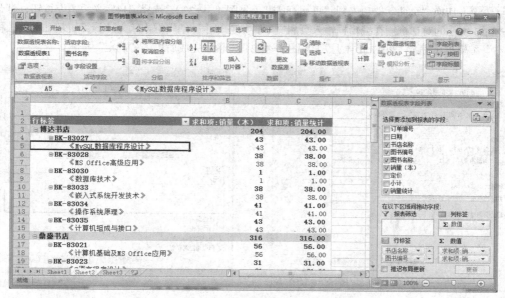

图 4-4-19　销量统计

STEP 8 单击"数据透视表工具"下的"设计"选项卡，单击"数据透视表"列表右下角的下拉按钮，在展开列表中选择想要的样式，如图 4-4-20 所示。

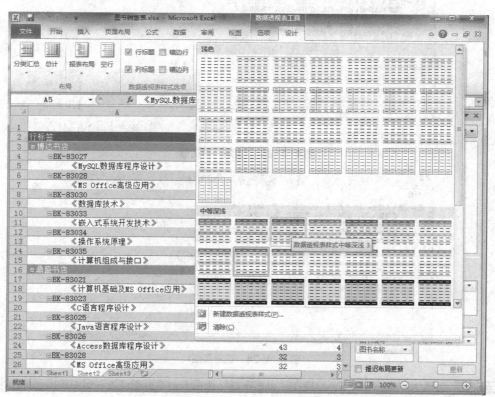

图 4-4-20　设计数据透视表

STEP 9 单击功能区"页面布局"选项卡中的"页面设置"按钮，弹出如图 4-4-21 所示的对话框，设置纸张大小、方向和页边距。

STEP 10 切换"页面"选项卡到"页眉/页脚"（见图 4-4-22），选择"自定义页眉"按钮，打开如图 4-4-23 所示的对话框。在编辑框输入页眉文本，如在"中"编辑框中输入"计算机基础案例教程"，在"右"编辑框中输入"2017 年 4 月"（见图 4-4-24），输入完成后单击"确定"按钮。

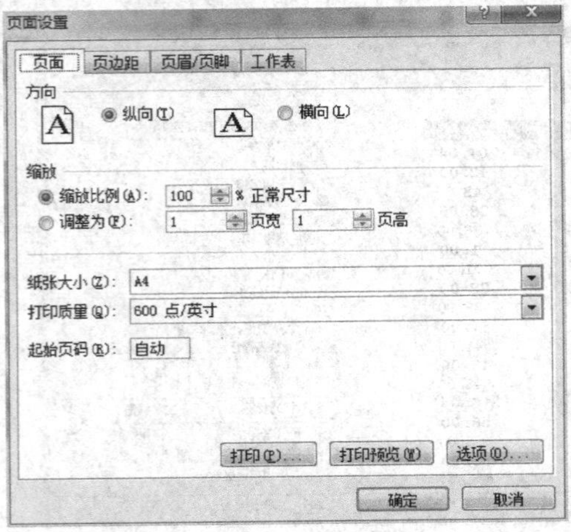

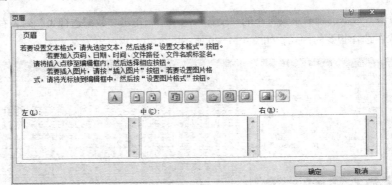

图 4-4-21　页面设置 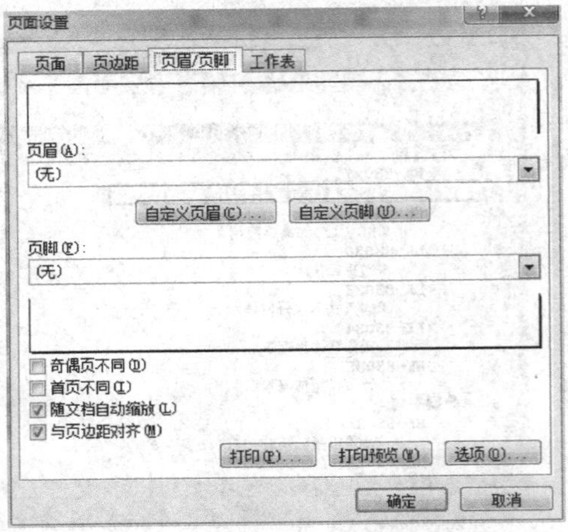　　　　　　　　　　　　图 4-4-22　"页眉/页脚"选项卡

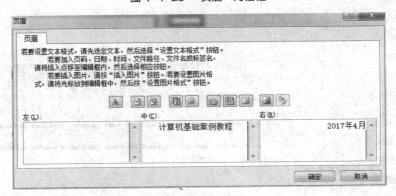

图 4-4-23　"页眉"对话框

图 4-4-24　设置页眉

STEP 11 选择 A2:C44 单元格，然后在"页面布局"选项卡的"页面设置"组中单击"打印区域"按钮，选择"设置打印区域"，将刚刚选择的单元格区域设为打印区域。

STEP 12 页面设置和设置打印区域完成后，单击"文件"选项卡中的"打印"命令就可以完成打印。

4.4.1 相关知识

1.认识图表

（1）图表类型

数据图表就是将单元格中的数据以各种统计图表的形式显示，图表是反映表格数据最直接、最直观、最生动的方法。图表功能是 Excel 具有特色的功能之一。

Excel 提供了 14 种标准图表类型。每一种图表类型又分为多个子类型，可以根据需要选择不同的图表类型表现数据。常用的图表类型有：柱形图、条形图、折线图、饼图、面积图、XY 散点图、圆环图、股价图、曲面图、圆柱图、圆锥图和棱锥图等。图表类型是否合适将会影响表的效果，下面简单介绍几种常见图表类型的应用。

柱形图：用于描述不同时期数据的变化情况，通常用于数据之间的差异，便于人们进行横向的比较。

折线图：用于分析数据随时间的变化趋势，将同一数据序列的数据点在图上用直线连接起来，通常用于分析数据的变化趋势。

饼图：通常用于描述比例和构成等信息，可以显示数据序列项目相对于项目总和的比例大小，但一般只能显示一个序列的值，因此适于强调重要元素。

（2）图表的构成

一个图表主要由以下部分构成，如图 4-4-25 所示。

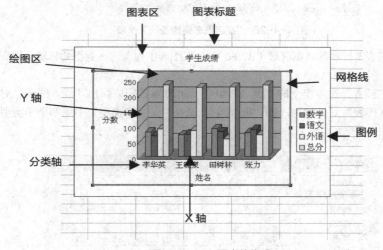

图 4-4-25　图表的构成

图表标题：描述图表的名称，默认在图表的顶端，可有可无。

坐标轴与坐标轴标题：X 轴为分类轴，Y 轴为数值轴。坐标轴标题是 X 轴和 Y 轴的名称，可有可无。

图例：包含图表中相应的数据系列的名称和数据系列在图中的颜色。

绘图区：以坐标轴为界并包含全部数据系列的矩形区域，也是放置图表主体的背景区域。

数据系列和数据标记：一个数据系列对应工作表中选定区域的一行或一列数据。在图表中表示为描绘数值的柱状图、直线或其他元素。比如，可用一组淡紫色的矩形条表示一个数据系列。一个数据标记对应于工作表中一个单元格中的具体数据。

网格线：从坐标轴刻度线延伸出来并贯穿整个"绘图区"的线条系列，可有可无。

背景墙与基底：三维图表中会出现背景墙与基底，是包围在许多三维图表周围的区域，用于显示图表的维度和边界。

图表区：放置图表及标题等元素的区域。

2.图表的基本操作

（1）创建图表

Excel 提供的图表向导大大简化用户制作图表的难度，需要做的仅仅是进行一些简单的设置。下面通过例题讲解图表的创建方法。

例如，根据"某店汽车销售表"（见图 4-4-26）提供的数据建立一个折线图。

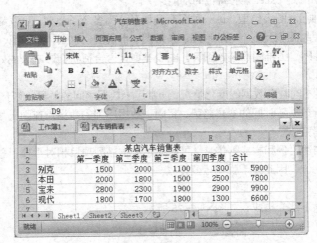

图 4-4-26　"某店汽车销售表"工作表

STEP 1　选定图表要反映的数据区域（A2:E6），如果图表中包含这些数据的标题，则应将标题包含在所选区域内。

STEP 2　单击"插入"选项卡上的"图表"组右下角的 ▣ 按钮，弹出"插入图表"对话框（见图 4-4-27）。在"插入图表"对话框中选择"折线图"，选择"子图表类型"中第四个子类型"带数据标记的折线图"。

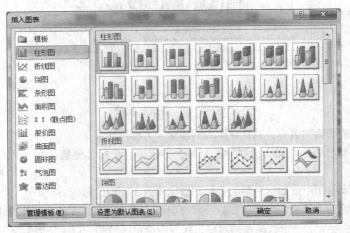

图 4-4-27　"插入图表"对话框

STEP 3　单击"图表标题"（见图 4-4-28），输入"某店汽车销售表"。

（2）编辑和修改图表

图表创建完成后，如果对工作表进行了修改，图表的信息也将随之变化。如果工作表没有变化，也可以对图表的"图表类型""图表数据源""图表大小""图表选项"和"图表位置"等进行修改。

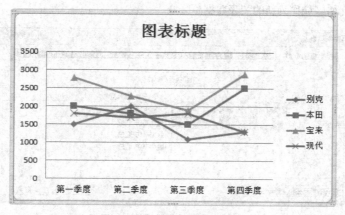

图 4-4-28 图表标题

① 修改图表属性

在图标区右击，从弹出的下拉列表中分别选择"更改图表类型""选择数据""移动图表"命令，如图 4-4-29 所示，即可调出对应的对话框进行修饰。

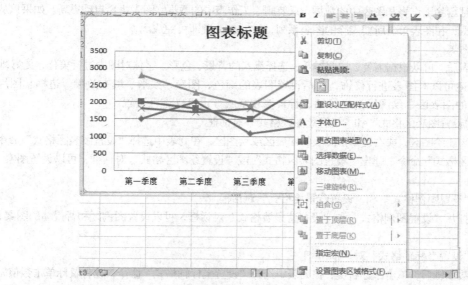

图 4-4-29 右键弹出的下拉列表

② 移动图表和调整图表大小

用户可以对嵌入式图表的位置和大小进行任意调整。用鼠标单击图表，图表四周显示出控制点（即小黑方块），说明图表被选中。将鼠标指针放在图表区空白的任意一个位置上，然后用鼠标拖动到新的位置即可移动图表；将鼠标移到控制点处，当指针变为双箭头形状时按住鼠标左键拖动，此时鼠标指针将变为十字形，显示的虚线框表示调整的大小，调整到合适大小时，释放鼠标左键即完成调整。除了可以调整图表的大小外，还可以调整绘图区的大小，操作步骤和调整图表大小相似。

③ 修改图表源数据

若在图表创建完成后，发现其数据源区域有误或需要添加、删除数据源，则可以重新指定数据源，而不必重新创建图表。

● 向图表中添加源数据

右键单击图表区或绘图区，在列表中选择"选择数据"选项，弹出如图 4-4-30 所示的对话框，拖动鼠标重新选择单元格区域作为新的图表数据源区域。

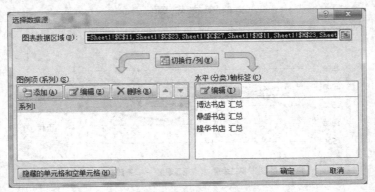

图 4-4-30 "选择数据源"对话框

添加源数据还可以选定单元格区域，将选定的单元格区域用鼠标拖到图表中，释放鼠标，即可将数据添加到图表中。

● 删除图表中的数据

如果要同时删除工作表和图表中的数据，只要删除工作表中的数据，图表将会自动更新。如果只从图表中删除数据，在图表单击所要删除的图表系列，按 Delete 键即可完成。

（3）美化图表

创建完图表后，可以根据需要，按照提示，选择满意的背景、色彩、字体对图表进行美化，更好地表现工作表。还可以对图表进行修饰，包括设置图表的颜色、图案、线形、填充效果、边框和图片等。对图表中的图表区、绘图区、坐标轴、背景墙和基底等也可以进行设置。

① 利用"设置图表区格式"和"设置绘图区格式"对话框

双击图表区或绘图区，或右键单击图表的图表区或绘图区，在列表中选择"设置图表区格式"命令或"设置绘图区格式"命令，弹出"设置图表区格式"或"设置绘图区格式"对话框，可以设置图案、字体和属性等。

② 利用"设置图例格式"和"设置背景墙格式"对话框

同上可以打开"设置图例格式"和"设置背景墙格式"对话框，可以设置图例区和背景墙的图案、字体和属性等。

③ 利用"设置坐标轴格式"对话框

鼠标指向数值轴后，单击鼠标右键，在列表中选择"设置坐标轴格式"命令；或者鼠标单击数值轴后，选择"布局"选项卡上"坐标轴"组中的"坐标轴"按钮（见图 4-4-31），在其下拉列表中选择"主要横坐标轴"，在子下拉列表中选择"其他主要横坐标轴选项"，将弹出"设置坐标轴格式"对话框（见图 4-4-32）。利用"设置坐标轴格式"对话框可以设置坐标轴的图案（坐标轴线条样式和颜色）、刻度（设置数值轴上最大/小值、主/次要刻度单位等）、数字、字体、对齐等。

④ 修改标题

图表中的标题文字也可以在图表创建完成后再进行修改。鼠标指向并单击图表标题，图表标题四周将显示控制点，表示已被选中，输入新的标题，按 Enter 键就可以完成；或当鼠标光标变为"I"形时，单击定位光标，然后修改标题。修改完成后，鼠标单击标题框区域外任意位置，完成修改。

对图表中的分类轴标题和数值轴标题也可以按上述方法进行修改。

（4）迷你图

迷你图是 Excel 2010 中的一个新功能，它是嵌入在工作表单元格中的一个微型图表。使用迷你图可以显示一系列数值的趋势（例如，季节性增加或减少、经济周期），可以突出显示最大值和最小值，或者在单元格中输入文本而使用迷你图作为其背景。

图 4-4-31 "坐标轴"命令

图 4-4-32 "设置坐标轴格式"对话框

3. 创建数据透视表

数据透视表是一种可以快速汇总大量数据的交互式方法，可以进行某些计算，如求和与计数等，所进行的计算与数据跟数据透视表中的排列有关。使用数据透视表可以从新的角度显示数据，从而深入地分析数据。数据透视表实际上是从数据清单中生成的动态总结报表。在数据透视表中，源数据中的每列或每个字段都成为汇总多行信息的数据透视表字段。因此，使用数据透视表可以使研究数据变得更加简单，而且对透视表的任何修改都不会影响到源数据表。

STEP 1 打开工作簿，单击任意单元格，单击"插入"选项卡上"表格"组中的"数据透视表"下拉按钮，在展开的列表中选择"数据透视表"命令。

STEP 2 弹出"创建数据透视表"对话框，单击"选择一个表或区域"选项，单击文本框右侧的折叠按钮，返回到工作表窗口，拖动鼠标选择数据区域，然后再次单击折叠按钮，如图 4-4-33 所示。

STEP 3 返回"创建数据透视表"对话框，单击"新工作表"选项，单击"确定"按钮。此时，将自动生成新工作表，并出现数据透视表框架。

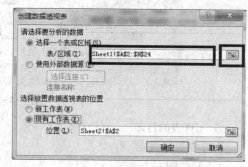

图 4-4-33 创建数据透视表

STEP 4 拖动选择要添加的字段到报表的字段列表中的"行标签"中，使用同样方法，拖动其他字段到其他三个列表框。此时，数据透视表显示对添加字段的自动汇总。

4. 编辑数据透视表

（1）设置透视表布局

选中数据透视表中任意单元格，单击"设计"选项卡上"布局"组中的"报表布局"按钮，在展开的列表中选择"以大纲形式显示"命令，如图 4-4-34 所示。此时就可以看到数据透视表以大纲的形式显示。

（2）设置数据透视表样式

单击"设计"选项卡上"数据透视表样式"组右下角的下拉按钮，在展开列表中选择想要的样式，如图 4-4-35 所示。

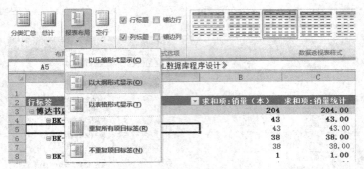

图 4-4-34　大纲形式显示

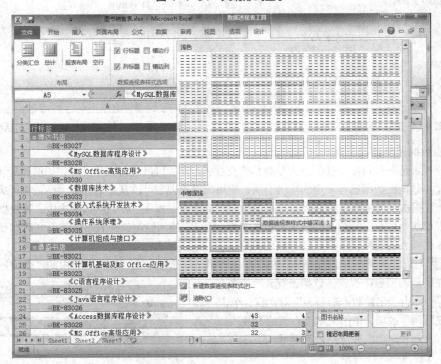

图 4-4-35　设计数据透视表

5.工作表的打印

（1）页面设置

① 页边距

选择"页面设置"选项卡中的"页边距"标签（见图 4-4-36），可以选择已经定义好的页边距；也可以利用"自定义边距"选项，弹出"页面设置"对话框，设置页面中正文与页面边缘的距离，在"上""下""左""右"数值框输入所需的页面边距值。

② 页眉/页脚

选择"页面设置"选项卡中的"页眉/页脚"标签，可以在"页眉"和"页脚"的下拉列表框中选择内置的页眉和页脚格式。

③ 设置工作表

选择"页面设置"选项卡中的"工作表"标签（见图 4-4-37），可以利用"打印区域"右侧的按钮选定打印区域，此处打印区域为 A2:C44；利用"打印标题"右侧的折叠按钮选定行或者列标题区域，为每页设置打印行或列标题。

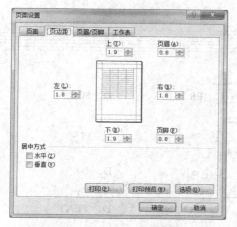

图 4-4-36　"页面设置"对话框　　　　　　　图 4-4-37　工作表标签

（2）设置打印区域

选定要打印的区域，选择"页面设置"中的"打印区域"，选择下拉列表中的"设置打印区域"命令，选定的区域就设定为打印区域了。

或者在 Excel 中选择"视图"中的"分页预览"命令（见图 4-4-38），然后利用鼠标选定待打印区域，右击选中区域，在弹出的列表中选择"设置打印区域"命令（见图 4-4-39）。

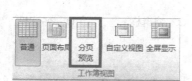

图 4-4-38　分页预览

图 4-4-39　设置打印区域

4.4.2　巩固练习

——制作商品销售图表

使用图表的形式直观地呈现每一位销售员的销售情况。通过该任务让学生更加熟练地掌握在 Excel 中创建图表、编辑图表以及美化图表的方法，效果如图 4-4-40 和图 4-4-41 所示。

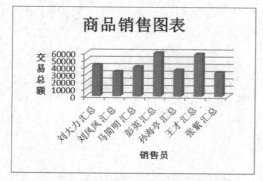

图 4-4-40　职大澳购网商品销售图表（销售员）

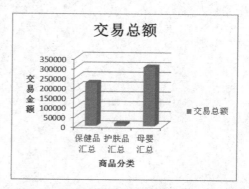

图 4-4-41　职大澳购网商品销售图表（商品分类）

思考与练习

1. 下列 Excel 的表示中，属于绝对地址引用的是_____。
   A. $A2　　　　　　B. C$　　　　　　C. E8　　　　　　D. C8
2. 在 Excel 中，一般工作表的默认文件类型是_____。
   A. docx　　　　　B. mdf　　　　　C. xlsx　　　　　D. pptx
3. 在 Excel 中，公式的定义必须是以_____符号开头。
   A. =　　　　　　　B. "　　　　　　　C. :　　　　　　D. *
4. 在 Excel 中，计算所有数值的平均值函数为_____。
   A. SUM　　　　　B. AVERAGE　　　C. COUNT　　　D. TEXT
5. 在 Excel 中，计算所有数值的和函数为_____。
   A. SUM　　　　　B. AVERAGE　　　C. COUNT　　　D. TEXT
6. Excel 中处理并存储的基本工作单位叫_____。
   A. 单元格　　　　B. 工作表　　　　C. 工作簿　　　D. 活动单元格
7. 在 Excel 中，当用户希望使标题位于单元格中央位置时，可以使用对齐方式中的_____。
   A. 置中　　　　　B. 合并后居中　　C. 分散对齐　　D. 填充
8. 在 Excel 中，对数据表做分类汇总前先_____。
   A. 按任意列排序　　　　　　　　　B. 进行筛选操作
   C. 按分类列排序　　　　　　　　　D. 选中分类汇总数据
9. 在 Excel 中，工作表区域 A2:C4 中有_____个单元格。
   A. 3　　　　　　　B. 6　　　　　　C. COUNT　　　D. 12
10. 活动单元格的地址显示在_____内。
    A. 工具栏　　　　B. 状态栏　　　　C. 编辑栏　　　D. 名称框

CHAPTER 5 第五章
PowerPoint 2010 演示文稿 制作

PowerPoint 2010 是一款演示文稿制作软件，是 Microsoft 公司推出的 Office 2010 套装办公软件中的一员。在 PowerPoint 2010 中可以利用文本、图像、视频、动画等设计生动的演示文稿，从而帮助用户图文并茂地向公众阐述观点、传递信息，进行学术交流和展示新产品等。PowerPoint 2010 与之前版本相比，不仅新增了图片和视频编辑功能，提供了多种广播和共享演示文稿的方式，而且切换效果和动画运行更加平滑和丰富。本章主要介绍：

- 演示文稿的基本操作及其格式设置
- 演示文稿视图的使用及幻灯片的编辑操作
- 幻灯片的美化及个性化母版制作
- 在幻灯片中添加图形、声音和视频等多媒体
- 幻灯片动画设置技巧和超链接设置
- 演示文稿的放映效果设置、打包与发布设置

【案例 5.1】制作简单演示文稿

◆学习目标

通过本案例学习，要求读者掌握制作演示文稿的基本操作：创建演示文稿，插入新幻灯片，应用幻灯片版式，文本输入及其格式设置等。通过插入表格、图表、SmartArt 图形、图片、艺术字和影片等媒体来丰富演示文稿的内容，以及应用设计模板修饰幻灯片等。

◆案例分析

根据学习目标的需要设置，本案例精选"专业剖析汇报.pptx"演示文稿中的八张幻灯片，通过选择不同版式，添加不同内容，应用设计模板，插入页眉页脚等操作美化页面。力图通过一个案例，使学习者掌握简单演示文稿的制作流程。专业剖析汇报演示文稿效果如图 5-1-1 所示。

◆操作步骤

1. 制作第一张标题幻灯片

STEP 1 单击"开始"→"所有程序"→"Microsoft Office"→"Microsoft Office PowerPoint 2010"命令或双击桌面快捷图标 ，启动 PowerPoint 2010 应用程序。如果已打开其他演示文稿，可以单击"文件"选项卡中的"新建"命令，新建一个空白演示文稿。

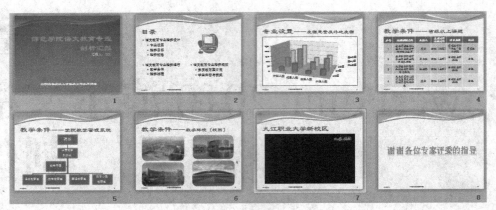

图 5-1-1　专业剖析汇报演示文稿效果图

STEP 2 在"设计"功能选项卡"主题"组中选择"流畅"主题，如图5-1-2所示。

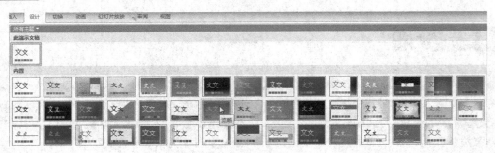

图 5-1-2　选择"流畅"主题

STEP 3 单击"开始"选项卡中的"版式"，在如图5-1-3所示的"版式"选项中选择"标题幻灯片版式"。在"单击此处添加标题"占位符中输入"师范学院语文教育专业剖析汇报"，设置字体为"隶书（标题）"，字号为54磅，加粗，文字阴影 **S**。

STEP 4 在"单击此处添加副标题"占位符中输入文本"汇报人：XXX"，设置字体为"宋体"，字号为24磅。

STEP 5 单击"插入"选项卡，单击"文本框"，选择"横排文本框"，然后在幻灯片左下角单击鼠标插入文本框，输入文本"高职高专院校人才培养工作水平评估"，设置字体为"隶书"，字号为24磅，加粗。

STEP 6 保存文件名为"专业剖析汇报"，制作完成的幻灯片如图5-1-4所示。

图 5-1-3　版式选项

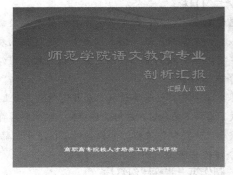

图 5-1-4　标题幻灯片效果

2.制作第二张目录幻灯片

STEP 1 选中标题幻灯片缩略图，在"开始"选项卡中单击"新建幻灯片"，在选项中选择"两栏内容"版式，插入如图5-1-5所示的幻灯片。

STEP 2 在"单击此处添加标题"占位符中输入文本"目录"，设置字体为"隶书"，字号为50磅。

STEP 3 在左边的文本占位符中分行输入文本"语文教育专业培养设计""专业设置""培养目标""培养规格""语文教育专业培养运行""教学条件"和"培养过程"。在右边的文本占位符中分行输入文本"语文教育专业培养成效""素质教育图片展"和"学生荣誉与获奖"。

STEP 4 选取文本"专业设置""培养目标"和"培养规格"，在"开始"选项卡中单击"增加缩进量"按钮，设置为下一级项目符号；再次分别选取文本"教学条件""培养过程""素质教育图片展"和"学生荣誉与获奖"，做同样增加缩进量设置。

STEP 5 单击"插入"选项卡，选择"剪贴画"，在右边任务窗口中单击"搜索"，选择适合的剪贴画插入至幻灯片右上角。调整右文本占位符大小，并移动至幻灯片右下角。

STEP 6 保存制作完成的幻灯片，如图5-1-6所示。

图 5-1-5　插入新幻灯片

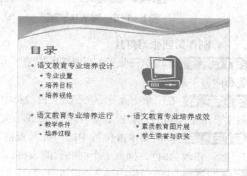

图 5-1-6　目录幻灯片效果

3. 制作第三张幻灯片

STEP 1 选中第二张幻灯片缩略图，在"开始"选项卡中，单击"新建幻灯片"，在选项中选择"标题和内容"版式。

STEP 2 在"单击此处添加标题"占位符中输入文本"专业设置——生源总量及外地生源"，选取文本"专业设置"，设置字体为"隶书"，字号为50磅；选取文本"——生源总量及外地生源"，设置字体为"隶书"，字号为36磅。

STEP 3 单击文本占位符中的"插入图表"，弹出如图5-1-7所示的"插入图表"对话框，选择"三维圆柱图"，确认后则打开 Excel 数据表窗口，直接在数据表中修改数据，如图5-1-8所示为修改后的数据表，然后关闭 Excel 即可。

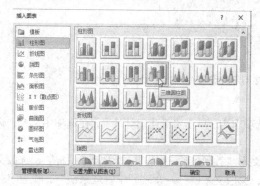

图 5-1-7　"插入图表"对话框

	A	B	C	D	E	F
1		06级	07级	08级		
2	计划人数	40	100	150		
3	报到人数	86	201	216		
4	本地人数	28	77	90		
5	外地人数	58	124	126		
6						
7						
8		若要调整图表数据区域的大小，请拖拽区域的右下角。				

图 5-1-8　修改后的数据表

STEP 4 单击幻灯片中的图表，单击"图表工具"的"设计"选项卡，在"图表样式"中选择"样式36"，如图5-1-9所示。

STEP 5 调整图表的位置和大小，保存，制作完成的幻灯片如图5-1-10所示。

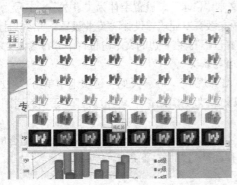

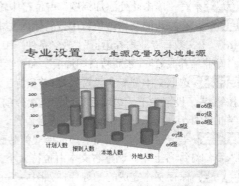

图 5-1-9　图表样式图　　　　　　　图 5-1-10　第三张幻灯片效果

4. 制作第四张幻灯片

STEP 1 选中第三张幻灯片缩略图，在"开始"选项卡中，单击"新建幻灯片"，在选项中选择"标题和内容"版式。

STEP 2 在"单击此处添加标题"占位符中输入文本"教学条件——省级以上课题"，选取文本"教学条件"，设置字体为"隶书"，字号为50磅；选取文本"——省级以上课题"，设置字体为"隶书"，字号为36磅。

STEP 3 单击文本占位符中的"插入表格"，弹出"插入表格"对话框，将"列数"修改为6列，"行数"修改为5行，插入一个6列5行的表格。

STEP 4 在单元格中输入如图5-1-11所示的内容，单元格字体设置为"楷体"，字号为18磅，对齐方式为水平和垂直均居中，并根据需要调整列宽，保存，制作完成幻灯片。

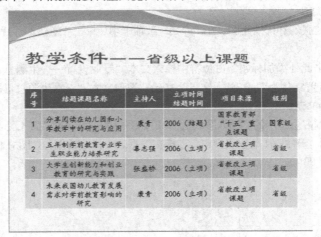

图 5-1-11　表格幻灯片设置

5. 制作第五张幻灯片

STEP 1 选中第四张幻灯片缩略图，在"开始"选项卡中，单击"新建幻灯片"，在选项中选择"标题和内容"版式。

STEP 2 在"单击此处添加标题"占位符中输入文本"教学条件——学院教学管理系统"，选取文本"教学条件"，设置字体为"隶书"，字号为50磅；选取文本"——学院教学管理系统"，设置字体为"隶书"，字号为36磅。

STEP 3 单击文本占位符中的"插入 SmartArt 图形"，弹出"选择 SmartArt 图形"对话框，选择"层次结构"中的"组织结构图"，单击"确定"按钮。

STEP 4 如图5-1-12所示为默认的组织结构图，用鼠标右键单击第一级别形状，在弹出的快捷菜单中选择"添加形状"中的"在下方添加形状"，如图5-1-13所示；再用鼠标右键单击第一级别形状，在弹出的快捷菜单中选择"添加形状"中的"在上方添加形状"，添加完毕后效果如图5-1-14所示。选中现有的第二个级别，单击"SmartArt 工具"的"设计"选项卡的"创建图形"组中的"布局"，在下拉列表中选中"标准"，如图5-1-15所示。

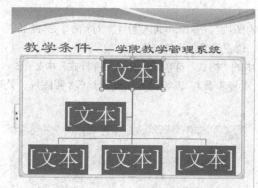

图 5-1-12　组织结构图默认效果

图 5-1-13　在下方添加形状

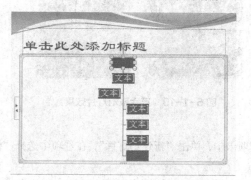

图 5-1-14　添加形状后的效果

图 5-1-15　标准布局

STEP 5 在层次组织结构图的形状上单击右键，选择"编辑文字"命令。依次在文本框中输入"院长""分管教学副院长""教学干事""语文教研室""数学教研室""英语教研室"和"教育心理教研室"，设置字体为"宋体"，字号为20磅，适当调整文字和形状大小。

STEP 6 单击组织结构图，单击"SmartArt工具"的"设计"选项卡，在"SmartArt 样式"中选择"三维"下的"卡通"样式，如图5-1-16所示。保存演示文稿，完成的第五张组织结构图幻灯片如图5-1-17所示。

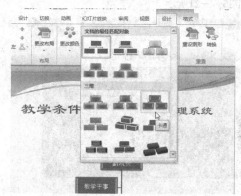

图 5-1-16　"SmartArt"样式

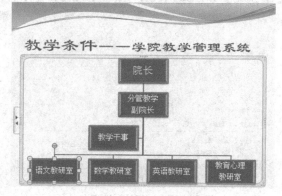

图 5-1-17　第三张幻灯片效果

6. 制作第六张幻灯片

STEP 1 选中第五张幻灯片缩略图，在"开始"选项卡中，单击"新建幻灯片"，在选项中选择"标题和内容"版式。

STEP 2 在"单击此处添加标题"占位符中输入文本"教学条件——教学环境（校园）"，选取文本"教学条件"，设置字体为"隶书"，字号为50磅；选取文本"——教学环境（校园）"，设置字体为"隶书"，字号为36磅。

STEP 3 单击文本占位符中的"插入来自文件的图片"，弹出"插入图片"对话框，选择插入"校园1"～"校园4"四张图片，然后调整图片的大小、位置及叠放次序。

STEP 4 选择图片"校园1"，单击"图片工具"中的"格式"选项卡，在"图片样式"中如图5-1-18所示选择"棱台矩形"，对图片进行优化效果处理。重复步骤4，以相同方法处理其他3张图片，处理后的效果如图5-1-19所示，保存。

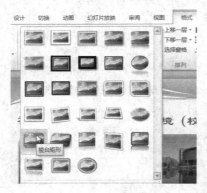

图 5-1-18　图片样式

图 5-1-19　第六张幻灯片效果

7. 制作第七张幻灯片

STEP 1 选中第六张幻灯片缩略图，在"开始"选项卡中，单击"新建幻灯片"，在选项中选择"标题和内容"版式。

STEP 2 在"单击此处添加标题"占位符中输入文本"九江职业大学新校区"，选取文本设置字体为"隶书"，字号为50磅。

STEP 3 单击文本占位符中的"插入媒体剪辑"图标，打开"插入视频文件"对话框，选择视频文件"九江职业大学新校区延时摄影.wmv"，单击"插入"按钮，幻灯片中出现视频文件。

STEP 4 选择视频，在功能区中单击"播放"选项卡，在"视频选项"组中设置"开始"选项为"单击时"，勾选"全屏播放"复选框，如图5-1-20所示。

STEP 5 保存演示文稿，完成的第七张影片幻灯片如图5-1-21所示。

图 5-1-20　"播放"选项卡

图 5-1-21　第七张幻灯片效果

8. 制作第八张幻灯片

STEP 1 选中第七张幻灯片缩略图，在"开始"选项卡中，单击"新建幻灯片"，在选项中选择"空白"版式。

STEP 2 选择"插入"选项卡的"文本"组，单击"艺术字"，选择"填充−蓝色，强调文字颜色1，塑料棱台，映像"，如图5−1−22所示。在幻灯片窗格中的"请在此放置您的文字"文本框中输入文字"谢谢各位专家评委的指导"。

STEP 3 保存，制作完成的幻灯片如图5−1−23所示。

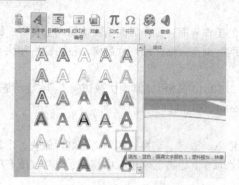

图 5-1-22　艺术字选项

图 5-1-23　第八张幻灯片效果

9. 页眉页脚应用

在"插入"选项卡中，单击"页眉和页脚"，弹出"页眉和页脚"对话框，如图 5-1-24 所示。设置"日期和时间""幻灯片编号"和"页脚"后，单击"全部应用"按钮，所有幻灯片都添加了页眉和页脚。最后，保存演示文稿"专业剖析汇报.pptx"，完成本案例的设计与制作。

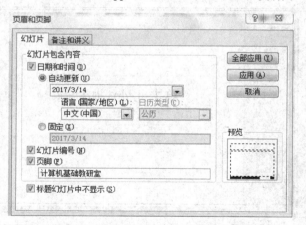

图 5-1-24　设置"页眉和页脚"对话框

5.1.1　相关知识

1. PowerPoint 2010 介绍

（1）启动 PowerPoint 2010

启动 PowerPoint 2010 的常用方法有以下几种：

● 从开始菜单启动。单击"开始"→"所有程序"→"Microsoft Office"→"Microsoft PowerPoint 2010"命令，会自动生成一个名为"演示文稿1"的空白演示文稿。

● 从桌面快捷图标启动。如果桌面上有 Microsoft PowerPoint 2010 图标 ，双击该快捷图标即可。

● 用已有的 PowerPoint 文档启动。双击计算机中的 PowerPoint 2010 文档（扩展名为.pptx），启动程序后自动打开该演示文稿。

（2）退出 PowerPoint 2010

可以使用以下方法之一退出 PowerPoint 2010 程序：

- 单击 PowerPoint 2010 工作界面标题栏右上角的"关闭"按钮 ▆▆×▆ 。
- 双击 PowerPoint 2010 工作界面标题栏最左侧的控制菜单图标 ▆P▆ 。
- 单击"文件"→"退出"命令。
- 按 Alt+F4 组合键。

（3）PowerPoint 2010 工作界面

启动 PowerPoint 2010 后，打开如图 5-1-25 所示的工作界面，工作界面由快速访问工具栏、标题栏、"文件"菜单、功能选项卡、功能区、"幻灯片/大纲"浏览窗格、幻灯片窗格、备注窗格和状态栏等组成。

由于 PowerPoint 2010 的工作界面与 Word 2010、Excel 2010 很相似，其中快速访问工具栏、标题栏、"文件"菜单的功能基本相同，下面将主要介绍 PowerPoint 2010 的部分工作界面。

① 功能选项卡和功能区

PowerPoint 2010 中包括 8 个功能选项卡：开始、插入、设计、切换、动画、幻灯片放映、审阅和视图，默认显示"开始"选项卡。用户单击不同的功能选项卡，下方的功能区中将显示该功能所有的菜单和命令。

图 5-1-25　PowerPoint 2010 工作界面

② 演示文稿编辑区

在普通视图下，演示文稿编辑区由幻灯片窗格、"幻灯片/大纲"浏览窗格和备注窗格三部分组成。用户在编辑幻灯片时，可同时看到这三个窗格的内容，并且拖动窗格之间的分界线可以调整各窗格大小，以方便用户编辑演示文稿。

a. 幻灯片窗格

幻灯片窗格位于演示文稿编辑区的右侧，用于显示和编辑幻灯片内容，例如添加和编辑文本、图像、表格和媒体等。其中，灰色虚线框称为占位符，用于输入文本信息。

b. "幻灯片/大纲"浏览窗格

"幻灯片/大纲"浏览窗格位于演示文稿编辑区的左侧，用于显示当前演示文稿的内容和结构。单击"幻灯片"和"大纲"两个选项卡，可以在"幻灯片"浏览窗格和"大纲"浏览窗格之间切换。在"幻灯片"浏览窗格中，将显示当前演示文稿所有幻灯片的缩略图和编号，单击某张幻灯片缩略图，则右边幻灯片窗格立即显示该张幻灯片的内容；在"大纲"浏览窗格中，将显示当前演示文稿中所有幻灯片的标题与正文信息。如果用户在幻灯片窗格中编辑文本信息，则"大纲"浏览窗格也同步变化，反之亦然。

c. 备注窗格

备注窗格位于幻灯片窗格的下方，演讲者可以输入当前幻灯片的注释和说明等信息，帮助演讲者更好地演讲。在备注窗格中只能添加文本信息。

③ 状态栏

状态栏位于工作界面的底部，如图 5-1-26 所示。用于显示当前幻灯片的序号、当前演示文稿所含幻灯片的总数、应用模板的名称、视图切换按钮和页面显示比例。单击视图切换按钮可以切换到相应视图；拖动显示比例的调节块可以改变幻灯片的显示比例。

图 5-1-26　PowerPoint 2010 状态栏

（4）PowerPoint 2010 视图

PowerPoint 中显示演示文稿的方式称为视图，它能够帮助用户从不同角度有效管理演示文稿。PowerPoint 2010 有 5 种视图：普通视图、幻灯片浏览视图、备注页视图、阅读视图、幻灯片放映视图。视图切换的方法有两种：单击"视图"选项卡，在"演示文稿视图"功能组中单击所需的视图，或者单击工作界面状态栏右侧的视图切换按钮。各种视图的功能介绍如下。

① 普通视图

普通视图是 PowerPoint 默认的视图模式，如图 5-1-27 所示。在普通视图中，可以浏览当前演示文稿的整体结构，编辑单张幻灯片内容和输入备注信息，是设计和编辑演示文稿的最主要视图。

② 幻灯片浏览视图

在幻灯片浏览视图中，演示文稿的所有幻灯片以缩略图排列显示，如图 5-1-28 所示。用户可以浏览演示文稿的整体结构和效果，还可以改变幻灯片顺序、插入或复制幻灯片、改变演示文稿背景以及设置幻灯片切换效果等，但不能编辑幻灯片中的内容。

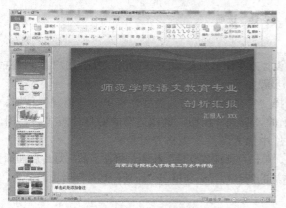

图 5-1-27　普通视图

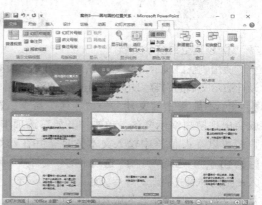

图 5-1-28　幻灯片浏览视图

③ 幻灯片放映视图

在幻灯片放映视图中，用户可以预览、播放演示文稿。放映演示文稿时，幻灯片将全屏幕动态演示。观众通过投影仪可以在屏幕上观看文本、图形、视频、动画效果和切换效果等。放映演示文稿时，用户可以按 F5 键快速启动幻灯片放映。

④ 备注页视图

备注页视图与普通视图类似，演讲者可以添加幻灯片的注释、说明信息，并且打印出来供演讲时参考，或将打印的备注分发给观众。

⑤ 阅读视图

在阅读视图中，各张幻灯片将以窗口大小进行放映。可以看到在该视图模式中只显示标题栏、阅读区和状态栏，方便用户查阅演示文稿。

2. 演示文稿基本操作

（1）创建演示文稿

启动 PowerPoint 软件就会自动新建一个空白演示文稿。演示文稿实际上是 PowerPoint 创建的文件，它是由一系列的多张幻灯片组成，每张幻灯片都是演示文稿中相互独立又相互联系的内容，是构成演示文稿的一页。

创建演示文稿的方法有多种，用户可以单击"文件"→"新建"命令，右侧显示"可用的模板和主题"选项和"Office.com 模板"选项，如图 5-1-29 所示。用户选择其中一项创建演示文稿，其中"Office.com 模板"选项需要连接互联网才能下载模板。下面介绍常用的 3 种创建演示文稿方法：创建空白演示文稿、使用模板创建、根据现有文稿新建演示文稿。

图 5-1-29 "新建"选项

① 创建空白演示文稿

使用"空白演示文稿"方式，会打开一个没有设计方案和示例文本的空白演示文稿，用户需要自主设计演示文稿的内容和外观，创建空白演示文稿的步骤如下：

STEP 1 单击"文件"→"新建"命令，选择"空白演示文稿"类型，再单击"创建"按钮，就会出现空白演示文稿。单击"开始"选项卡上的"版式"按钮，选择适当的幻灯片版式后，用户就可以在占位符中输入文本信息，并在幻灯片中插入图片、表格等对象。

STEP 2 选择"开始"选项卡的"幻灯片"组，单击"新建幻灯片"按钮，将在当前幻灯片后面插入一张同样版式的新幻灯片。如果需要插入不同布局的幻灯片，必须单击"新建幻灯片"旁边的箭头，从下拉列表中选择适当的版式。

STEP 3 重复步骤2，直到完成全部幻灯片的创建。必要时可以设计幻灯片的背景及配色方案，具体方法见后面有关章节。

　　② 利用模板创建演示文稿

　　设计模板是指事先设计好的一组演示文稿的样式框架。用户只要在设计模板的相应位置填充所需内容，这样省时省力，提高了工作效率。当然，若设计模板不能满足个人要求时，可以对原有模板进行编辑和修改。使用设计模板创建演示文稿的方法如下：

　　选择"文件"→"新建"命令，单击"样本模板"按钮，出现"样本模板"选项，如图 5-1-30 所示。选择一种模板，单击"创建"按钮后，就能显示用该模板创建的演示文稿样式。然后在每一张幻灯片上输入文本，插入图片和表格等内容，就能轻松地完成演示文稿。图 5-1-31 是应用"PowerPoint 2010 简介"模板创建的演示文稿。

图 5-1-30　"样本模板"选项

图 5-1-31　应用模板创建演示文稿

　　③ 根据现有文稿新建演示文稿

　　用户可以在现有演示文稿的基础上进行改动，从而生成新的演示文稿。用现有演示文稿创建演示文稿的步骤如下：

STEP 1 选择"文件"→"新建"命令，右侧显示"可用的模板和主题"选项。

STEP 2 单击"根据现有内容新建"选项，弹出"根据现有演示文稿新建"对话框，与打开演示文稿文件的操作一样，通过"查找范围"栏确定目标演示文稿所在的文件夹，选择该文件夹中目标演示文稿后，单击对话框的"创建"按钮。

STEP 3 对该演示文稿的各幻灯片做相应修改并保存，即可创建一个新演示文稿。

　　（2）保存演示文稿

　　在 PowerPoint 中创建完演示文稿后，应该立即对其命名并保存在磁盘上。实际上，在制作过程中也应每隔一段时间保存一次，防止因停电或死机而导致丢失已经完成的幻灯片信息。

　　① 直接保存演示文稿

　　选择"文件"→"保存"命令（Ctrl+S 组合键），或者单击"快速访问工具栏"中的"保存"按钮，打开"另存为"对话框，在左侧窗格中选择保存位置，并在"文件名"框中，输入演示文稿文件名，默认保存类型为"PowerPoint 演示文稿"，扩展名为".pptx"，如图 5-1-32 所示，最后单击"保存"按钮。

　　如果要保存文件的副本，必须选择"文件"→"另存为"命令，弹出"另存为"对话框，操作同上。保存时，单击"保存类型"的下拉列表，可以将演示文稿保存为多种格式。

　　② 将演示文稿保存为模板

　　将演示文稿保存为模板，可以提高制作同类型演示文稿的效率。选择"文件"→"保存"命令，打开"另存为"对话框，在"保存类型"下拉列表中选择"PowerPoint 模板（*.potx）"选项，最后单击"保存"按钮。

图 5-1-32 "另存为"对话框

③ 保存为低版本演示文稿

如果要保存为在 PowerPoint 97 或 PowerPoint 2003 早期版本中能编辑的演示文稿，则在"另存为"对话框的"保存类型"下拉列表中必须选择"PowerPoint 97-2003 演示文稿（*.ppt）"。

④ 自动保存

自动保存是指在编辑演示文稿过程中，每隔一段时间自动保存当前文档信息。遇意外而重新启动后，PowerPoint 会自动打开最后一次保存的内容，供用户存盘后再继续编辑。设置"自动保存"的方法如下：

选择"文件"→"选项"命令，打开"PowerPoint 选项"对话框，单击"保存"选项卡，勾选"保存自动恢复信息时间间隔"复选框，输入指定间隔时间（默认 10 分钟），表示间隔指定时间就自动保存一次。另外，选择"如果我没保存就关闭，请保留上次自动保留的版本"复选框，在"自动恢复文件位置"框中设置路径，用于恢复未保存的演示文稿。"默认文件位置"框中用于设置演示文稿保存的默认路径，以后保存时如果不指定其他路径，就直接存入该文件夹，可以节约时间。最后单击"确定"按钮完成设置。

（3）打开与关闭演示文稿

① 打开演示文稿

若要编辑或放映已经保存的演示文稿，必须先打开它。打开演示文稿的方法如下。

a. 直接打开演示文稿

选择"文件"→"打开"命令（Ctrl+O 组合键），或者单击"自定义快速访问工具栏"的"打开"按钮，弹出"打开"对话框。选择目标演示文稿所在位置，此时文件名框中自动输入目标演示文稿的名称，最后单击"打开"按钮或者双击目标演示文稿，就会打开该演示文稿。

b. 打开最近使用的演示文稿

PowerPoint 2010 中提供了记录最近打开演示文稿保存路径的功能。单击"文件"→"最近使用文件"命令，页面就会显示最近打开演示文稿的名称和保存位置，用户直接单击需要打开的演示文稿即可。

c. 以只读方式打开演示文稿

如果用户只是浏览演示文稿的内容，而不更改其内容，可以只读方式打开该演示文稿。单击"文件"→"打开"命令，在"打开"对话框中，单击"打开"按钮右侧的下拉按钮，从下拉列表中选择"以只读方式打开"选项。打开后的演示文稿标题栏中将显示"只读"提示。

d. 以副本方式打开演示文稿

以副本方式打开演示文稿不会影响该演示文稿的源文件，其方法与以只读方式打开演示文稿相似，只要在"打开"对话框中，单击"打开"按钮右侧的下拉按钮，从下拉列表中选择"以副本方式打开"选项。打开后的演示文稿标题栏中将显示"副本"提示。

② 关闭演示文稿

完成演示文稿的编辑或放映操作后，单击 PowerPoint 工作界面标题栏右上角的"关闭"按钮，或单击"文件"→"关闭"命令，即可退出该演示文稿。

若演示文稿未保存，单击"文件"→"关闭"命令后，会弹出"关闭"提示框。询问是否保存，单击"保存"按钮就弹出"另存为"对话框，输入文件名后保存该演示文稿；单击"不保存"按钮则直接退出该演示文稿。

3. 幻灯片基本操作

（1）新建幻灯片

① 利用快捷菜单新建幻灯片

在"幻灯片/大纲"窗格中的某张幻灯片缩略图上右键单击，从快捷菜单中选择"新建幻灯片"命令。

② 利用快捷键新建幻灯片

也可以选择幻灯片缩略图后，直接按 Enter 键（或 Ctrl+M 组合键），则在该幻灯片后面新建一张与所选幻灯片版式相同的幻灯片。

③ 选择版式新建幻灯片

幻灯片版式是 PowerPoint 的排版布局格式。在"幻灯片/大纲"窗格中单击某张幻灯片缩略图，选择"开始"选项卡上的"幻灯片"组，单击"新建幻灯片"旁边的箭头按钮，从中选择一种幻灯片版式的缩略图（例如"两栏内容"版式），如图 5-1-33 所示。则当前幻灯片的后面出现一张新版式幻灯片，如图 5-1-34 所示。如果新幻灯片与之前幻灯片版式相同，只需单击"新建幻灯片"即可。

图 5-1-33　选择幻灯片版式

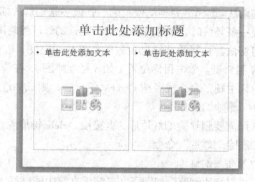
图 5-1-34　"两栏内容"版式幻灯片

如果需要更改幻灯片的布局，只要在"开始"选项卡上的"幻灯片"组中，单击"版式"按钮，选择所需的新布局。

（2）选择幻灯片

① 选择单张幻灯片

在"幻灯片/大纲"浏览窗格或"幻灯片浏览"视图中，单击幻灯片缩略图，该幻灯片缩略图的四周出现黄色边框，表示已选中该幻灯片。

② 选择多张幻灯片

在"幻灯片/大纲"浏览窗格或"幻灯片浏览"视图中，若想选择连续的多张幻灯片，可先单击第一张幻灯片缩略图，然后按住 Shift 键的同时，单击最后一张幻灯片缩略图，则可以选中这些连续的多张幻灯片。若要选择不连续的多张幻灯片，按住 Ctrl 键不放，同时依次单击要选择的幻灯片缩略图。

③ 选择全部幻灯片

在"幻灯片/大纲"浏览窗格或"幻灯片浏览"视图中，按 Ctrl+A 组合键，可选中当前演示文稿的所有幻灯片。

（3）移动和复制幻灯片

在演示文稿中，可以移动幻灯片，改变幻灯片之间的顺序。还可以通过复制幻灯片，创建两个或多个内容和布局类似的幻灯片。移动和复制幻灯片的方法如下：

① 同一个演示文稿中移动和复制幻灯片

在"普通"视图下的"幻灯片/大纲"浏览窗格中，选择需要移动的幻灯片，按住鼠标左键上下拖动幻灯片到目标位置后释放鼠标，即可移动幻灯片。也可以在幻灯片上右键单击，从快捷菜单中选择"剪切"或"复制"命令，然后在目标位置上右键单击，选择"粘贴"命令，完成移动或复制幻灯片操作。

在"幻灯片浏览"视图下，选择幻灯片，按住 Ctrl 键的同时拖动幻灯片到目标位置，则可以复制幻灯片。

② 不同演示文稿中移动和复制幻灯片

打开两个演示文稿，选择"视图"选项卡的"窗口"组中的"全部重排"按钮，此时两个演示文稿将排列在同一个窗口中。在一个演示文稿中单击需要移动的幻灯片，然后拖动到另一个演示文稿中，就可以将幻灯片副本从一个演示文稿插入到另一个演示文稿中。

（4）缩放幻灯片比例

幻灯片缩略图通常以 100% 的比例显示。实际操作中用户可以适当缩放幻灯片比例，单击状态栏右侧的"显示比例"按钮，或者使用快捷键（Ctrl+鼠标滚轴）进行缩放。

（5）重排幻灯片的顺序

演示文稿中的幻灯片有时需要调整位置，可以向前或向后移动幻灯片，按新的顺序排列。在"幻灯片浏览"视图中重排幻灯片顺序的方法如下：

拖动法。选择需要移动位置的一张或多张幻灯片缩略图，按住左键拖动幻灯片缩略图到目标位置处，当出现一条竖线时，释放鼠标左键，则该幻灯片缩略图移到新位置。

剪切法。选择需要移动位置的幻灯片缩略图，右键单击，从快捷菜单中选择"剪切"命令或者按 Ctrl+X 组合键。单击目标位置（如 3 号缩略图），在该位置处右键单击，从快捷菜单中选择"粘贴选项：使用目标主题"命令或者按 Ctrl+V 组合键，则该幻灯片出现在 3 号幻灯片后面。

（6）删除幻灯片

选择需要删除的幻灯片后，直接按 Delete 键删除。或者在选择的幻灯片上单击右键，从快捷菜单中选择"删除幻灯片"命令。

（7）插入幻灯片

在"幻灯片浏览"视图下，在演示文稿中能够插入一张新幻灯片，也能插入其他演示文稿的一张或多张幻灯片。

① 插入一张新幻灯片

在"幻灯片浏览"视图下，单击目标位置，该位置出现竖线时，单击右键，从快捷菜单中选择"新建幻灯片"命令，则插入一张相同版式的空白幻灯片。若要插入不同版式的幻灯片，选择"开始"选项卡上的"幻灯片"组，单击"新建幻灯片"旁边的箭头按钮，从中选择一种幻灯片版式的缩略图。不过在"幻灯片浏览"视图下不能编辑幻灯片内容。

② 插入其他演示文稿的幻灯片

打开源演示文稿和目标演示文稿，均切换到"幻灯片浏览"视图。在一个演示文稿中选择"视图"选项卡中的"窗口"组，单击"全部重排"命令，则两个演示文稿窗口并排显示，如图 5-1-35 所示。只要从源演示文稿中选择一张或多张幻灯片缩略图，拖入到目标演示文稿中的对应位置，则该位置出现插入的幻灯片缩略图。

4. 编辑文本信息

文本是演示文稿必不可少的元素。虽然图片、表格、多彩的背景等对演示文稿的播放增色不少，但表达实质内容，还必须依靠幻灯片的文本信息。因此，掌握文本的添加、删除、复制、修改等编辑操作十分重要。

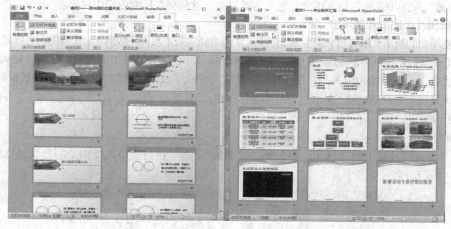

图 5-1-35　并排显示两个演示文稿

（1）输入文本

幻灯片窗格中的灰色虚线框称为占位符。在占位符中单击会出现闪动的插入点，可以直接输入或粘贴文本。默认情况下，文本会自动换行。如果要开始新段落，需要按 Enter 键。

如果要在幻灯片的任意位置添加文本，可以应用文本框。插入文本框并添加文本的方法是：单击"插入"选项卡，选择"文本"功能组中的"文本框"下拉按钮，在下拉列表中选择"横排文本框"或"垂直文本框"文本方式；然后单击幻灯片的适当位置，拖动指针绘制文本框，则可以在文本框中输入或粘贴文本。

（2）删除文本

选择要删除的文本内容，使其反白显示，然后按删除键。

（3）移动、复制和删除文本框

若文本框位置不合适，可以将它移动到指定位置。有时两个文本框的内容相近，第二个文本框可采用复制第一个文本框的方法产生，然后再做适当修改。

移动文本框的操作：单击要移动的文本框，文本框出现 8 个控点（方块和圆圈），将鼠标移到边框上，当指针变为 ✛ 形状时，拖动文本框到新位置释放鼠标。

复制文本框的操作：如果在移动文本框的同时按住 Ctrl 键，拖动文本框到新位置即可复制文本框。

删除文本框的操作：单击文本边框，按 Delete 键删除。

（4）编辑文本

① 字体格式

在"开始"选项卡的"字体"组中，如图 5-1-36 所示，可以设置字体、字号、字形、字体颜色和对齐方式等。设置文本格式前，必须先选择文本。然后单击"字体"下拉按钮，选择中意的字体；单击"字号"下拉按钮，选择字号；单击"倾斜""加粗"和"下划线"按钮改变字形（可同时应用多种字形）。如果要设置复杂的字体格式，需要单击"字体"组右下角的 ▣ 按钮，打开"字体"对话框进行设置。

图 5-1-36　设置"字体"组

② 段落格式

选择段落文本，在"开始"选项卡的"段落"组中，可以设置项目符号、文本对齐方式、行距、分栏等设置。其中，段落有五种对齐方式：左对齐、居中、右对齐、两端对齐和分散对齐等。若要改变段落对齐方式，必须先选择段落文本，然后单击"段落"组的相应按钮。

若要设置复杂的段落格式，需要单击"段落"组右下角的"段落"按钮，打开"段落"对话框进行设置，"普通"视图中还可以插入图片、艺术字等对象，这些将在后面内容中讨论。

5. 编辑图片、图表和艺术字

为了使用户的演示文稿看起来更生动、形象，文稿中经常需要加入一些图形。这些图形可以是用绘图工具自己手工绘制的；也可能是现成的图片，像 PowerPoint 2010 中自带的剪辑库图片；还可以是从其他程序中产生的图表，如 Excel 中的图表；有时还可以将幻灯片中的文字图形化，使其变成具有特殊效果的艺术字。下面我们先来说明如何用绘图工具在幻灯片中绘制图形。

（1）绘制图形

① 插入图形

选择"插入"选项卡的"插图"组，单击"形状"，在下拉列表中选择相应的形状进行绘制，如图 5-1-37 所示。

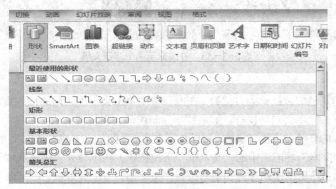

图 5-1-37 "形状"列表

当鼠标指针呈十字形时，向四周拖动鼠标，在幻灯片任意位置处画出一个矩形（椭圆）。若按住 Shift 键拖动鼠标可以画出正方形（正圆）。

② 调整图形

用鼠标单击绘制后的图形，在它的四周就会出现若干个控制柄，拖动控制柄可以对图形进行修改。如果要移动该图形，通过单击该图形，当鼠标指针变为 ✥ 形状时，利用拖动鼠标的方法完成。拖动鼠标的同时按住 Ctrl 键，还可进行复制操作。选择"绘图工具"的"格式"选项卡，可以在该选项卡各组中设置所选图形对象的填充颜色和线条类型等参数，选项卡如图 5-1-38 所示。

图 5-1-38 绘图工具

③ 向形状添加文字

右击需要添加文字的形状，在快捷菜单中选择"编辑文字"，然后输入文字或粘贴文字。添加的文字将成为形状的一部分，当旋转或翻转形状时，文字也会随之旋转或翻转。

④ 组合形状

有时需要将几个形状作为整体进行移动、复制或改变大小，可以将多个形状生成一个复杂图形，称为组合图形；若将组合图形恢复为组合之前状态，称为取消组合。组合图形的方法如下：

STEP 1 选择要组合的多个形状（可以按住 Shift 键的同时依次单击各个形状），使每个形状的周围均出现控点。

STEP 2 在选中的形状上右键单击，在弹出的快捷菜单中选择"组合"→"组合"命令后，这些形状将合成一个整体，如图5-1-39所示，五个圆形已经组合成一个图形。

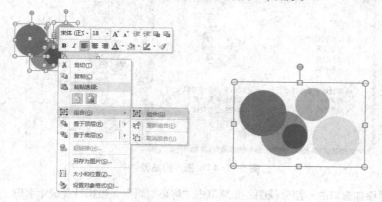

图 5-1-39　组合图形

如果希望取消组合，则在组合后的图形上右键单击，在弹出的快捷菜单中单击"组合"→"取消组合"命令。此时，组合后的图形又恢复为之前的多个独立形状。

（2）插入图片

图片是演示文稿中非常重要的一部分，在幻灯片中可以插入计算机中保存的图片，也可以插入PowerPoint 自带的剪贴画。

① 文件图片

选择"插入"选项卡的"插图"组，单击"图片"按钮，在弹出的对话框中根据图片所在的路径选择需要插入的图片，单击"打开"按钮后在幻灯片中插入所选择的图片。

单击插入的图片，它的四周就会出现若干个控制柄，拖动控制柄可以对图片进行修改。如果要移动该图形，可以先单击该图形，当鼠标变为 ✥ 形状时，利用拖动鼠标的方法完成。用鼠标单击插入的图片，选择"图片工具"的"格式"选项卡，此时可以在该选项卡各组中设置所选图片对象的图片样式、图片颜色等参数，选项卡如图 5-1-40 所示。

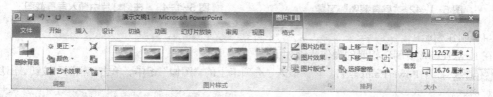

图 5-1-40　图片工具

② 插入剪贴画

选择"插入"选项卡的"插图"组，单击"剪贴画"按钮，打开"剪贴画"窗格，在"搜索文字"文本框中不输入任何内容（表示搜索所有图片），单击选中"包括必应内容"复选框，单击"搜索"按钮，在下方列表框中选择需要插入的剪贴画，将该剪贴画插入幻灯片中，根据幻灯片要求适当调整图片的大小和位置，效果如图 5-1-41 所示。

（3）插入屏幕截图

屏幕截图就是将电脑屏幕上的桌面、窗口、对话框、选项卡等屏幕元素保存为图片。在 PowerPoint中一次只能添加一个屏幕截图，而且还可以使用"图片工具"选项卡上的工具来编辑和增强屏幕截图效果。在 PowerPoint 中插入屏幕截图的操作步骤如下：

STEP 1 选择要添加屏幕截图的幻灯片，在"插入"选项卡上的"图像"组中，单击"屏幕截图"按钮。

STEP 2 若要添加整个窗口截图，单击"可用视窗"库中的缩略图，如图5-1-42所示。

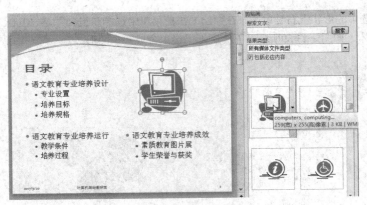

图 5-1-41　插入剪贴画

STEP 3 若要添加窗口的一部分截图，必须单击"屏幕剪辑"，当指针变成十字时，按住鼠标左键拖动选取需要的屏幕区域，则幻灯片中自动添加截图，如图5-1-43所示。如果打开了多个窗口，首先单击要剪辑的窗口，然后再单击"屏幕剪辑"，则只显示可剪辑的窗口。

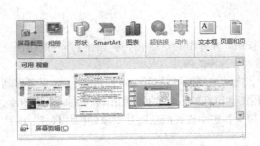

图 5-1-42　"屏幕截图"工具

图 5-1-43　在幻灯片中插入屏幕截图

（4）制作相册

在 PowerPoint 中制作相册的操作步骤如下：

STEP 1 打开 PowerPoint 软件，在"插入"选项卡上的"图像"组中，单击"相册"按钮，出现"相册"对话框。

STEP 2 单击"文件/磁盘"按钮，出现"插入新图片"对话框，选择需要的图片，单击"插入"按钮，显示相册中的图片，并在预览框中可以预览图片。对话框如图5-1-44所示。

STEP 3 适当调整其他参数，最后单击"创建"按钮，则 PowerPoint 自动生成一个相册演示文稿。

（5）插入 SmartArt 图形

SmartArt 图形是信息和观点的视觉表示形式，能够快速、有效地传达信息。使用 PowerPoint 时，可以将幻灯片文本转换为 SmartArt 图形，也可以向 SmartArt 图形添加动画。SmartArt 图形有多种类型，并且每种类型包含几种不同布局。插入 SmartArt 图形的操作步骤如下：

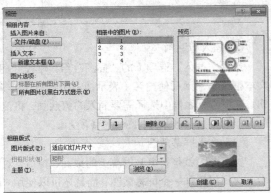

图 5-1-44　"相册"对话框

STEP 1 打开要插入 SmartArt 图形的幻灯片。在"插入"选项卡上的"插图"组中，单击"插入 SmartArt 图形"，弹出如图5-1-45所示的"选择 SmartArt 图形"对话框。在对话框中选择一种 SmartArt 图形的类型（如层次结构），然后在中间单击需要的图形示例，单击"确定"按钮。

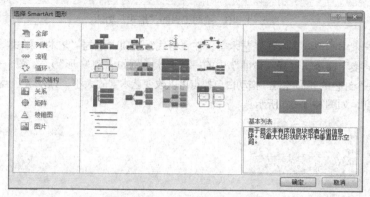

图 5-1-45 "选择 SmartArt 图形"对话框

STEP 2 幻灯片中出现 SmartArt 图形，在图形中输入文本。还可以使用 SmartArt 工具的"设计"功能来编辑 SmartArt 图形，进行创建图形、布局图形和调整 SmartArt 样式等操作。

（6）插入艺术字

文本除了字体、字形、颜色等格式设置外，用户还可以对文本进行艺术化处理，使之具有特殊文字效果。艺术字作为图像形式存在，因此不能像普通文本一样直接输入，需要应用"艺术字"工具指定某种艺术效果，然后再输入文字。

① 创建艺术字

创建艺术字的步骤如下：

STEP 1 打开演示文稿，选择要添加艺术字的幻灯片。

STEP 2 在"插入"选项卡上的"文字"组中，单击"艺术字"，出现"艺术字"下拉列表如图5-1-46所示。在"艺术字"下拉列表中单击所需的艺术字样式，在艺术字文本框中输入所需文字，如图5-1-47所示。

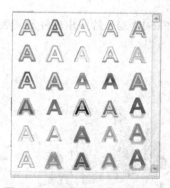

图 5-1-46 "艺术字"下拉列表

图 5-1-47 艺术字文本框

② 修饰艺术字

用鼠标单击艺术字文本框，通过"绘图工具"的"格式"选项卡可对选中的艺术字进行修饰，如图 5-1-48 所示。可以使用艺术字为文档添加特殊文字效果。例如，改变艺术字颜色、旋转艺术字、改变艺术字效果、拉伸标题、对文本进行变形、使文本适应预设形状，或应用渐变填充等，使艺术字的效果得到创造性的发挥。

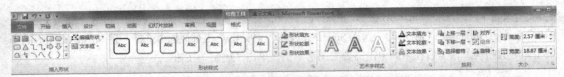

图 5-1-48　绘图工具的"格式"功能

如果要改变艺术字的形状，就选择艺术字，在"格式"选项卡上的"艺术字样式"组中，单击"文本效果"中的"转换"命令，选择"弯曲"中的一种形状（例如"倒 V 形"），如图 5-1-49 所示，此时艺术字上会多出一个红色的菱形控点。拖动白色控点可以改变艺术字的大小；拖动红色菱形控点可以改变艺术字的变形幅度，如图 5-1-50 所示。

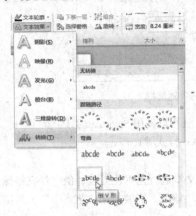

图 5-1-49　"文本效果"的"转换"选项　　　　　图 5-1-50　"倒 V 形"弯曲艺术字

（7）插入图表

在 PowerPoint 中可以插入多种数据图表，如柱形图、折线图、饼图、条形图、面积图、散点图、股价图、曲面图、圆环图、气泡图和雷达图。插入图表的操作步骤如下：

STEP 1　打开要插入图表的幻灯片，在"插入"选项卡上的"插图"组中，单击"图表"，弹出如图 5-1-51 所示的"插入图表"对话框。在对话框中，将指针停留在任何图表类型上时，屏幕提示将会显示，选择所需图表的类型（如柱形图），然后单击"确定"按钮。

STEP 2　在弹出的 Excel 中输入、编辑数据后，可以关闭 Excel，幻灯片中出现柱形图表，如图 5-1-52 所示。

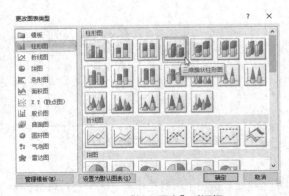

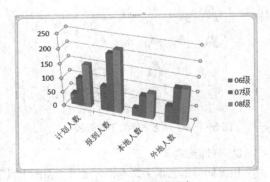

图 5-1-51　"插入图表"对话框　　　　　　　　图 5-1-52　生成图表

STEP 3　单击生成的图表，"图表工具"包含"设计""布局"和"格式"三个选项卡，此时可以在 3 个选项卡各组控件中修改图表数据、类型、布局、样式，更改背景和标签、图表的形状样式等内容。

"设计"选项卡如图5-1-53所示。

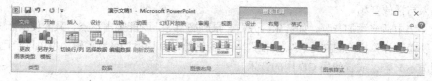

图 5-1-53 "设计"选项卡

（8）插入表格

PowerPoint 中的表格应用非常广泛，能够将大量数据归类，生动、直观地表达，让阅读者清楚地了解关键信息。

在"插入"选项卡上的"表格"组中，单击"表格"按钮，执行下列方法之一：

● 在"插入表格"选项中移动指针，选择所需的行数和列数，然后释放鼠标按钮，工作区中自动创建并显示表格，如图 5-1-54 所示。

● 单击"插入表格"按钮，弹出"插入表格"对话框，在"列数"和"行数"框中输入数字，如输入 3 列和 4 行。"插入表格"对话框如图 5-1-55 所示。

● 选择"Excel 电子表格"选项，工作区中出现 Excel 表格，其成为 OLE 嵌入对象。单击空白区，可以取消选择 Excel 电子表格；若要重新编辑，需要双击该 Excel 表格。

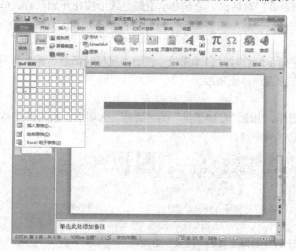

图 5-1-54 选择行数和列数自动创建表格

图 5-1-55 "插入表格"对话框

注意

如果对演示文稿的主题进行更改，则应用于电子表格的主题不会更新已添加的电子表格。此外，也不能使用 PowerPoint 2010 中的选项来编辑表格。

单击已插入表格，"表格工具"包含"设计"和"布局"两个选项卡，此时可以在两个选项卡各组控件中对表格（行、列）进行插入和删除行（列）、合并与拆分单元格、表格样式套用、线条优化等操作。"布局"选项卡如图 5-1-56 所示。

图 5-1-56 "布局"选项卡

6. 编辑媒体

（1）插入与播放音频

在演示文稿中适当添加音频，如音乐、旁白、原声摘要等，既能突出重点，又能使演示文稿增色不少。用户可以通过计算机上的文件、"剪贴画"任务窗格给幻灯片添加音频剪辑，也可以自己录制音频，将其添加到演示文稿，或者使用 CD 中的音乐。

① 插入音频

选择要添加音频剪辑的幻灯片，在"插入"选项卡的"媒体"组中，单击"音频"下拉列表，可以添加以下 3 种音频剪辑。

a. 插入文件中的音频

单击"文件中的音频"选项，弹出"插入音频"对话框，找到要添加的音频文件，然后双击该文件或者单击"插入"按钮。在幻灯片中间会出现一个扬声器形状的图标 ，即音频图标，可以调整扬声器图标的位置和大小。

b. 插入剪贴画音频

单击"剪贴画音频"选项，在右侧"剪贴画"任务窗格中自动搜索并显示音频剪辑，用户只要单击音频将其添加到幻灯片中。

c. 插入录制音频

单击"录制音频"选项，弹出"录制声音"对话框。录音时单击红色圆形按钮开始录音，单击蓝色暂停按钮停止录音，单击播放按钮预览声音，最后单击"确定"按钮将音频添加到幻灯片中。

② 播放音频

在进行演讲时，可以将音频设置为在显示幻灯片时自动播放、在单击鼠标时播放、播放演示文稿中的所有幻灯片，甚至可以循环连续播放音频直至停止播放。

a. 预览音频

在幻灯片上添加音频后，选择音频图标，出现"音频工具"的"播放"选项卡，如图 5-1-57 所示。在"预览"组中单击"播放"按钮，可以播放声音。

图 5-1-57　音频工具的"播放"功能

b. 设置音频的播放选项

选择幻灯片上的音频剪辑图标，在"音频选项"组中可以剪裁音频、设置音频的播放方式和音量等。另外，在"音频选项"组勾选"放映时隐藏"复选框，可以将音频图标隐藏。

"开始"列表中默认选项是"单击时"，表示该页幻灯片播放时，必须手动单击音频图标才能播放声音。若选择"自动"，则放映到该页幻灯片时会自动播放音频。

一般音频只播放一遍，如果需要反复播放，必须在"音频选项"组中选中"循环播放，直到停止"复选框。这样声音将循环播放，直至切换到下一张幻灯片为止。若中途需要终止播放音频，可以按 Esc 键或从当前幻灯片切换到另一幻灯片。

若选择"跨幻灯片播放"，则不会受到幻灯片相互切换的影响，能够一直播放音频直到结束。

（2）插入与播放视频

① 插入视频

选择要添加视频的幻灯片，在"插入"选项卡的"媒体"组中，单击"视频"按钮，可以添加以下 3 种视频：

a. 插入文件中的视频

单击"文件中的视频"选项后，弹出"插入视频文件"对话框，选择所需的视频文件，单击"插入"按钮，则幻灯片中出现插入的视频文件。

b. 插入来自网站的视频

单击"来自网站的视频"选项，弹出"从网站插入视频"对话框，粘贴视频的网址，然后单击"插入"按钮。

c. 插入剪贴画视频

插入剪贴画视频与插入剪贴画音频的操作类似，只要在右侧"剪贴画"窗格中输入搜索关键字即可。

② 播放视频

在幻灯片中播放视频后，若不需要播放全部视频内容，可以对视频进行剪裁。还可以设置视频的播放方式，从而有效控制演示文稿的播放。

a. 剪裁视频

剪裁视频的操作方法是：选择幻灯片中的视频，出现"视频工具"，在"播放"选项卡的"编辑"组中单击"剪裁视频"按钮，如图 5-1-58 所示。出现"剪裁视频"对话框，拖动绿色剪裁按钮（起始帧）和红色剪裁按钮（结束帧），单击"确定"按钮，则保留中间的视频内容，如图 5-1-59 所示。

图 5-1-58 "视频播放"功能　　　　图 5-1-59 "剪裁视频"对话框

b. 设置视频选项

根据插入视频时的设置，放映到视频图标所在的幻灯片时会自动播放视频或单击视频图标后播放视频。视频播放方式有自动播放和单击时播放两种形式。

为了反复播放视频，选中"视频选项"组的"循环播放，直到停止"复选框。这样，就可以反复播放视频。要终止播放，可以按 Esc 键或将当前幻灯片切换到另一幻灯片。

注意　　为了避免演示文稿播放中出现音频、视频链接断开的问题，最好先将音频和视频复制到演示文稿所在的文件夹中，再进行链接。

7. 修饰演示文稿的外观

在 PowerPoint 中制作演示文稿时，可以使所有幻灯片具有统一外观。控制幻灯片外观通常有两种主要手段，即幻灯片主题、幻灯片背景母版。通过对这些功能的利用，可以使幻灯片具有统一的界面，使演示文稿的风格与讲演内容更贴切，更具有吸引力。并且这两种控制手段的作用是相互影响的，如果改变其中一种方案，则另一种方案也会随之发生相应的变化。

（1）用母版统一幻灯片的外观

PowerPoint 中用于定义演示文稿中所有幻灯片格式的幻灯片页面，称之为母版。母版包括 3 种：幻灯片母版、讲义母版和备注母版，分别在"幻灯片母版"视图、"讲义母版"视图和"备注母版"视图中进行设置。

每个演示文稿至少包含一个幻灯片母版。在"幻灯片母版"视图中，幻灯片母版是幻灯片层次结构中的顶层幻灯片，用于存储有关演示文稿的主题和幻灯片版式信息。因此可以通过使用和修改幻灯片母版，对演示文稿中的每张幻灯片（包括以后添加到演示文稿中的幻灯片）进行统一的样式更改。当演示文稿中有大量幻灯片时，应用幻灯片母版显得特别方便。只需在幻灯片母版输入信息，则每张幻灯片都会出现相同内容。

① 幻灯片母版

由于幻灯片母版影响整个演示文稿的外观，因此在创建和编辑幻灯片母版或相应版式时，必须单击"视图"选项卡，选择"母版视图"组中的"幻灯片母版"命令，进入如图 5-1-60 所示的视图中，才能够完成编辑幻灯片母版的操作。

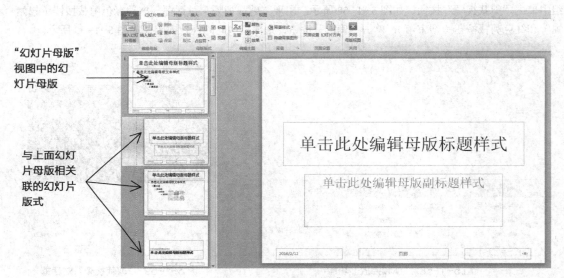

图 5-1-60 "幻灯片母版"视图

在修改幻灯片母版的一个或多个版式时，实质上是在修改该幻灯片母版。每个幻灯片版式的设置方式都可以不同，然而，与给定幻灯片母版相关联的所有版式均包含相同主题（配色方案、字体和效果）。

② 为每张幻灯片增加相同的对象

由于幻灯片母版上的对象将出现在每一张幻灯片的相同位置，例如文本或图形（如单位名称、LOGO），则需要将文本或图形先添加到幻灯片母版上。下面以插入校徽图片和页眉页脚为例，说明如何在幻灯片母版上增加对象，从而使每张幻灯片的相同位置均出现该对象，操作步骤如下：

STEP 1 打开演示文稿，在"视图"选项卡的"母版视图"组上，单击"幻灯片母版"命令，出现该演示文稿的幻灯片母版。

STEP 2 单击第一张幻灯片母版，选择"插入"选项卡，单击"图像"组上的"图片"命令，弹出"插入图片"对话框，选择需要的校徽图片后，单击"插入"按钮，则幻灯片母版中出现校徽图片，适当调整图片大小和位置。

STEP 3 接着单击"文本"组中的"页眉和页脚"命令，弹出"页眉和页脚"对话框，勾选"日期和时间"复选框，设置自动更新时间。再勾选"页脚"复选框，输入相应文字，最后单击"全部应用"按钮。

STEP 4 关闭幻灯片母版视图，回到普通视图中，可以看到所有幻灯片的相同位置均出现了校徽图片，页脚均出现日期和文本。

③ 建立与母版不同的幻灯片

如果演示文稿中，有个别幻灯片与幻灯片母版样式并不一致，则需要单独设置该幻灯片。操作步骤如下：

STEP 1 选择将不同于幻灯片母版样式的目标幻灯片。

STEP 2 在"幻灯片母版"选项卡的"背景"组中，勾选"隐藏背景图形"复选框，则当前幻灯片上的母版样式被删除。

（2）幻灯片主题

在 PowerPoint 中应用主题，能够简化专业设计师的演示文稿的创建过程。通过使用主题颜色、字体和效果，让演示文稿具有统一的风格。另外，还可以通过变换不同的主题来使幻灯片的版式和背景发生显著变化。当将某个主题应用于演示文稿时，如果喜欢该主题呈现的外观，则只要单击就能完成对演示文稿格式的设置。如果要进一步自定义演示文稿，则可以更改主题颜色、主题字体或主题效果。

① 使用内置主题

PowerPoint 中提供了很多内置主题，可以直接应用这些主题到演示文稿，操作步骤如下：

编辑完演示文稿的内容后，单击"设计"选项卡上的"主题"组，从主题列表中单击一种主题（如角度），则该主题会自动应用到演示文稿上，如图 5-1-61 所示。如果要更换主题，只需要单击其他主题即可。

② 自定义幻灯片主题

a. 主题颜色

图 5-1-61 "角度"内置主题

设置主题颜色可以有效地更改演示文稿的色调。主题颜色包括 12 种颜色，前 4 种颜色用于文字和背景（文字与背景的颜色必须是浅色与深色的相互搭配，才能清晰可见）；中间 6 种是强调文字颜色，它们必须在文字与背景色中可见。后两种是关于超链接的颜色设置。如果当前主题颜色不符合需求，则需要更改幻灯片的主题颜色，操作方法如下：

STEP 1 打开演示文稿，在"设计"选项卡上的"主题"组中，单击"颜色"选项，出现主题颜色自定义列表，如图5-1-62所示。在该列表中单击一种内置颜色，则演示文稿的色调立即更新。

STEP 2 也可以自定义主题颜色，打开演示文稿，单击"设计"选项卡上的"主题"组，选择"颜色"选项的"新建主题颜色"命令，弹出"新建主题颜色"对话框，如图5-1-63所示。

STEP 3 更改对话框中任意颜色以创建自己的主题颜色组，则在"颜色"按钮上和"主题"名称旁边显示的颜色将得到相应的更新。主题颜色更改，颜色库将发生更改，使用该主题颜色的所有文档内容也将发生更改。

b. 主题字体

演示文稿中整个文档使用一种字体始终是一种美观且安全的设计选择。当需要营造对比效果时，可选用两种字体。每个 Office 主题均定义了两种字体：标题字体和正文文本字体。更改主题字体将会更新演示文稿中的所有标题和文本。操作方法如下：

● 当选择"设计"选项卡上的"主题"组，单击"字体"时，出现内置字体库，如图 5-1-64 所示。可以看到每种主题字体中的标题字体和正文字体的名称，将显示在相应的主题名称下。

图 5-1-62　主题颜色列表

图 5-1-63　"新建主题颜色"对话框

● 还可以通过"新建主题字体"对话框，如图 5-1-65 所示，进行自定义主题字体设置。

图 5-1-64　内置字体库

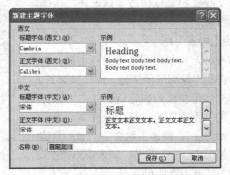

图 5-1-65　"新建主题字体"对话框

c. 主题效果

演示文稿中使用主题效果，可以替换不同的效果集以快速更改图表、SmartArt 图形、形状、图片、表格、艺术字和文本等对象的外观。应用主题效果的操作方法是：

在"设计"选项卡上的"主题"组中，单击"效果"按钮，出现效果库，选择一种需要的效果即可。

可以看到每个主题都有一个效果矩阵，包括 3 种样式：线条、填充和特殊效果（如阴影、三维效果等）。通过组合 3 种样式，可以生成与同一主题效果完全匹配的视觉效果。

③ 设置幻灯片背景

如果对幻灯片背景不满意，可以重新设置幻灯片的背景，主要通过更改背景样式来美化幻灯片。

a. 设置背景颜色

STEP 1 单击要为其添加背景颜色的幻灯片。

STEP 2 在"设计"选项卡上的"背景"组中，单击"背景样式"，然后单击"设置背景格式"命令，弹出"设置背景格式"对话框，如图5-1-65所示。

STEP 3 若要以一种颜色填充，在对话框中单击"填充"选项，再选择"纯色填充"选项。单击"颜色"按钮，从颜色列表中选择所需的颜色。

STEP 4 若要以渐变色填充，在对话框中单击"填充"选项，再选择"渐变填充"选项。单击"预设颜色"按钮，从颜色列表中选择一种渐变色，如图5-1-66所示。另外，还可以调整渐变类型、方向和角度等参数，设置复杂的渐变背景。

STEP 5 如果要更改背景透明度，必须移动"透明度"滑块。透明度百分比从0%（完全不透明）

到100%（完全透明）。

STEP 6 要对演示文稿中的所有幻灯片应用该颜色，必须单击"全部应用"按钮。

b. 设置背景图片

STEP 1 单击要为其添加背景图片的幻灯片。

STEP 2 在"设计"选项卡上的"背景"组中，单击"背景样式"，出现背景样式下拉列表，如图5-1-67所示。然后单击"设置背景格式"命令，弹出"设置背景格式"对话框。

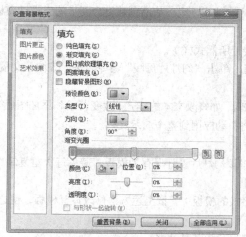

图 5-1-66　设置背景格式

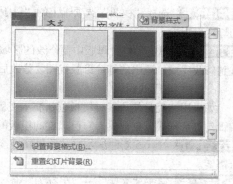

图 5-1-67　设置背景样式

STEP 3 在对话框中选择"填充"选项中的"图片或纹理填充"，单击"纹理"按钮，从列表中选择合适的纹理样式，则幻灯片填充纹理背景。

STEP 4 若要插入来自文件的图片，需要单击"文件"按钮，在"插入图片"对话框中找到并双击要插入的图片；若要使用剪贴画作为背景，则需要单击"剪贴画"命令，查找并插入所需的剪贴画。则当前幻灯片自动更改背景图片，最后单击"关闭"按钮即可。

STEP 5 若要将该图片作为演示文稿中所有幻灯片的背景，必须单击"全部应用"按钮。

c. 设置背景图案

STEP 1 单击要为其添加背景图案的幻灯片。

STEP 2 在"设计"选项卡上的"背景"组中，单击"背景样式"，出现背景样式下拉列表。然后单击"设置背景格式"命令，弹出"设置背景格式"对话框。

STEP 3 在对话框中选择"填充"选项，单击"图案填充"，从图案列表中选择一种图案，给幻灯片设置图案背景。另外，还可以设置前景色和背景色。若要将该图案作为演示文稿中所有幻灯片的背景，必须单击"全部应用"按钮。

④ 应用设计模板

幻灯片模板是另存为".potx"文件的一张幻灯片或一组幻灯片的蓝图，包含精心编排的版式、主题颜色、主题字体、主题效果和背景样式等。可以应用 PowerPoint 内置模板、自定义幻灯片模板，以及从网站下载的模板等美化幻灯片外观。

a. 使用幻灯片模板

可以直接使用 PowerPoint 提供的设计模板，既可用于创建新演示文稿，也能应用于已经存在的演示文稿。

使用 PowerPoint 提供的设计模板创建新演示文稿在 5.1.1 节中已经详细叙述，这里不再赘述。

若对演示文稿当前设计模板不满意，可以选择中意的设计模板并应用到该演示文稿，操作步骤如下：打开演示文稿，单击"文件"→"新建"命令，在"设计"选项卡上的"主题"组中，单击右侧"所有主题"按钮，单击"浏览主题"命令，打开"选择主题或主题文档"对话框，选择文件类型为"Office 主题和 PowerPoint 模板（*.thmx;*.pot;*.potx）"，选择需要的幻灯片模板，单击"打开"按钮，即可将该模板应用到演示文稿的所有幻灯片中。系统会按照设计模板的格式和配色方案自动更新当前演示文稿。

b. 修改设计模板

若 PowerPoint 提供的设计模板不符合用户需求，则可以从空白演示文稿出发，创建新模板，也可以在现有的设计模板中选择一个比较接近自己需求的模板，加以修改，从而创建符合要求的新设计模板，操作步骤如下：

STEP 1 打开或新建一个演示文稿（其设计模板接近所需式样）。

STEP 2 选择"视图"选项卡上的"母版视图"组，单击"幻灯片母版"命令，进入该演示文稿的幻灯片母版中。

STEP 3 单击幻灯片母版中要修改的区域，进行编辑，如修改文本的样式、改变背景和添加图片等，直到修改完成。退出幻灯片母版视图，修改后的母版将自动应用到整个演示文稿。

c. 建立自己的模板

如果用户经常使用某种模板创建演示文稿，可以将该幻灯片设计保存为模板，避免每次重复制作、编辑幻灯片样式。创建具有自己风格的模板的步骤如下：

STEP 1 打开或新建演示文稿（最好是接近所需格式的模板），按上述方法修改设计模板，使之符合需要。

STEP 2 单击"文件"→"另存为"命令，出现"另存为"对话框。

STEP 3 在"保存类型"列表中选择"PowerPoint 模板（*.potx）"，在"文件名"框中输入新模板名称，选择存储路径，最后单击"保存"按钮，则新模板将存放在 Templates 文件夹中，对话框设置如图5-1-68所示。

至此，一个用户自定义的新模板就创建完毕，以后可以直接应用该模板创建自己风格的演示文稿。单击"文件"→"新建"命令，在"可用模板和主题"选项卡上选择"我的模板"命令，出现"新建演示文稿"对话框，在"个人模板"选项中可以看到刚创建的新模板"圆与圆位置关系-课件模板.potx"。选择它，右侧出现该模板的预览图，如图 5-1-69 所示。单击"确定"按钮，则新建演示文稿将应用该模板。

图 5-1-68　保存幻灯片模板

图 5-1-69　"新建演示文稿"对话框

5.1.2　巩固练习

——制作"圆与圆的位置关系"个性化课件模板

本案例通过编辑幻灯片母版，熟练使用绘图工具，自行设计与课件主体及内容相匹配的图形界面，创建"圆与圆的位置关系"课件模板，效果如图5-1-70所示。

图 5-1-70 "圆与圆的位置关系"课件模板

【案例 5.2】圆与圆位置关系教学课件的演示效果设置

◇学习目标

通过本案例，将学习：演示文稿的演示效果设置及文件不同保存方法操作；创建超链接或应用动作按钮设置交互放映效果；应用动画方案或自定义动画，设置幻灯片中不同对象的动画效果；利用幻灯片浏览视图设置幻灯片间切换效果；演示文稿的放映设置及打包方法等操作技巧。

◇案例分析

本案例选用"圆与圆的位置关系"教学课件中的部分幻灯片，结合教学交互及演示呈现需要，让学习者练习创建超链接、设置自定义动画及幻灯片切换动画设置等基本操作。力图通过该案例，使学习者掌握演示文稿放映的简单演示效果设置技巧。演示文稿实例效果参见案例"圆与圆的位置关系-动画"，如图 5-2-1 所示。

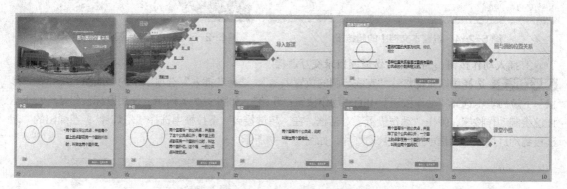

图 5-2-1 圆与圆的位置关系实例效果

◇操作步骤

1. 插入邮件超链接及网页超链接

STEP 1 在第五章案例素材文件夹中，找到并打开文件名为"圆与圆的位置关系.pptx"的教学案例。

STEP 2 选中标题幻灯片中的文本"zhangxiancheng@gmail.com"，单击右键在弹出的快捷菜单中选择"超链接"，如图5-2-2所示。弹出"插入超链接"对话框，单击左侧"现有文件或网页"选项卡，在"地址"文本输入框中输入文本"zhangxiancheng@gmail.com"，如图5-2-3所示，单击"确定"按钮，即可插入邮件超链接。

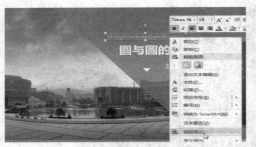

图 5-2-2 "超链接"命令

图 5-2-3 插入邮件超链接

STEP 3 选中标题幻灯片中的文本"九江职业大学",单击右键在弹出的快捷菜单中选择"超链接",弹出"插入超链接"对话框,单击左侧"现有文件或网页"选项卡,在"地址"文本输入框中输入文本"http://www.jjvu.jx.cn",单击"确定"按钮,即可插入网页超链接,保存文件修改。

STEP 4 选择第二张"教学过程"目录幻灯片,选中文本"导入新课", 单击"插入"选项卡中的"超链接",弹出"插入超链接"对话框,单击左侧"本文档中的位置"选项卡,在"请选择文档中的位置"列表框中选择"导入新课",如图 5-2-4 所示,单击"确定"按钮,即可插入超链接,保存文件修改。

STEP 5 重复上述操作步骤五次,分别为文本"外离""外切""相交""内切"及"课堂小结"插入超链接,对应本文档中的位置分别为"圆与圆的位置关系 外离""圆与圆的位置关系 外切""圆与圆的位置关系 相交""圆与圆的位置关系 内切"及"课堂小结",完成设置后的目录幻灯片如图 5-2-5 所示,保存文件修改。

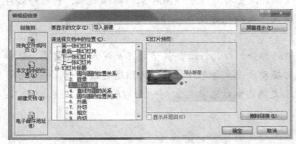

图 5-2-4 设置本文档中的超链接

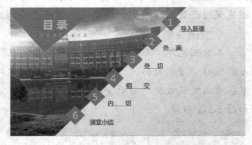

图 5-2-5 完成超链接设置后的目录幻灯片

2.插入动作按钮,为幻灯片做返回目录交互链接

STEP 1 选择第四张幻灯片"直线与圆的位置关系",选择"插入"选项卡中的"插图"组,在"形状"下拉列表中选择"动作按钮"中的"动作按钮:开始",如图 5-2-6 所示。使用鼠标在幻灯片左下角拖拉绘制动作按钮,弹出"动作设置"对话框,在"超链接到"下拉框中选择"幻灯片",在弹出的"超链接到幻灯片"对话框中选择目录幻灯片,如图 5-2-7 所示。

图 5-2-6 插入动作按钮

图 5-2-7 动作设置

STEP 2 选中动作按钮，在"绘图工具"的"格式"选项卡中，利用形状样式，选择"细微效果-灰色-50%，强调颜色3"，适当调整大小和位置，效果如图5-2-8所示。选中动作按钮，复制，然后分别选择第四、六、七、八、九、十一张幻灯片，并粘贴该动作按钮，完成从内容幻灯片返回目录幻灯片的交互设置。

图 5-2-8　动作按钮效果

3. 设置切换动画方案，为幻灯片之间切换设置应用动画

STEP 1 选中第一张标题幻灯片，选择"切换"选项卡的"切换到此幻灯片"组，在列表框中选择"立方体"选项，如图5-2-9所示。

图 5-2-9　幻灯片切换效果

STEP 2 选择"切换"选项卡的"计时"组，在"声音"下拉列表框中选择"风铃"选项。在"换片方式"栏单击选中"单击鼠标时"复选框，表示在放映幻灯片时，单击鼠标执行切换操作，如图5-2-10所示。

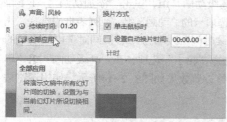

图 5-2-10　计时选项

STEP 3 选择"切换"选项卡中的"预览"组，单击"预览" 按钮，可查看设置的切换动画。

STEP 4 选择"切换"选项卡的"计时"组，单击 全部应用 按钮，将当前的幻灯片切换动画效果应用到当前演示文稿的所有幻灯片中。

4. 设置动画方案，为幻灯片内容应用动画效果

STEP 1 选中第二张目录幻灯片，选中"导入新课"文本内容，选择"动画"选项卡的"动画"组，在列表框中选择"飞入"选项，如图5-2-11所示。选择"动画"选项卡的"动画"组的"效果选项"，在下拉列表中选择"自右下部" 自右下部(I) 选项。

图 5-2-11　动画样式

STEP 2 依照前面的方法，依次对目录幻灯片的"外离""外切""相交""内切"和"课堂小结"5个文本内容设置"飞入"动画效果。选择"动画"选项卡的"高级动画"组，单击 动画窗格按钮。如图5-2-12所示，在动画窗格中单击"2 外离"，选择"动画"选项卡的"计时"组，在"开始"下拉列表框中选择"上一动画之后"选项。按照相同的方法依次处理动画窗格中的序号 3，4，5，6 动画，处理后的动画窗格如图 5-2-13 所示。

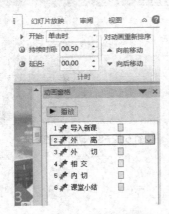

图 5-2-12　原动画窗格图

图 5-2-13　修改后的动画窗格图

STEP 3　选择第4张幻灯片，选中文本框，选择"动画"选项卡的"动画"组，在列表框中选择"飞入"选项，"效果选项"设置为"自右侧"和"按段落"，"计时"组中"持续时间"改写为1.2秒。选中圆形，选择"动画"选项卡的"动画"组，在列表框中选择"飞入"选项，"效果选项"设置为"自左侧"，"计时"组中"持续时间"改写为1.2秒。选中最下边的直线，选择"动画"选项卡的"动画"组，在列表框中选择"飞入"选项，"计时"组中"持续时间"改写为1.2秒。

STEP 4　选中中间直线，选择"动画"选项卡的"动画"组，在列表框中选择"飞入"选项，"效果选项"设置为"自左侧"，"计时"组中"持续时间"改写为1.2秒。选中下边的黑点，选择"动画"选项卡的"动画"组，在列表框中选择"轮子"选项，在"高级动画"组，单击"添加动画"，在下拉列表中选中"放大/缩小"。选中最上边的直线，选择"动画"选项卡的"动画"组，在列表框中选择"飞入"选项，"效果选项"设置为"自左侧"，"计时"组中"持续时间"改写为1.2秒。同时选中最上边的两个黑点，选择"动画"选项卡的"动画"组，在列表框中选择"轮子"选项，在"高级动画"组，单击"添加动画"，在下拉列表中选中"放大/缩小"。保存，最终设置效果如图5-2-14所示，使用预览按钮观看动画效果。

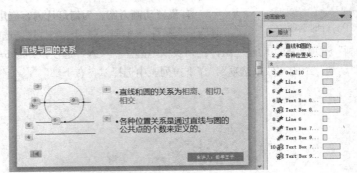

图 5-2-14　已设置好动画效果的幻灯片

STEP 5　选中自定义动画播放序号为"1"和"2"的文本框，如图5-2-15所示；单击重新排序"向后移动"按钮，调整文本框动画播放顺序为"9"和"10"，结果如图5-2-16所示，保存设置。

STEP 6　参照并重复第五步的自定义动画设置方法，根据教学演示需要，制作其余六张幻灯片中各对象的动画效果及动画顺序，制作完成后保存文件。最终效果参看案例"圆与圆的位置关系-动画"。

图 5-2-15 原动画窗格顺序

图 5-2-16 修改后的动画窗格顺序

5.2.1 相关知识

1.幻灯片交互设置

演示文稿中经常要进行交互式放映,当放映到某处时,演讲者可能会跳转到后面的某张幻灯片放映,或者跳转到其他的演示文稿。这可以借助于超链接的方法来实现,既可以在动作按钮上设置超链接,也可以在文本、图片等对象上设置超链接。

无论是超链接还是动作按钮,在幻灯片放映中起的作用都是用来控制放映的方向。通过使用超链接和动作按钮,可以实现同一份演示文稿在不同的情形下显示不同内容的效果。

（1）为文本设置超链接

选择要设置超链接的文本后,右键单击出现快捷菜单,选择"超链接"命令,弹出"插入超链接"对话框,如图5-2-17所示。

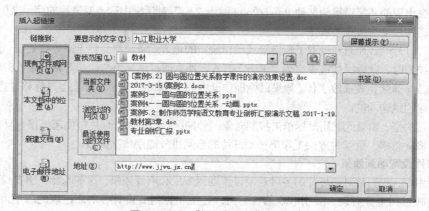

图 5-2-17 "插入超链接"对话框

● 如链接对象为网页或者邮箱,在对话框的下方"地址"内输入完整的网络地址。

● 如链接对象为其他文件,通过"查找范围"选择文件的位置,单击"当前文件夹",在其右侧列表中选择所需文件链接。

● 如链接对象为本文档的其他幻灯片,单击"本文档中的位置",在其右侧"请选择文档中的位置"列表中选择所需幻灯片链接跳转。

超链接的文本设置完成后下面会出现下划线,而且文本颜色也发生改变。幻灯片放映时,当指针移到该文本时,会变成小手形状,若单击该文本就会执行链接的文件或跳转到指定的幻灯片。

（2）为动作按钮设置超链接

PowerPoint 提供了一组动作按钮,通过给动作按钮设置超链接,在放映时单击它就可以激活超链接,从而跳转到另外的幻灯片或演示文稿,改变幻灯片的放映顺序。为动作按钮设置超链接的方法如下:

STEP 1 选择要插入动作按钮的幻灯片，单击"插入"选项卡，在"插图"组中单击"形状"按钮，在下拉列表中的"动作按钮"组中选择一个动作按钮。

STEP 2 在幻灯片的适当位置拖动鼠标，使出现的动作按钮大小合适。

STEP 3 在弹出的"动作设置"对话框中选择"单击鼠标"选项卡，并在"单击鼠标时的动作"栏选中"超链接到"选项，在下拉列表中选择要链接的对象（如"幻灯片"），如图5-2-18所示。

STEP 4 接着出现"超链接到幻灯片"对话框，如图5-2-19所示。选择要链接的幻灯片，最后单击"确定"按钮。

图 5-2-18 "动作设置"对话框

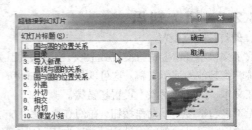

图 5-2-19 "超链接到幻灯片"对话框

在放映幻灯片时，只要单击该动作按钮，就会自动跳转到超链接的幻灯片。若要超链接到其他演示文稿，方法同上，只是在"动作设置"对话框选择链接对象时，必须选择"其他 PowerPoint 演示文稿"命令，然后在出现的"超链接到其他 PowerPoint 演示文稿"对话框中选择要链接的演示文稿。

（3）超链接和动作按钮的应用

在放映幻灯片时，凡遇到设置了超链接或动作按钮的地方，系统都会停下来等待处理。如果创建超链接或动作按钮时，鼠标操作被设定为"单击"方式，那么通过鼠标单击控制对象，即可实现幻灯片播放位置的跳转并继续完成播放工作。如果鼠标操作设定的是"移过"方式，那么当鼠标移过控制对象时，亦可实现相应的跳转功能。

需要注意的是，如果此时用鼠标单击控制对象以外的区域，那么幻灯片中由超链接或动作按钮确定的放映方向将被忽略，后续的放映工作仍按幻灯片的自然排放顺序依次播放。

2. 幻灯片设置动画效果

实际应用中，我们常对幻灯片的各种对象设置动画效果和声音效果，这样既能突出要点，控制信息流，又使放映过程十分有趣，吸引观众的注意力，还能根据需要设计各对象出现的顺序。PowerPoint中提供了以下四种类型的动画效果，如图 5-2-20 所示。

图 5-2-20 动画效果

- "进入"效果：是对象进入幻灯片的动画。例如对象逐渐浮入焦点、以翻转式由远及近进入幻灯片或者跳入视图中。
- "退出"效果：能够让对象飞出幻灯片、从视图中消失或者从幻灯片旋出等。
- "强调"效果：用于突出、强调对象，例如对象缩放、颜色变化等。
- 动作路径：指定对象运动的路径，它是幻灯片动画序列的一部分。例如让对象上下、左右移动，或者沿着星形、曲线移动等。

我们可以单独使用一种动画，但实际应用中，更多的是将多种动画效果组合在一起。例如，对一行文本应用"浮入"进入效果和"放大/缩小"强调效果，可以看到文本由下往上浮出的同时逐渐放大。

（1）为对象添加动画并预览

STEP 1 选择要应用动画的对象，单击"动画"选项卡，从"动画"组中选择一种动画效果（例如"飞入"进入效果），如图5-2-20所示。

STEP 2 单击"其他" ▼ 按钮，从中可以选择更多动画效果。如果没有合适的动画效果，则需要单击"更多进入效果""更多强调效果""更多退出效果"或"其他动作路径"选项。如图5-2-21所示，打开"更改进入效果"对话框，选择一种动画效果后单击"确定"按钮。

STEP 3 在"动画"选项卡上的"动画"组中，单击"效果选项"，可以设置动画的方向、形状和序列等属性，如图5-2-22所示为"劈裂"动画的效果选项。

图 5-2-21 "更改进入效果"对话框

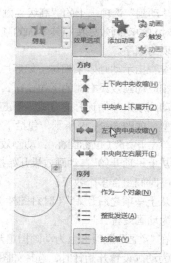

图 5-2-22 "劈裂"动画的效果选项

STEP 4 将动画应用于对象后，幻灯片上该文本或对象的旁边，就会显示不可打印的编号标记。只有选择"动画"选项卡或"动画"任务窗格时，才会在"普通视图"中显示该编号标记。

STEP 5 按照同样方法，给幻灯片上第二个对象应用动画效果，依此类推，直到幻灯片中所有对象都添加了动画。如图5-2-23所示的是为幻灯片中3个对象应用动画效果，编号标记也按顺序标记。

STEP 6 添加完动画效果后，在"动画"选项卡的"预览"组中，单击"预览"按钮，观看动画效果。

（2）为单个对象应用多个动画效果

如果要对同一对象应用多个动画效果，首先选择已经应用动画效果的文本或对象，然后在"动画"选项卡的"高级动画"组中，单击"添加动画"按钮，下方出现动画列表，如图5-2-24所示。

（3）查看幻灯片上当前的动画列表

幻灯片中的对象应用动画后，可以在"动画"窗格中查看动画效果的信息，例如动画类型、多个动画效果之间的相对顺序、受影响对象的名称以及效果的持续时间等。查看动画列表操作如下：

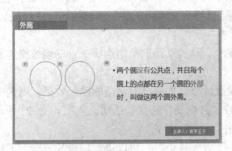

图 5-2-23　对象应用动画效果　　　　　　　　　图 5-2-24　添加动画列表

选择"动画"选项卡上的"高级动画"组，单击"动画窗格"按钮，PowerPoint 窗口右侧出现动画窗格，各对象的动画效果按照其添加的顺序依次显示，单击重新排序按钮"↑"或"↓"，可以改变动画对象出现的顺序。

可以查看指示动画效果相对于幻灯片上其他事件的开始计时图标。若要查看所有动画的开始计时图标，单击相应动画效果右侧的下拉按钮，然后选择"隐藏高级日程表"。

设置动画效果开始计时的方式。单击"动画窗格"对象右侧按钮，从下拉列表中选择动画效果开始计时的类型，如图 5-2-25 所示，包括下列选项：

● "单击开始"（鼠标图标）：动画效果在用户单击鼠标时开始。

● "从上一项开始"：动画效果开始播放的时间与列表中上一个效果的时间相同，设置在同一时间组合多个效果。

● "从上一项之后开始"（时钟图标）：动画效果在列表中上一个效果播放后立即开始。

（4）为动画设置计时

可以在"动画"选项卡上为动画指定开始、持续时间或者延迟计时。

若要为动画设置开始计时，选择如图 5-2-26 所示的"计时"组。再单击"开始"下拉按钮，选择所需的计时。若要设置动画将要运行的持续时间，在"计时"组的"持续时间"框中输入所需的秒数。若要设置动画开始前的延时，在"计时"组的"延迟"框中输入所需的秒数。

若要对列表中的动画重新排序，在"动画窗格"中选择要重新排序的动画，然后在"动画"选项卡上的"计时"组中，选择"对动画重新排序"下的"向前移动"使动画在列表中另一动画之前发生，或者选择"向后移动"使动画在列表中另一动画之后发生。

3.幻灯片设置切换效果

幻灯片切换效果能让幻灯片之间的过渡更为自然，吸引观众的注意力。可以设置幻灯片进入或退出的动画效果、换片方式（单击鼠标切换或每隔一段时间自动换片）、切换速度（快速、中速和慢速）以及声音效果。

幻灯片切换效果是指演示文稿放映期间，从一张幻灯片移到下一张

图 5-2-25　设置动画效果计时

图 5-2-26　"计时"组

幻灯片时在"幻灯片放映"视图中出现的动画效果。用户可以控制切换效果的速度，添加声音，还可以设置切换效果的属性。向幻灯片添加切换效果的操作方法如下：

（1）选择幻灯片切换方式

打开演示文稿，选择要应用切换效果的幻灯片。单击"切换"选项卡，在"切换到此幻灯片"组中选择一个切换效果，若要设置更多效果，则要单击"其他"按钮 。如图5-2-27所示，库中还包括"华丽型"和"动态内容"等切换效果。若要更改幻灯片切换效果，只需重新单击其他切换效果。若要删除某张幻灯片上的切换效果，则要在"切换到此幻灯片"组中单击"细微型"中的"无"效果。

图 5-2-27　"切换到此幻灯片"组

（2）设置切换效果

选择一种切换效果后，在"切换到此幻灯片"组中单击"效果选项"按钮，可以设置方向、序列等属性。例如"擦除"效果，可以选择"从右上部"方向。

（3）全部应用或全部删除相同的切换效果

在"切换"选项卡上的"计时"组中，单击"全部应用"按钮，放映时每张幻灯片都有相同的切换效果。若要删除所有幻灯片的相同切换效果，则在"切换到此幻灯片"组中单击"无"，然后在"计时"组中单击"全部应用"按钮。

（4）设置切换效果的计时

在"切换"选项卡的"计时"组中可以设置幻灯片切换效果的时间、换片方式和声音等。如果要设置上一张幻灯片与当前幻灯片之间的切换效果的持续时间，在"计时"组的"持续时间"框中输入或选择所需的时间，如图 5-2-28 所示。

幻灯片的换片方式有两种：单击鼠标和自动换片。若在"计时"组中，选择"单击鼠标时"复选框，则单击鼠标左键（或按 Enter、空格键）才能切换到下一张幻灯片。若选择"设置自动换片时间"复选框，在文本框中输入或选择秒数（例如 5 秒），则要在经过指定时间后自动切换到下一张幻灯片。

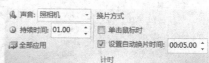

图 5-2-28　"计时"组

在"计时"组中单击"声音"下拉按钮，可以从列表中选择所需的声音（例如"照相机"声音）。若列表中没有满意的声音，可以单击列表最下方的"其他声音"选项，弹出"添加音频"对话框，选择其他声音文件，单击"打开"按钮。

4. 幻灯片放映设计

幻灯片制作完成后，可使用计算机投影仪在大屏幕上放映幻灯片。计算机幻灯片放映的显著优点是可以设计动画效果、加入视频和音乐、设计美妙动人的切换方式和适合各种场合的放映方式等。

用户创建演示文稿，其目的是向有关观众放映和演示。要想获得满意的效果，除了精心策划，细致制作演示文稿外，更为重要的是设计一出引人入胜的演示过程。为此，可以从如下几个方面入手：设置幻灯片中对象的动画效果和声音，变换幻灯片的切换效果和选择适当的放映方式等。

本节首先讨论放映演示文稿的方法，然后从动画设计、幻灯片切换效果、幻灯片放映方式、排练计时放映和交互式放映等方面讨论如何提高演示文稿的放映效果。

（1）放映演示文稿

制作演示文稿最终目的就是为观众播放演示文稿，放映演示文稿可执行下列方法之一：

方法1：选择"幻灯片放映"选项卡的"开始放映幻灯片"组，单击"从头开始"命令（快捷键F5）。

方法2：单击窗口状态栏右侧的"幻灯片放映"视图切换按钮。

方法3：选择"幻灯片放映"选项卡的"开始放映幻灯片"组，单击"从当前幻灯片开始"命令（Shift+F5组合键）。

前两种方法均从演示文稿的第一张幻灯片开始放映，而第三种方法是从当前幻灯片开始放映。

进入幻灯片放映视图后，幻灯片将以全屏动态演示。单击鼠标左键或按方向键，可以切换到下一张幻灯片，直到放映完毕。在放映过程中，右击鼠标会弹出放映控制菜单，利用放映控制菜单的命令可以改变放映顺序、即兴标注等。

① 改变放映顺序

一般地，幻灯片放映是按顺序依次放映。若需要改变放映顺序，可以右击鼠标，弹出放映控制菜单，如图5-2-29所示。单击"上一张"或"下一张"命令，即可放映当前幻灯片的上一张或下一张幻灯片；若要放映特定幻灯片，选择放映控制菜单的"定位至幻灯片"命令，从幻灯片列表中单击目标幻灯片标题，即可从该幻灯片开始放映。

② 放映中即兴标注

放映过程中，可能要临时即兴勾画标注。为了从放映状态转换到标注状态，可以单击放映控制菜单的"指针选项"→"笔"命令（或者"指针选项"→"荧光笔"命令），当指针变为一个红点时，按住左键拖动鼠标即可在幻灯片上勾画书写，如图5-2-30所示。如果希望改变笔划的颜色，可以单击放映控制菜单的"指针选项"→"墨迹颜色"命令，在颜色列表中选择所需颜色。

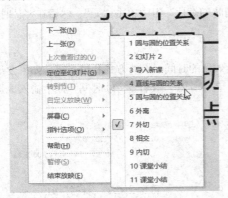

图 5-2-29　放映控制菜单

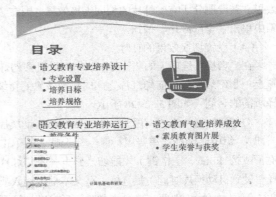

图 5-2-30　放映中的指针选项和即兴标注

如果希望删除所选的标注，可以单击放映控制菜单的"指针选项"→"橡皮擦"命令；若要擦除全部标注，则必须单击放映控制菜单的"指针选项"→"擦除幻灯片上的所有墨迹"命令。若要从标注状态恢复到放映状态，需要单击放映控制菜单的"指针选项"→"箭头"命令。

③ 中断放映

在幻灯片放映过程中，有时希望退出放映。此时可以右键调出放映控制菜单，从中选择"结束放映"命令。

（2）幻灯片放映方式设计

完成演示文稿的制作后，剩下的工作是向观众放映演示文稿。不同场合选择合适的放映方式是十分重要的。演示文稿的放映方式有三种：演讲者放映（全屏幕）、观众自行浏览（窗口）和在展台浏览（全屏幕）。

① 演讲者放映（全屏幕）

是最常用的放映类型。演讲者放映时全屏显示，适用于会议或教学的场合，放映进程完全由演讲者控制。若想自动放映，则必须事先进行排练计时，使放映速度适合于观众。

② 观众自行浏览（窗口）

放映时在标准窗口中显示幻灯片，显示菜单栏和 Web 工具栏，方便观众利用窗口命令控制放映进程。例如，可以使用 PageUp 键和 PageDown 键自行切换幻灯片。

③ 在展台浏览（全屏幕）

这种放映方式采用全屏放映，适合无人看管的场合，例如展示产品的橱窗和展览会上自动播放产品信息的展台等。演示文稿自动循环放映，观众只能观看不能控制。采用该方式的演示文稿应事先进行排练计时。

放映方式的设置方法如下：

STEP 1 打开演示文稿，单击"幻灯片放映"选项卡上的"设置"组，选择"设置幻灯片放映"命令，弹出"设置放映方式"对话框。

STEP 2 在"放映类型"选项中可以选择"演讲者放映（全屏幕）""观众自行浏览（窗口）"和"在展台浏览（全屏幕）"三种方式之一。若选择"在展台浏览（全屏幕）"方式，则自动采用循环放映，按 Esc 键才终止放映。

STEP 3 在"放映幻灯片"选项中，可以确定幻灯片的放映范围（全部或部分幻灯片页码）。

（3）为演示文稿放映计时

一般地，放映演示文稿时由演讲者通过单击鼠标控制放映过程。但在无人控制情况下自动播放或者不想人工切换幻灯片时，就需要事先为幻灯片显示时间的长短进行设置或计时，可以采用两种方法进行：手动设置和排练计时。

① 手动设置放映时间

选择要设置时间的幻灯片，单击"切换"选项卡，在"计时"组中的"换片方式"栏中，勾选"设置自动换片时间"前面的复选框，并在右侧文本框中输入幻灯片的换片时间，则该时间应用到当前幻灯片上。若希望该时间应用到全体幻灯片，只要单击"计时"组中的"全部应用"命令。若各张幻灯片的换片时间不一致，必须按上述方法逐张幻灯片进行设置。

设置完成后，切换到"幻灯片浏览"视图，可以看到，每张幻灯片缩略图下面出现设置的换片时间，如图 5-2-31 所示。

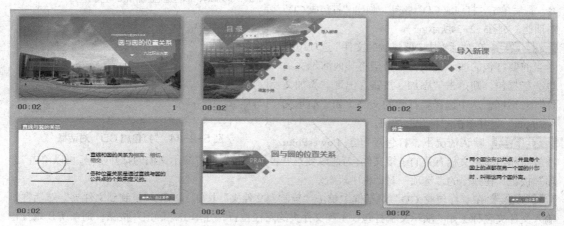

图 5-2-31 "幻灯片浏览"视图

② 排练计时

通过实际放映排练，记录排练时各幻灯片实际显示的时间。其方法如下：

STEP 1 打开演示文稿，选择"幻灯片放映"选项卡上的"设置"组，单击"排练计时"命令，此时全屏放映幻灯片，左上角出现"录制"工具栏，计时器将自动记录幻灯片演示的时间，如图5-2-32所示。

STEP 2 若幻灯片设置了动画，计时器将把每个动画对象显示的时间均记录下来。

STEP 3 在幻灯片放映自动计时过程中，若本项显示完毕，单击"下一项"按钮即可记录下一张幻灯片的显示时间；若需暂停计时，可以单击"暂停录制"按钮，单击"继续录制"按钮可以恢复计时。若演示文稿需要重新排练计时，可以单击"重复"按钮。

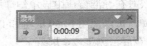

图 5-2-32 "录制"工具栏

图 5-2-33 保存排练计时的提示框

STEP 4 最后一张幻灯片排练计时结束后，弹出如图5-2-33所示的对话框，提示本次幻灯片放映共用的时间，并询问是否保留该排练时间，单击"是"按钮，则保存该排练时间；否则本次排练计时无效。

STEP 5 排练计时过程中可以随时退出，只需要右键单击，在快捷菜单中选择"结束放映"命令。

经过排练计时的演示文稿，放映时无需人工干预，将按照排练时间自动放映，适合展览会无人值守的幻灯片演示。若在设置放映方式时设置为"循环放映，按 Esc 键终止"特性，则自动按排练时间反复放映该演示文稿。

5. 演示文稿的打包

完成的演示文稿可能会在其他计算机上演示，如果该计算机上没有安装 PowerPoint 就无法放映演示文稿。此时，可以利用 PowerPoint 提供的演示文稿打包功能，将演示文稿打包到文件夹或 CD，甚至可以把 PowerPoint 播放器和演示文稿一起打包。这样即使其他计算机上没有安装 PowerPoint，也能正常放映演示文稿。

（1）将演示文稿打包成 CD

要将制作好的演示文稿打包，并存放到某文件夹。可以按如下方法操作：

STEP 1 打开演示文稿，若要将演示文稿保存到 CD，而不是计算机的本地磁盘，需要在 CD 驱动器中插入 CD。

STEP 2 单击"文件"→"保存并发送"命令，在右侧"文件类型"中选择"将演示文稿打包成 CD"命令。最后单击"打包成 CD"按钮，弹出"打包成 CD"对话框，如图5-2-34所示。

STEP 3 在对话框中"要复制的文件"选项中显示当前要打包的演示文稿，若希望将其他演示文稿也一起打包，则单击"添加"按钮，出现"添加文件"对话框，从中选择要打包的文件（如"演示文稿2.pptx"），并单击"打开"按钮。

STEP 4 默认情况下，打包应包含 PowerPoint

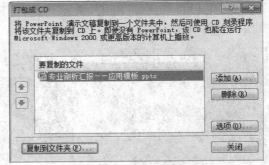

图 5-2-34 "打包成 CD" 对话框

播放器和与演示文稿有关的链接文件，若想改变这些设置或希望设置演示文稿的打开密码，可以单击"选项"按钮，在弹出的"选项"对话框中设置。

STEP 5 在"打包成 CD"对话框中单击"复制到文件夹"按钮，出现"复制到文件夹"对话框，输入文件夹名称（如"演示文稿打包"）和文件夹的路径位置，并单击"确定"按钮，则系统开始打包并存放到指定的文件夹。

若已经安装光盘刻录设备，可以将演示文稿打包到 CD，方法同上，只是步骤 5 改为：在光驱中放入空白光盘，在"打包成 CD"对话框中单击"复制到 CD"按钮，出现"正在将文件复制到 CD"对话框，提示复制的进度。完成后询问"是否将同样文件复制到另一张 CD 中？"，回答"是"，则继续复制另一光盘；回答"否"，则终止复制。

（2）运行打包的演示文稿

完成演示文稿的打包后，可以拷贝或传输到其他计算机中播放，在没有安装 PowerPoint 的情况下，也能顺利放映演示文稿。具体方法如下：

STEP 1 打开打包的文件夹。

STEP 2 双击其中的 PowerPoint 播放器，出现对话框，其中列出打包文件夹中所有演示文稿文件。

STEP 3 选择某个演示文稿文件，并单击"打开"，即可放映该演示文稿。

STEP 4 放映完毕，还可以在对话框中选择播放其他演示文稿。

注意 在放映打包的演示文稿时，不能进行即兴勾画标注。另外，若演示文稿打包到 CD，则将光盘放到光驱中就会自动播放。

6. 打印演示文稿

若需要打印已经完成的演示文稿，可以采用如下步骤：

STEP 1 打开演示文稿，单击"文件"→"打印"命令，出现"打印"设置参数及预览效果，如图5-2-35所示。

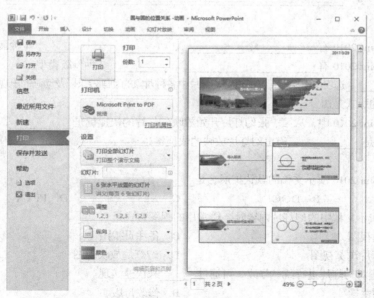

图 5-2-35 "打印"窗口

STEP 2 在"打印"份数文本框中输入数字，在"打印机"栏中选择当前使用的打印机。而纸张的大小、打印方向等信息可以通过单击"打印机属性"来设置。

STEP 3 在"设置"栏指定打印范围，可以选择"打印全部幻灯片"或"打印当前幻灯片"，也可以选择按编号打印特定幻灯片。单击"自定义范围"，然后在其右侧的文本框中输入要打印的幻灯片序号，非连续的幻灯片序号用逗号分隔，连续的幻灯片序号用"–"连接。例如"1，5，9–12"表示打印幻灯片序号为1、5、9、10、11和12的六张幻灯片。

STEP 4 在"幻灯片"栏中可以设置打印版式（整页幻灯片、备注页、大纲等），若选择打印讲义，还可以指定每页打印多少张幻灯片。

STEP 5 单击"颜色"列表，可以选择彩色、灰度和纯黑白三种打印颜色。最后单击"确定"按钮。

5.2.2 巩固练习
——PowerPoint 2010 美化与打包

本案例为演示文稿添加背景音乐，设置放映时间，利用 PowerPoint 提供的演示文稿打包功能，将演示文稿打包到文件夹，如图 5-2-36 所示。

图 5-2-36　演示文稿打包到文件夹

思考与练习

一、填空题

1. PowerPoint 2010 有_____、_____、_____、_____ 4 种最常用的视图。

2. PowerPoint 2010 有_____、_____、_____ 3 种母版类型。

3. 在_____选项卡中操作，能够设置幻灯片中各种对象的动画效果以及动画的出现方式。

4. 幻灯片的版式是由_____组成的。

5. PowerPoint 2010 中，从第一张幻灯片开始放映幻灯片的快捷键是_____，从当前幻灯片开始放映的快捷键是_____，退出幻灯片放映的快捷键是_____。

二、选择题

1. PowerPoint 2010 演示文稿的默认扩展名是_____。

    A. POT　　　　B. DOC　　　　　　　C. XLS　　　　　　　D. PPTX

2. 在编辑演示文稿中的幻灯片内容时，最常用的视图方式是_____。

    A. 普通视图　　　　　　　　　　B. 备注页视图

    C. 幻灯片浏览视图　　　　　　　D. 幻灯片放映视图

3. 如果希望对幻灯片进行统一修改，可通过_____来快速实现。

    A. 应用主题　　　　　　　　　　B. 修改母版

    C. 设置背景　　　　　　　　　　D. 修改每张幻灯片

4. 要进行幻灯片页面设置、主题选择，可以在_____选项卡中操作。

    A. 开始　　　　B. 插入　　　　C. 视图　　　　D. 设计

5. 以下有关组合图形的叙述中，正确的是_____。

    A. 组合后的图形可以整体移动，但不能整体调整大小

    B. 可以单独设置组合图形中的某个图形的线条或填充色

    C. 可以调整组合图形中某个图形的大小

    D. 组合的图形不能再与其他图形组合

三、操作题

请使用 PowerPoint 完成以下操作:

1. 将整个 PowerPoint 文档应用设计模板"沉默"。

2. 为第一张幻灯片选择"标题幻灯片"版式,在标题占位符处添加文本"我的相册",在副标题占位符处添加文本"大学生活"。将标题设置字体、字号为:华文新魏、46 磅。

3. 新建第二张幻灯片,插入剪贴画,并添加"轮子"动画。

4. 新建第三张幻灯片,版面设置改变为垂直排列标题与文本,并将文本部分动画效果设置成上部飞入。

5. 在最后一张幻灯片后面插入一张新幻灯片,版式为"空白"。

6. 设置所有幻灯片切换效果为"平移",并且为每张幻灯片调整平移方向。

附录
全国计算机等级考试一级
MS Office

考试大纲（2013 年版）

基本要求

1. 具有微型计算机的基础知识（包括计算机病毒的防治常识）。

2. 了解微型计算机系统的组成和各部分的功能。

3. 了解操作系统的基本功能和作用，掌握 Windows 的基本操作和应用。

4. 了解文字处理的基本知识，熟练掌握文字处理 MS Word 的基本操作和应用，熟练掌握一种汉字（键盘）输入方法。

5. 了解电子表格软件的基本知识，掌握电子表格软件 Excel 的基本操作和应用。

6. 了解多媒体演示软件的基本知识，掌握演示文稿制作软件 PowerPoint 的基本操作和应用。

7. 了解计算机网络的基本概念和因特网（Internet）的初步知识，掌握 IE 浏览器软件和 Outlook Express 软件的基本操作和使用。

考试内容

一、计算机基础知识

1. 计算机的发展、类型及其应用领域。

2. 计算机中数据的表示、存储与处理。

3. 多媒体技术的概念与应用。

4. 计算机病毒的概念、特征、分类与防治。

5. 计算机网络的概念、组成和分类；计算机与网络信息安全的概念和防控。

6. 因特网网络服务的概念、原理和应用。

二、操作系统的功能和使用

1. 计算机软、硬件系统的组成及主要技术指标。

2. 操作系统的基本概念、功能、组成及分类。

3. Windows 操作系统的基本概念和常用术语，文件、文件夹、库等。

4. Windows 操作系统的基本操作和应用：

（1）桌面外观的设置，基本的网络配置；

（2）熟练掌握资源管理器的操作与应用；

（3）掌握文件、磁盘、显示属性的查看、设置等操作；

（4）中文输入法的安装、删除和选用；

（5）掌握检索文件、查询程序的方法；

（6）了解软、硬件的基本系统工具。

三、文字处理软件的功能和使用

1. Word 的基本概念；Word 的基本功能和运行环境；Word 的启动和退出。

2. 文档的创建、打开、输入、保存等基本操作。

3. 文本的选定、插入与删除、复制与移动、查找与替换等基本编辑技术；多窗口和多文档的编辑。

4. 字体格式设置、段落格式设置、文档页面设置、文档背景设置和文档分栏等基本排版技术。

5. 表格的创建、修改；表格的修饰；表格中数据的输入与编辑；数据的排序和计算。

6. 图形和图片的插入；图形的建立和编辑；文本框、艺术字的使用和编辑。

7. 文档的保护和打印。

四、电子表格软件的功能和使用

1. 电子表格的基本概念和基本功能；Excel 的基本功能、运行环境、启动和退出。

2. 工作簿和工作表的基本概念和基本操作；工作簿和工作表的建立、保存和退出；数据输入和编辑；工作表和单元格的选定、插入、删除、复制、移动；工作表的重命名和工作表窗口的拆分和冻结。

3. 工作表的格式化，包括设置单元格格式、设置列宽和行高、设置条件格式、使用样式、自动套用模式和使用模板等。

4. 单元格绝对地址和相对地址的概念；工作表中公式的输入和复制；常用函数的使用。

5. 图表的建立、编辑和修改以及修饰。

6. 数据清单的概念；数据清单的建立；数据清单内容的排序、筛选、分类汇总；数据合并；数据透视表的建立。

7. 工作表的页面设置、打印预览和打印；工作表中链接的建立。

8. 保护和隐藏工作簿和工作表。

五、演示文稿制作软件的功能和使用

1. 中文 PowerPoint 的功能、运行环境、启动和退出。

2. 演示文稿的创建、打开、关闭和保存。

3. 演示文稿视图的使用；幻灯片基本操作（版式、插入、移动、复制和删除）。

4. 幻灯片基本制作（文本、图片、艺术字、形状、表格等插入及其格式化）。

5. 演示文稿主题选用与幻灯片背景设置。

6. 演示文稿放映设计（动画设计、放映方式、切换效果）。

7. 演示文稿的打包和打印。

六、因特网（Internet）的初步知识和应用

1. 了解计算机网络的基本概念和因特网的基础知识，主要包括网络硬件和软件，TCP/IP 协议的工作原理，以及网络应用中常见的概念，如域名、IP 地址、DNS 服务等。

2. 能够熟练掌握浏览器、电子邮件的使用和操作。

考试方式

1. 采用无纸化考试，上机操作。考试时间为 90 分钟。

2. 软件环境：Windows 7 操作系统，Microsoft Office 2010 办公软件。

3. 在指定时间内，完成下列各项操作：

（1）选择题（计算机基础知识和网络基本知识）（20分）

（2）Windows 操作系统的使用（10分）

（3）Word 操作（25分）

（4）Excel 操作（20分）

（5）PowerPoint 操作（15分）

（6）浏览器（IE）的简单使用和电子邮件收发（10分）

计算机一级模拟题

一、选择题

1. 现代计算机中所采用的电子元器件是_____。
   - A. 电子管
   - B. 晶体管
   - C. 小规模集成电路
   - D. 大规模和超大规模集成电路

2. 下列不属于计算机特点的是_____。
   - A. 存储程序控制，工作自动化
   - B. 具有逻辑推理和判断能力
   - C. 处理速度快、存储量大
   - D. 不可靠、故障率高

3. 对 CD-ROM 可以进行的操作是_____。
   - A. 读或写
   - B. 只能读不能写
   - C. 只能写不能读
   - D. 能存不能取

4. 下列有关信息和数据的说法中，错误的是_____。
   - A. 数据是信息的载体
   - B. 数值、文字、语言、图形、图像等都是不同形式的数据
   - C. 数据处理之后产生的结果为信息，信息有意义，数据没有
   - D. 数据具有针对性、时效性

5. 字符比较大小实际是比较它们的 ASCII 码值，下列正确的是_____。
   - A. 'A' 比 'B' 大
   - B. 'H' 比 'h' 小
   - C. 'F' 比 'D' 小
   - D. '9' 比 'D' 大

6. 任意一汉字的机内码和其国标码之差总是_____。
   - A. 8000H
   - B. 8080H
   - C. 2080H
   - D. 8020H

7. 一般计算机硬件系统的主要组成部件有五大部分，下列选项中不属于这五部分的是_____。
   - A. 输入设备和输出设备
   - B. 软件
   - C. 运算器
   - D. 控制器

8. 下列选项中不属于计算机主要技术指标是_____。
   - A. 字长
   - B. 存储容量
   - C. 重量
   - D. 时钟主频

9. 网络的传输速率是 10Mb/s，其含义是_____。
   - A. 每秒传输 10M 字节
   - B. 每秒传输 10M 比特
   - C. 每秒可以传输 10M 个字符
   - D. 每秒传输 1000000 二进制位

10. 下面四种存储器中，属于数据易失性的存储器是_____。
    - A. RAM
    - B. ROM
    - C. PROM
    - D. CD-ROM

二、基本操作题

Windows 基本操作题，不限制操作方式。

1. 在考生文件夹下建立 exam 文件夹。

2. 将考生文件夹下 top\erg 文件夹中的文件 Documents.doc 设置隐藏和只读属性。

3. 将考生文件夹下 bdf\ert 文件夹中的文件 awe.jpg 移动到考生文件夹下 QEEN 文件夹中，并改名为 weg.jpg。

4. 将考生文件夹下 ffg 文件夹中的文件夹 eet 复制到考生文件夹下。

5. 将考生文件夹下 try 文件夹删除。

三、上网题

发送邮件至 jjzydx123@163.com，主题为：自我介绍，邮件内容为：任意 50 字以内的自我介绍。

四、字处理题

在考生文件夹下，打开文档 Word.docx，按照要求完成下列操作并以同名保存文档。

1. 将文中所有错词"立刻"替换为"理科"。将页面颜色填充效果设置为"渐变"，预设颜色为"薄雾浓云"。

2. 将标题段文字"本书高考录取分数线确定"设置为三号红色黑体、居中，并加上黄色底纹。

3. 设置正文各段"本报讯……8 月 24 日至 29 日。"首行缩进 2 字符、1.2 倍行距、段前间距 0.2 行；将正文第一段文字"本报讯……较为少见。"中的"本报讯"三个字设置为楷体、加粗。

4. 将文中最后 7 行转换成一个 7 行 3 列的表格；设置表格列宽为 2.5 厘米、表格居中；设置表格所有文字水平居中。

5. 将表格第 1 列中的第 2 行和第 3 行、第 4 行和第 5 行、第 6 行和第 7 行的单元格合并；并设置表格底纹为"水绿色，强调文字颜色 5，淡色 40%"。

五、电子表格题

在考生文件夹下，打开文档 Excel.xlsx，按照要求完成下列操作并同名保存文档。

1. 在考生文件夹下打开 Excel.xlsx 文件，将 Sheet1 工作表的 A1:G1 单元格合并为一个单元格，内容水平居中；计算"总成绩"列的内容和按"总成绩"递减次序的排名（利用 RANK 函数）；如果计算机原理、程序设计的成绩均大于或等于 75 在备注栏内给出信息"有资格"，否则给出信息"无资格"（利用 IF 函数实现）；将工作表命名为"成绩统计表"，保存 Excel.xlsx 文件。

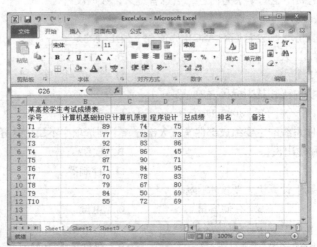

2. 打开工作簿文件 Exc.xlsx，对工作表"某图书销售集团销售情况表"内数据清单的内容按"经销部门"递增的次序排序，以分类字段为"经销部门"、汇总方式为"求和"、汇总项为"数量"和"销售额"进行分类汇总，汇总结果显示在数据下方，工作表名不变，保存为 Exc.xlsx 文件。

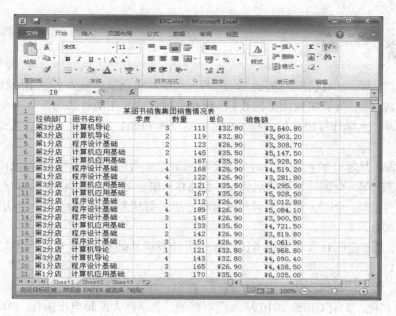

六、演示文稿题

打开考生文件夹下的演示文稿 Yswg. pptx，按照下列要求完成对此文稿的修饰并保存。

1. 在第一张幻灯片前插入一张版式为"标题"的新幻灯片，在标题占位符中输入"知识改变未来"，副标题占位符中输入"演讲大赛"。

2. 使用"奥斯汀"主题修饰全文，全部幻灯片切换方案为"分割"，效果选项为"中央向上下展开"。

3. 将第二张幻灯片的版式改为"空白"，并在位置（水平：4.3 厘米，自：左上角，垂直：8.3 厘米，自：左上角）处插入样式为"填充–茶色，文本 2，轮廓–文本 2"的艺术字"我的梦，中国梦"，文本效果为"转换–弯曲–正 V 形"。艺术字的动画设置为"进入–轮子"，效果选项为"3 轮辐图案–整批发送"。

参考文献

[1] 张先成, 等. 计算机应用基础案例教程. 北京：北京航空航天大学出版社, 2009.

[2] 张先成, 等. 计算机应用基础教程. 杭州：浙江大学出版社, 2012.

[3] 吕英华, 大学计算机基础教程（Windows 7 + Office 2010）. 北京：人民邮电出版社, 2013.

[4] 卢天喆, 从零开始：Windows 7 中文版基础培训教程. 北京：人民邮电出版社, 2013.

[5] 滕春燕, 等. 全国计算机等级考试一级 MS Office 教程. 北京：人民邮电出版社, 2014.

[6] 赵迎芳, 等. 全国计算机等级考试教程一级计算机基础及 MS Office 应用. 北京：人民邮电出版社, 2016.

[7] 张彦, 等. 全国计算机等级考试教程一级计算机基础及 MS Office 应用. 北京：高等教育出版社, 2017.

[8] 郝强, 等. 计算机应用基础案例教程. 北京：中国铁道出版社, 2015.

[9] 鼎翰文化. 新编 Office 2010 从入门到精通. 北京：人民邮电出版社, 2015.